高等院校软件工程专业系列教材

软件过程与管理

骆斌　主编　　荣国平　葛季栋　编著

Software Process and Project Management

机械工业出版社
China Machine Press

图书在版编目（CIP）数据

软件过程与管理 / 骆斌主编 . —北京：机械工业出版社，2012.12（2025.1 重印）
（高等院校软件工程专业系列教材）

ISBN 978-7-111-40748-5

Ⅰ. 软⋯　Ⅱ. 骆⋯　Ⅲ. 软件开发 – 项目管理 – 高等学校 – 教材　Ⅳ. TP311.52

中国版本图书馆 CIP 数据核字（2013）第 053368 号

　　本书的目的是让学生学会将优秀管理方法和适用的具体开发技术有机地结合起来，并掌握如何应用过程化思想和系统化方法开发和维护各类软件系统。全书分为三个部分：第一部分主要介绍软件开发者个体在过程方法和自我管理上应当掌握的技能；第二部分关注团队软件过程，分别从工程化开发、项目管理和团队动力学角度阐述了软件开发应当关注的内容；第三部分则基于 IDEAL 通用软件过程改进方法，阐述了组织级过程改进的实施方法。通过软件开发环境中三个不同层次（个体、团队以及组织）的过程方法的描述，让学生学会如何系统地满足不断变化的软件产品开发的需要。

　　本书可作为计算机与软件工程类专业的高年级本科生和硕士研究生相关课程的教材。

机械工业出版社（北京市西城区百万庄大街 22 号　　邮政编码　100037）
责任编辑：刘立卿
北京建宏印刷有限公司印刷
2025 年 1 月第 1 版第 7 次印刷
185mm×260 mm·18.25 印张
标准书号：ISBN 978-7-111-40748-5
定　　价：39.00 元

客服电话：(010) 88361066　68326294

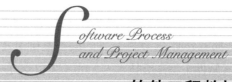

软件工程教材序

　　软件工程专业教育源于软件产业界的现实人才需求和计算学科教程 CC1991/2001/2005 的不断推动，CC1991 明确提出计算机科学学科教学计划已经不适应产业需求，应将其上升到计算学科教学计划予以考虑，CC2001 提出了计算机科学、计算机工程、软件工程、信息系统 4 个子学科，CC2005 增加了信息技术子学科，并发布了正式版的软件工程等子学科教学计划建议。我国的软件工程本科教育启动于 2002 年，与国际基本同步，目前该专业招生人数已经进入国内高校本科专业前十位，软件工程专业课程体系建设与教材建设是摆在中国软件工程教育工作者面前的一个重要任务。

　　国际软件工程学科教程 CC-SE2004 建议，软件工程专业教学计划的技术课程包括初级课程、中级课程、高级课程和领域相关课程。

- 初级课程。包括离散数学、数据结构与算法两门公共课程，另三门课程可以组织成计算机科学优先方案（程序设计基础、面向对象方法、软件工程导论）和软件工程优先方案（软件工程与计算概论 / 软件工程与计算 Ⅱ / 软件工程与计算 Ⅲ）。
- 中级课程。覆盖计算机硬件、操作系统、网络、数据库以及其他必备的计算机硬件与计算机系统基本知识，课程总数与计算机科学专业相比应大幅度缩减。
- 高级课程。六门课程，覆盖软件需求、体系结构、设计、构造、测试、质量、过程、管理和人机交互等。
- 领域相关课程。与具体应用领域相关的选修课程，所有学校应结合办学特色开设。

　　CC-SE2004 的实践难点在于：如何把计算机专业的一门软件工程课程按照教学目标有效拆分成初级课程和六门高级课程？如何裁剪与求精计算机硬件与系统课程？如何在专业教学初期引入软件工程观念，并将其在教学中与程序设计、软件职业、团队交流沟通相结合？

　　南京大学一直致力于基于 CC-SE2004 规范的软件工程教学实践与创新，在专业教学早期注重培养学生的软件工程观与计算机系统观，按照软件系统由小及大的线索从一年级开始组织软件工程类课程。具体做法是：在求精计算机硬件与系统课程的基础上，融合软件工程基础、程序设计、职业团队等知识实践的"软件工程与计算"系列课程，通过案例教授中小规模软件系统构建；围绕大中型软件系统构建知识分领域组织软件工程高级课程；围绕软件工程应用领域建设领域相关课程。南京大学的"软件工程与计算"、"计算系统基础"和"操作系统"是国家级精品课程，"软件需求工程"、"软件过程与管理"是教育部 –IBM 精品课程，软件工程专业工程化实践教学体系和人才培养体系分别获得第五届与第六届高等教育国家级教学成果奖。

此次集中出版的五本教材是软件工程专业课程建设工作的第二波，包括《软件工程与计算卷》的全部三分册（《软件开发的编程基础》、《软件开发的技术基础》、《团队与软件开发实践》）和《软件工程高级技术卷》的《人机交互——软件工程视角》与《软件过程与管理》。其中《软件工程与计算卷》围绕个人小规模软件系统、小组中小规模软件系统和模拟团队级中规模软件产品构建实践了 CC-SE2004 软件工程优先的基础课程方案；《人机交互——软件工程视角》是为数不多的"人机交互的软件工程方法"教材；《软件过程与管理》则结合了个人级、小组级、组织级的软件过程。这五本教材在教学内容组织上立意较新，在国际国内可供参考的同类教科书很少，代表了我们对软件工程专业新课程教学的理解与探索，因此难免存在瑕疵与谬误，欢迎各位读者批评指正。

本教材系列得到教育部"质量工程"之软件工程主干课程国家级教学团队、软件工程国家级特色专业、软件工程国家级人才培养模式创新实验区、教育部"十二五本科教学工程"之软件工程国家级专业综合教学改革试点、软件工程国家级工程实践教育基地、计算机科学与软件工程国家级实验教学示范中心，以及南京大学 985 项目和有关出版社的支持。在本教材系列的建设过程中，南京大学的张大良先生、陈道蓄先生、李宣东教授、赵志宏教授，以及国防科学技术大学、清华大学、中国科学院软件所、北京航空航天大学、浙江大学、上海交通大学、复旦大学的一些软件工程教育专家给出了大量宝贵意见。特此鸣谢！

南京大学软件学院

2012 年 10 月

前言

　　软件工程专业的学生需要学习如何把经过实践检验的优秀管理方法和适用的具体开发技术相结合，应用过程化思想和系统化的方法开发和维护各类软件系统。为了实现这一颇具挑战的目标，需要有一门专设课程。在这样的一门课程中，各类过程方法的简单罗列显然是不够的。一方面，必须向学生阐述清楚各类过程方法之间的差异对比、不同哲学思想的过程方法相互支持和补充的逻辑关系；另一方面，必须找到一条主线，贯穿各类过程方法。

　　事实上，本书在内容组织上一直试图尽最大可能实现上述两方面的目标。为此，全书在设计上首要特色是通过三大部分体现出内容的有机组合。第一部分主要介绍作为软件开发者个体而言，在过程方法和自我管理上应当掌握的技能。具体包括个人级项目估算和计划、进度跟踪、过程度量和改进、质量计划、质量管理以及各种适用于个人级开发的设计方法和设计验证方法等。第二部分关注团队软件过程，从工程化开发的角度、项目管理的角度和团队动力学角度分别阐述了典型团队形式软件开发应当关注的内容。第三部分则基于 IDEAL 通用软件过程改进方法，阐述了组织级软件过程改进的实施方法。通过一个典型例子，分别解释了在 IDEAL 中初始、诊断、建立、执行和调整各个阶段的主要活动。这三部分内容，分别对应在一个典型软件开发环境中的过程方法必须要考虑的三个不同层次（软件工程师个体、团队以及组织），从而更加系统地满足不断变化的软件产品开发的需要。

　　本书的第二个特色是将软件过程改进和项目管理两个概念有机结合，穿插体现在本书的三大部分之中。软件过程改进需要管理软件开发的最佳实践，主要发生在个体、团队和组织三个不同层次；而软件项目管理则以实现特定项目目标为努力的方向，主要发生在个体和团队两个层次上。这两者既有本质上的差别，又相互依存、不可分割。因此，在教材内容的编排上，我们做了有针对性的设计。在个体级过程方法上，通过具体的管理技术体现出项目管理的实践，而在阐述过程度量和质量管理技术的时候，又反复强调了这些度量结果对于个体级过程改进的意义；在团队级过程方法上，整体体现出一个项目管理的完整周期，但是，又以完整一章的内容阐述项目级的总结，这事实上是为了支持项目小组级的过程改进；在组织级，由于项目管理很少发生在组织级，所以主要阐述过程改进的相关实践。这样设计有一个很大的好处，即不管为了学习项目管理，还是为了学习过程改进，都能够在书中借鉴到可以在实际工作环境中操作的方法。

　　本书的第三个特色体现在规范过程和敏捷过程的侧重选择上。不管在学术界还是工业界，规范过程和敏捷过程之间的争论一直都存在。目前主流的观点是这两种方法不是根本对立的，平衡和融合各有优势的两种方法往往能更好地满足实际的软件项目环境。然而，借鉴中国传统书法学习过程，我们有理由相信，先学习规范过程，再学习敏捷过程是一个合理的选择。因此，作为专业教材，本书在内容安排上主要以介绍规范过程方法为主。但是，在第1章给出了敏捷过程的介绍，在附录中给出了平衡敏捷和规范过程的一些工作思路。教师在讲解本书各章内容的时候，也应当注意适当解释一些敏捷思想与各章内容之间相互补充的非对立的内容。

本书可作为计算机与软件工程类专业的高年级本科生和硕士研究生相关课程的教材。建议教学课时数为40。本书自2010年秋季学期开始在南京大学软件学院试用，作者也根据试用期间的反馈情况对教材做了修改。

"软件过程与管理"是南京大学软件学院重点建设的课程，并入选2008年教育部–IBM精品课程，在教学过程中得到了学院的大力支持，在此表示衷心感谢。本书由南京大学骆斌教授整体策划和指导。本书第1章由荣国平和葛季栋合作完成，第2～10章由荣国平编写，第11～15章以及附录部分由葛季栋编写。限于编者的水平，书中难免有错误与不妥之处，恳请读者指正和赐教。作者的电子邮件地址为：luobin@nju.edu.cn、ronggp@software.nju.edu.cn和gjd@software.nju.edu.cn。

作者

2012年9月

南京大学北园

目录

第三部分　组织级软件过程改进

概　述

1.1　软件质量与软件过程

1.1.1　从焦油坑谈起

《人月神话》一书的作者 Brooks 在该书开篇描绘了一个极具震撼力的场景：在一个史前焦油坑中，无数的史前巨兽拼命挣扎，试图摆脱焦油的束缚。然而，这些史前巨兽愈是挣扎，往往被焦油纠缠愈紧，无一例外，所有巨兽都缺乏足够的技巧，可以逃出生天。这一幕与软件项目的研发状况何其相似！过去的数十年，无数软件项目挣扎在"焦油坑"中，极少数项目可以完全满足进度、成本以及质量等方面的目标。无数团队，不管是大型的还是精干的，规范的还是敏捷的，都不可避免陷入"焦油坑"中。这样的情形过去发生过，现在也在发生着，而且有理由相信，在可以预见的未来仍然会继续发生。

在众多导致软件项目深陷"焦油坑"的原因当中，质量问题一直是最为突出的原因之一。由于软件质量不佳，导致项目超期、预算超支以及客户不满的例子比比皆是。而伴随着软件在社会生活各个方面的影响日益深入，软件质量问题导致的后果也将越来越严重。纵观软件发展历史，有两个极为典型的趋势。其一是软件项目规模日益扩大。据统计，类似功能的软件系统的规模也有类似摩尔定律那样的发展规律。即大约每过 18 个月，软件系统规模将翻番；每过 5 年，功能类似的软件系统规模将扩大为原来系统的 10 倍。其二是软件在整个系统中的比重日益增加。来自美国军方的数据极为直观地给出了证据：在 20 世纪 60 年代的 F-4 战机中，由软件来完成的功能约为整体功能的 8%；发展到 90 年代，在 B-2 轰炸机中由软件来支持的功能的百分比已经上升至 65%；而进入 21 世纪，在 F-22 战机中，由软件来支持的功能则到了令人震惊的 80%！在惊叹软件技术迅速发展的同时，我们必须保持警醒。事实上，上述的两个趋势均会使得软件质量问题日益突出。前者使得软件越来越难做，而后者则将软件质量问题的影响上升到前所未有的高度。现如今，大部分飞机都依赖于软件辅助飞行，大部分金融活动都由软件来处理，大部分现代工业控制系统都由软件来支持。而另外一个现状

2 第1章 概 述

是，即便是应用最为广泛的软件也有大量错误。因此，是时候必须做一些改变了，否则，由软件导致一些让我们无法承受的后果只会是时间问题。

用工程化的思想来管理软件开发，借鉴传统行业在质量管理方面的经验，这些可以在一定程度上缓解上述问题。软件工程这一学科就是在这样的背景下诞生的。软件工程是为了以一种高效的方式提供高质量的软件产品的工程学科，其诞生是为了应对复杂软件系统的开发，其目的是为了在复杂软件系统的开发过程中提高软件质量，提高开发效率。在传统行业，质量管理与企业管理方面的经验和理论表明，产品的质量取决于过程的质量，也就是，只有很好地控制了生产过程的质量，运用科学、定量的方法有效地控制了过程质量，才能获得高质量的产品；同时，生产线的生产效率在一定程度上也取决于过程的实施效率。因此，为了保证软件产品的高质量，以及提高软件开发效率，我们就必须认真研究软件过程的内在规律。最终的软件产品的质量在很大程度上取决于生产该软件产品的过程质量，软件的开发效率也部分取决于软件过程的效率，并且软件过程在实施过程中应根据实际情况不断地进行改进和优化。软件过程理论和技术之于软件工程专业，犹如兵法之于军事学专业，软件过程可以看作软件工程领域的方法学之一，是众多成功和失败教训的经验总结。软件工程是一项复杂的系统工程，不仅要从软件工程技术的角度审视之，还需要从系统工程、管理学和经济学的角度考虑之。

本书所描述的各种理论、方法和实践正是软件工程实践者长期实践中的经验积累。这些经验是处在"焦油坑"中的软件项目团队探索生存之道的过程中逐渐积累起来的，既有成功的经验，也是失败的教训。然而，软件开发的本质特征（复杂性、不可见、易变性和非一致性）决定了在软件工程领域不可能存在一劳永逸的解决方案，因此，读者在学习本书内容的时候，应当保持开放的态度和辩证的思维，特别重要的是，要将书本知识投影到实际软件实践之中，在具体项目背景之中加深理解。

正如前文所述，质量问题是软件工程要解决的中心问题之一，探讨一下传统行业的质量管理手段，将有助于理解如何通过过程管理和改进手段来实现软件的质量管理。

1.1.2 传统行业质量管理

质量对于现代工业社会来说是至关重要的，消费者总是希望购买物美价廉的产品，其中的"物美"在很大程度上就是对于产品质量的关注与评价。因此一个成功的企业应该视产品质量为生命，追求卓越的质量是一个企业赢得客户的重要保证，也是得以长久发展的基石。从另一个角度来讲，追求卓越的质量也是一个有益于环保的行动，在现代工业体系中，每一件产品都在消耗着原材料和相应的劳动力。对于同样的一件产品，如果产品质量可靠稳定，可以有更长使用寿命，从某种意义上讲，可以减少整个社会对于该类产品在原材料和劳动力方面的消耗，进而减少碳排放量，减少对环境的污染；相反，如果产品质量很差很不稳定，其使用寿命会很短，甚至在出厂的时候就认定了是次品，不能交付使用，在生产过程中已经无形地消耗了相当的原材料和劳动力，造成了相当的碳排放量，并对环境产生了相当的污染。当然，可能在追求卓越的质量的过程中，我们会付出很多的辛劳和原材料方面的消耗，但是，总的来讲，其所产出的高质量的产品，延长的使用寿命，所减少的碳排放量，以及减少对环境的污染，将远远弥补我们因为追求卓越质量而付出的消耗。因此，追求卓越质量，对于我们的生产和生活，以及对于环境保护，都是非常有意义的。这也是真正实现节能减排和低碳经济的重要途径，是对社会、对企业、对客户负责的重要表现。只有将追求卓越质量提高到更高的认识高度，才能让我们对质量更加重视，推动对质量的不懈追求。

在 20 世纪的五六十年代，传统制造行业经历了一场广泛而深入的质量革命，这场质量革命的意义是深远的，一方面成就了诸多优秀的企业，为消费者生产出高质量的产品；另一方面，质量革命中的代表性的研究成果（如 Shewhart、Deming、Juran 和 Crosby 等人的成果）进一步影响到制造业以外的其他行业。例如：ISO 9000 系列在质量标准方面吸取了早期质量革命的重要思想，并将标准推广到很多领域；在软件领域，Humphrey 创立的著名的 CMM/CMMI 标准体系也吸取了 Deming、Juran 和 Crosby 等人在质量管理方面的深刻思想。下面我们将先简单回顾历史，回顾这场质量革命留下的宝贵的质量管理哲学。

1. 休哈特

休哈特（Shewhart）20 世纪 20 年代曾在 AT&T 做统计员，他被认为是质量管理和过程改进的奠基人，现代过程改进都建立在休哈特所提出的过程概念的基础上。

休哈特认为随着过程可变性的减少，质量和生产率将得到提高。他在 1931 年出版了一本有影响力的书——《The Economic Control of Manufactured Products》。该书描述了减少过程可变性的统计过程控制方法的轮廓，预言生产率将会随着过程可变性的减少而得到提高。这些思想在 20 世纪 50 年代得到了日本工程师的验证。休哈特过程控制的思想使得日本企业界的质量管理模式发生了变化，提高了生产率和市场份额，日本企业开始统治世界市场，直到美国和欧洲的企业对日本的挑战作出反应，重新开始重视质量管理在组织中的地位。

休哈特宣称"变异"存在于生产过程的每个方面，但是可以通过使用简单的统计工具如抽样和概率分析来了解变异。他的很多著作在贝尔实验室内部发行。其中之一是 1924 年 5 月 16 日的有历史意义的备忘录，在备忘录中他向上级提出了使用"控制图"（control chart）的建议。1939 年休哈特完成《质量控制中的统计方法》（Statistical Method from the Viewpoint of Quality Control）一书。他关于抽样和控制图的著作吸引了质量问题领域研究人员的兴趣并对这些人产生影响，其中包括最杰出的戴明和朱兰。

2. 戴明

戴明（Deming）是质量运动的主要人物之一，他关于质量管理的思想为日本工业界所采用，并在日本工业界的质量革命中发挥了重要作用。戴明对质量管理的重要贡献简述如下：

1）质量改进。戴明的质量改进的基本思路是：由于低缺陷的产品的返工工作量较小，其成本会降低，生产率也会得到提高。这就使得公司能以更高的质量和更低的价格提高其市场份额，在行业中保留一席之地。相反，那些不能解决质量问题的公司将会失去市场份额。此外，他还特别强调高层领导对质量改进有不可推卸的责任。戴明提出的质量管理改进连锁反应如图 1-1 所示。

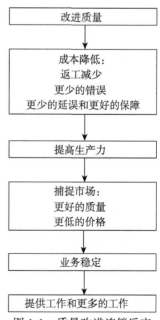

图 1-1　质量改进连锁反应

2）PDCA 循环。戴明最早提出了 PDCA 循环的概念，所以 PDCA 循环又称为"戴明环"。PDCA 循环是能使任何一项活动有效进行的一种合乎逻辑的工作程序，特别是在质量管理中得到了广泛的应用，是一个基本的质量工具。关于 PDCA 循环的介绍详见 1.4.1 节。

3）14 条原则。戴明的质量管理方法在日本工业界得到大量应用，因而，他被誉为日本的质量管理之父。戴明有 14 条关于质量管理的原则，具体如下：

- 树立改进产品和服务的坚定目标；
- 采用新的思维方法；
- 停止依赖检验的办法获得质量；
- 不再凭价格标签进货；
- 坚持不懈地提高产品质量和生产率；
- 岗位培训制度化；
- 管理者的作用应突出强调；
- 排除畏难情绪；
- 打破部门和人员之间的障碍；
- 不再给操作人员提空洞的口号；
- 取消对操作人员规定的工作定额和指标；
- 不再采用按年度对人员工件进行评估；
- 创建积极的自我提高计划制度；
- 让每个员工都投入到提高产品质量的活动中去。

3. 朱兰

朱兰（Juran）是质量运动的另一位重要人物，他所倡导的质量管理理念和方法始终影响着世界质量管理的发展。由朱兰主编的《质量控制手册》（Quality Control Handbook）被称为当今世界质量控制科学的"圣经"，为奠定全面质量管理（Total Quality Management，TQM）的理论基础和基本方法做出了卓越贡献。他对于质量管理的贡献主要体现在以下几个方面。

1）适用性质量。朱兰认为，质量的本质内涵是"适用性"，而所谓适用性是使产品在使用期间能满足使用者的需求。朱兰提出：质量不仅要满足明确的需求，也要满足潜在的需求。这一思想使质量管理范围从生产过程中的控制进一步扩大到产品开发和工艺设计阶段。

2）质量三步曲。质量三步曲（计划、控制和改进）被称为"朱兰三步曲"，它的具体内容如表 1-1 所示。

表 1-1 朱兰的质量三步曲

质量计划	质量控制	质量改进
设定质量目标	评价实施绩效	提出改进的必要性
辨识顾客是谁	将实际绩效与质量目标对比	做改进的基础工作
确定顾客的需要	对差异采取措施	确定改进项目
开发应对顾客需要的产品特征		建立项目小组
开发能够生产具有这种特征的产品的过程		为小组提供资源、培训和激励，以诊断原因
建立过程控制措施，将计划转入实施阶段		设想纠正措施，建立控制措施以巩固成果

质量计划的制定应该首先确定内部与外部的顾客，识别顾客需求，然后将顾客需求逐步转化为产品的技术特征、实现过程特征及过程控制特征。质量控制则包括选择控制对象、测量实际性能、发现差异并针对差异采取措施。朱兰的质量改进理论包括论证改进需要、确定改进项目、组织项目小组、诊断问题原因、提供改进办法，证实其有效后采取控制手段使过程保持稳定。质量三步曲为企业的质量问题的解决提供了方向。许多企业把精力过多地放在了质量控制环节，而质量计划和质量改进没有引起应有的重视。朱兰主张应该将更多的精力放在其余两个环节，尤其是质量改进环节。

3）Juran 质量螺旋（Quality Loop）。朱兰提出，为了获得产品的适用性，需要开展一系列的工作。也就是说，产品质量是在市场调查、产品开发、设计、计划、采购、生产、控制检验、销售、服务、反馈等全过程中形成的，同时又在这个全过程的不断循环中螺旋式提高，所以也称为质量进展螺旋。由于每个环节具有相互依存性，符合要求的全公司范围的质量管理需求巨大，高级管理层必须在其中起着积极的领导作用。Juran 质量螺旋上升曲线如图 1-2 所示。螺旋上升的曲线，表示产品质量产生、形成和实现的过程，环环相扣，不断循环，产品的适用性就不断地提高。

4）80/20 原则。朱兰提出了质量责任的权重比例问题。他依据大量的实际调查和统计分析得出，企业的产品或者服务质量问题，究其原因，只有 20% 来自

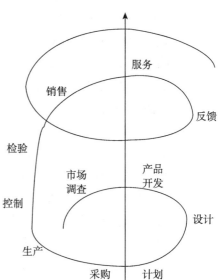

图 1-2　Juran 质量螺旋上升曲线

基层操作人员，而 80% 的质量问题是由领导责任所引起的。在国际标准 ISO 9000 中，与领导责任相关的要素所占的重要地位，也从另外一方面佐证了朱兰的"80/20 原则"所反映的普遍规律。

4. 克劳士比

克劳士比（Crosby）是质量运动的另一位重要人物，1964 年，克劳士比提出了"零缺陷"的概念，即第一次就把事情做对。对待错误，即使是微不足道的差错，也绝不放过，一定要消除错误根源，避免其再次出现。"零缺陷"要求我们把一次做对和次次做对作为工作质量的执行标准，而不是口号。而要做到这一点，就要把工作重点放在预防上，在每一个工作场所和每一项工作任务中预防出错。

1）质量管理的绝对性。克劳士比认为，质量管理有一些原理是绝对的、基本的，包括：

- 质量就是符合要求，而不是"完美"。在克劳士比的质量哲学里没有不同的质量水平或者质量等级，质量的定义就是符合要求。同时，质量要求必须可以清晰地表达，以帮助组织在可测的目标的基础上，而不是在经验或者个人观点的基础上采取行动。如果管理层想让员工第一次就把事情做对，必须清楚地告诉员工事情是什么，并且通过领导、培训和营造一种合作的氛围来帮助员工达到这一目标。
- 质量来自于预防，而不是检验。产生质量的系统是预防，在错误出现之前就消除错误

成因。"预防"产生"质量"，而检验并不能产生质量。检验只是在过程结束后，把坏的从好的里面挑选出来，而不是促进改进。预防发生在过程的设计阶段，包括沟通、计划、验证以及逐步避免出现不符合的时机。通过预防产生质量，要求资源的配置能保证工作正确地完成，而不是把资源浪费在问题的查找和补救上面。

- 质量的标准是"零缺陷"，而不是可接受的质量水平。"零缺陷"的质量标准，意味着我们任何时候都要满足工作过程的全部要求。质量标准必须是"零缺陷"，而不是"差不多就好"。他强调，必须要变更管理层对质量的认识和态度。质量改进过程的最终目标是"零缺陷"的产品和服务，即让质量成为习惯。"零缺陷"并不仅仅是一个激励士气的口号，而是一种工作态度和对预防的承诺。"零缺陷"工作态度是这样一种态度，即对错误"不害怕、不接受、不放过"。"零缺陷"并不意味着必须是完美无缺的，而是指组织中的每个人都要有决心第一次及每一次都符合要求，而且不接受不符合要求的东西。

- 质量的衡量标准是"不符合要求的代价"。不符合要求的代价是浪费，是不必要的代价。质量成本不仅包括那些明显的因素，比如返工和废品的损失，还应该包括诸如花时间处理投诉和担保等问题在内的管理成本。通过展示不符合项的货币价值，可以增加管理者对质量问题的注意，从而促使他们选择时机去进行质量改进，并且这些不符合的成本可以作为质量改进取得成效的见证。

2）质量改进的基本要素。克劳士比把问题看作一种不符合要求的"细菌"，我们可以通过接种疫苗避免问题的发生。质量改进的基本要素由三个独特的管理行动组成——决心、教育和实施。当管理层了解到需要通过交流和赞赏以促进变更所需的管理行动时，决心就会表现出来。每位员工应了解质量改进的必要性。教育提供给所有员工统一的质量语言和质量文化，帮助他们理解自身在整个质量改进过程中所应扮演的角色，掌握防止问题发生的基本知识。实施是通过开发计划、资源安排及支持环境共同构建一种质量改进哲学。在实施阶段，管理层必须通过榜样来领导，并提供持续的教育。

克劳士比认为，教育是任何一个组织在任何阶段都必不可少的过程，可用"6C"来表示，也可以称为"变更管理的六个阶段"：

- 领悟（Comprehension）：它表明理解质量真谛的重要性。这种理解必须首先始于高层，然后逐渐扩展到员工。没有理解，质量改进将无法落实。

- 承诺（Commitment）：它也必须开始于高层，管理者制定出"质量策略"以昭示自己的决心。

- 能力（Capability）：在这个阶段的教育与培训对系统的执行质量改进过程是至关重要的。

- 沟通（Communication）：所有的努力都必须诉诸文字，成功的经验都要在组织内共享，以使置身于公司中的每一个人都能够完整地理解这个质量目标。

- 改正（Correction）：主要关注于预防与提升绩效。

- 坚持（Continuance）：它强调质量管理在组织中必须变成一种工作方式。坚持是基于这样一个事实，即第二次才把事情做正确既不快也不便宜。

所以，质量必须融入所有的日常经营活动之中，通过质量改进过程管理，使质量成为一种根深蒂固的习惯。

1.1.3　软件行业质量管理

软件产品与传统产品既有相似的地方，又有其特殊性，因此，软件质量管理既有与传统产品质量管理相同的共性，又有其特殊性。关于究竟什么是软件质量，业界存在着很多定义。给出一个大家都能接受和认同的软件质量的定义是一个挑战。简要列出一些定义如下：

- [ANSI/IEEE STd 729,1983] 定义软件质量为"与软件产品满足规定的和隐含的需求能力有关的特征或者特性的全体"。
- [Steve McConnell,1993] 在《代码大全》一书中定义软件质量为内外两部分的特性：其外部质量特性面向软件产品的最终用户，其内部质量特性则不直接面向最终用户。
- [Tom Demarco,1999] 定义软件质量为软件产品可以改变世界，使世界更加美好的程度。这是从用户的角度考察软件质量，认为用户满意度是最为重要的判断标准。
- [Gerald Weinberg,1992] 在《软件质量管理：系统化思维》一书中定义软件质量为对人（用户）的价值。这一定义强调了质量的主观性，即对同一款软件而言，不同的用户对其质量有不同的体验。促使开发团队必须仔细考虑"用户是谁"以及"他们的期望是什么"等问题。

在上述这些定义中，我们发现，几乎所有的定义都强调了质量要素中与用户相关联的内容。经过长期实践，人们也开始认识到，软件的质量也应当内建于研发过程之中。这与传统行业的质量管理从原理上是完全一致的，因此，借鉴传统行业的 TQM 方法，应当可以实现软件行业的质量管理。这方面的代表人物就是被称为软件过程之父的 Watts S. Humphrey。事实上，Humphrey 可以说是在整个软件工程发展的历史上在合适时机出现的合适人选。

进入上世纪 80 年代中期，伴随着软件工程技术的发展，企业软件项目研发能力有了显著提升。软件项目研发需求日益增长，项目规模越来越大，复杂程度越来越高。仅仅关注于软件工程技术已经不能适应当时软件研发的要求。在美国国防部（DoD）的项目统计当中，大型软件项目的失败率极高。这一问题引起 DoD 的重视，借鉴传统行业 TQM 经验，DoD 期望制定软件过程标准，从而确保软件研发质量。DoD 首先联合美国卡内基－梅隆大学，在匹兹堡成立了一个机构——软件工程研究所（Software Engineering Insititue，SEI），同时请到 Watts S. Humphrey 来主持过程标准制定工作。Humphrey 此前长期在 IBM 任职，质量管理经验极为丰富。最初 Humphrey 联合一些经验丰富的专家，将他们所知的软件工程最佳实践罗列之后，形成了一个用于评价软件企业研发能力成熟度模型的调查问卷。该问卷就是能力成熟度模型（Capability Maturity Model，CMM）的雏形，后来经过修改颁布了最初的 CMM 1.0 版本。Humphrey 在 1989 年出版了软件过程领域的经典著作——《Managing The Software Process》。该书的核心思想是刻画了不同成熟度水平的软件企业研发过程的特征和演化路径。从此，该思想对整个软件产业产生了极为深远的影响。

Humphrey 在推广 CMM 软件过程标准的过程中，发现企业软件过程改进效果不如预期。为此，他开始思考软件过程标准实施的困难所在，认识到 CMM 针对组织级的软件过程标准粒度较粗，要真正让一个组织能够有效地贯彻 CMM 这种组织级的软件过程标准，还需从软件企业更小的组织单元着手考虑，也就是需要考虑个体软件过程（PSP）和小组（或称团队）

软件过程（TSP）。为此，Humphrey 从 20 世纪 90 年初开始致力于创立个体软件过程和小组软件过程的理论和技术体系，先后出版了相关的理论书籍，包括介绍个体软件过程的三本书：《A Discipline for Software Engineering》（1995 年）、《An Introduction to PSP》（1997 年）、《PSP: A Self-Improvement Process for Software Engineers》（2005 年）；以及介绍小组软件过程的三本书：《An Introduction to TSP》（2000 年）、《TSP - Leading a Development Team》（2006 年）、《TSP-Coaching Development Teams》（2007 年）。PSP 和 TSP 的提出使得规范软件过程的理论体系更加系统和完整，这两个过程理论在实现软件零缺陷方面取得了令人瞩目的成绩。总的来讲，Humphrey 的软件过程理论体系从软件质量管理的角度入手，他继承和坚持了来自传统产业的质量哲学观点：产品的质量取决于生产该产品的过程的质量，对应到软件工程领域，软件产品的质量取决于开发软件的过程管理的质量，对于一个软件组织来讲，可以通过软件过程改进来提高其所开发的软件产品的质量。并且，Humphrey 还继承了来自于 20 世纪五六十年代发生在传统产业领域的质量运动的成果，继承了 Deming 的 PDCA 模型，并将其灵活地应用到组织级的软件过程改进中。

值得注意的是，由于软件过程是最佳实践的总结，因此，可以从不同的角度，以不同的方式来组织最佳实践，形成完全不同的过程。事实上，在现代软件过程领域，已经形成了两大流派，即强调计划和纪律的规范软件过程，以及强调灵活和适应的敏捷软件过程。我们的建议是在研究和学习软件过程理论和技术的时候，应该先学习规范软件过程，再学习敏捷软件过程。正如我们练习书法，在还没有熟练掌握书法的基本要义的时候，不应该急于练习草书，而是应该先从楷体练习，只有当熟练掌握楷体，掌握了书法的基本要义，能灵活调整和控制字体的结构之后，才开始练习草书。因此，本书主要以 Humphrey 创立的规范软件过程体系（包括个体软件过程、小组软件过程以及组织软件过程）为蓝本。此外，IDEAL 模型是软件过程改进的元模型，是基于软件开发的特征对传统行业 PDCA 模型的扩展，CMM 以及后续的 CMMI 可以看作 IDEAL 模型的实例。

1.2　软件过程发展简史

自从计算机诞生以来，软件开发与软件技术已经经历了 60 年的发展历程，在这个相对较长的发展历程中，凝聚了很多前辈的智慧，也产生了很多开发方法。在特定历史背景之下，每一种开发方法都有其合理性和局限性，我们应该以一种辩证的观点来看待曾经流行和正在流行的各种开发方法 [Boehm,2006]，只有这样才能有助于我们理解软件工程以及软件过程技术发展的历史和未来趋势。

1.2.1　20 世纪 50 年代的软件工程

在 20 世纪 50 年代，还没有形成成熟的程序设计语言，因此软件工程师在设计软件的时候需要直接面对硬件软件。因此，那个时代的软件工程更像是硬件工程（hardware engineering），当时流行的开发环境是一种半自动基础环境（Semi-Automated Ground Environment，SAGE），其开发过程如图 1-3 所示。

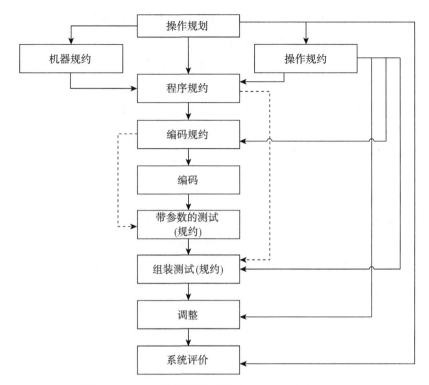

图 1-3　SAGE 软件开发过程（1956）[Boehm,2006]

1.2.2　20 世纪 60 年代的软件工艺

20 世纪 60 年代，逐步产生了软件工艺（software crafting）的概念，人们认识到软件开发中有别于硬件开发的特殊性。首先，软件与硬件相比，更加容易修改（人们的概念中），且不需要昂贵的生产线就能产生软件产品的副本，即一个软件修改之后，重新加载到另一台计算机，不必单独改变每个副本的硬件配置就能工作。另一方面，这种易于修改的特殊性被软件开发人员充分利用之后，使得软件开发与修改变得更加随意，由此形成了 "code-and-fix" 的开发方法，这就与硬件工程师在将设计提交给生产线之前需要进行详尽而充分的评审，形成了鲜明的对比。

另一方面，软件在使用过程中不会产生损耗，软件的可靠性只能不完全地通过硬件的可靠性模型来估计，软件维护与硬件维护也有很大区别。软件是不可见的，软件度量不及传统制造业精确，经验表明，往一个已经落后的项目增加人员，出现的效果经常是会使得项目更加落后。正如 Fred Brooks 在《人月神话》一书中指出的那样，"软件通常有很多很多状态、模式和路径有待测试，这个使得其规格说明变得更加困难"。上世纪 70 年代，Winston Royce 在其一篇经典的文章中提出，"为了获得一个 500 万美元的硬件设备，用 30 页的规格说明就能够将其中的细节描述清楚；而为了获得 500 万美元的软件，需要用 1500 页的规格说明"。从中可以看出，软件系统的规格说明比硬件的更加困难。

另一个问题是软件需求的快速膨胀，超出了工程师数量的增长，采用 SAGE 开发过程，需要招募和培训许多熟悉人文、社会科学、外语和艺术等专业的人员加入软件开发过程，为了应对电子商务和电子政务方面应用的需求，需要有很多非工程师人员涌入软件开发的岗位，这些情景也使得软件开发过程变得更加难以管理。

这些工程人员更加喜欢采用"code-and-fix"方法来开发软件。他们可能很有创意和创新，但是这种随意的修改可能导致更加严重的隐患，使得软件系统的演化更加随意，难以跟踪，最终形成类似于意大利面条式的局面。也由此产生了一种非主流的亚文化（subculture）——黑客文化（hacker culture），其倡导自由精神，渐渐地，形成了带有牛仔风格的角色，也就是所谓的牛仔式程序员（cowboy programmer），这些人可以连续很多个夜晚通宵达旦地工作，采用急速而草率的方式在截止时间之前完成存在很多缺陷的代码，并且这种工作作风被视为英雄主义得到赞扬。

在20世纪60年代，也不是所有的软件项目都采用"code-and-fix"方法，IBM 的 OS-360 的系列软件项目，尽管成本高昂、有些笨拙，但是提供了一种更加可靠且更容易广泛接受的软件开发方法，并且逐步确立了这种方法的市场主导地位，在美国宇航局的水星、双子和阿波罗载人航天器和地面控制软件中得到应用。

1.2.3 20世纪70年代的形式化方法与瀑布过程

20世纪70年代，对于20世纪60年代产生的 code-and-fix 开发方法的最大的改进是，在设计之前需要经过更加仔细的需求工程作为前期工作。图1-4 概括了在上世纪70年代发起的关于软件开发方法的运动，其综合了20世纪50年代硬件工程的技术以及改进的面向软件的技术。关于程序编码应该进行更加精心的组织，其中的代表性文献是 Dijkstra 发表在《Communications of the ACM》的一篇文章"Go To Statement Considered Harmful"，即 goto 语句是有害的。后来，Bohm-Jacopini 的结论表明顺序程序完全能够使用不含 goto 语句的程序构造，由此引发了结构化程序的运动。

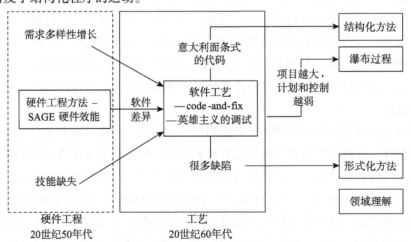

图1-4　20世纪70年代及其以前的软件工程发展形势 [Boehm,2006]

这个运动实际上又可以细分为两个分支：其中一个分支是形式化方法，其关注程序的正确性，具体方法可以是数学证明方法 [Floyd,1969][Hoare,1969]，或者是程序演算的构造方法 [Dijkstra,1968]；另一个分支是自顶向下的结构化程序设计方法，其中综合了少量的形式化技术和管理方法。

结构化程序设计的思想导致了诸多其他结构化方法应用于软件设计。Constantine 强调耦合（coupling）和内聚（cohesion）的概念以及模块化原理，以期尽可能做到模块之间的低耦合和高内聚。Parnas 进一步提出信息隐藏（information hiding）和抽象数据类型的技术。一系列工具和方法被用于基于结构化概念的开发，例如结构化设计、Jackson 的结构化设计与编程。进一步，建立了需求驱动的过程，其综合了 20 世纪 50 年代的 SAGE 过程模型和 20 世纪 60 年代的软件工艺范例。Royce 提出了瀑布模型，如图 1-5 所示。

不幸的是，在瀑布模型的执行过程中，有一种趋势，轻视软件需求的获取过程，瀑布模型可能很大程度上被误解为一个纯粹的顺序过程，在还没有完全获得和确认软件的情况下，就匆匆开始了设计阶段，在还没有完成充分而关键的设计评审的情况下，就匆匆开始了程序编码阶段，这些误解进一步增强，误认为瀑布模型是一个官僚化的过程标准，强调纯粹的顺序过程。

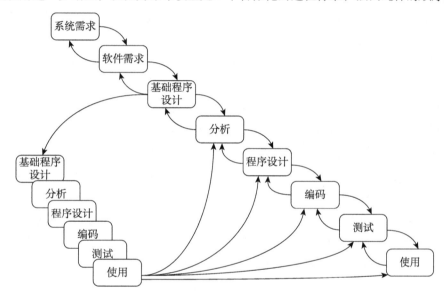

图 1-5　Royce 瀑布模型（1970）[Royce,1970]

人们逐渐开始使用量化方法管理软件开发过程。早在 20 世纪 60 年代，System Development 公司的软件生产率数据表明，程序员的生产率差异最多达到 26∶1。NATO 在 1960 年的报告中提出的 IBM 的数据 [Anthes,2005]，以及软件缺陷的分布和类型相关的早期数据，这些部分地刺激到了 1973 年的一篇文章——"软件和它的影响：一个量化评估" [Boehm,1973]。70 年代重要的进展表现在复杂性度量（complexity metric）：帮助标识易出现缺陷的模块，软件可靠性估算模型，软件质量的定量方法，软件成本与进度规划估算模型，以及持续的定量实验室等。

70 年代，一些其他显著的成果是 Weinberg 在其专著《计算机程序的心理学》中深刻剖析了软件开发中人的因素；Brooks 在《人月神话》中论述了在软件开发的进度规划中有许多不能压缩的工作的经验教训；Wirth 发明了 Pascal 和 Modula-2l 程序设计语言；Fagan 提出了检查技术（inspection technique）；Toshiba 提出了用于工业过程控制软件的可复用的软件产品线；Lehman 和 Belady 则研究了软件演化的动态特征。

然而在 70 年代末，形式化方法和顺序瀑布模型，在实践中遇到了一些问题。形式化方法对于大多数程序员来说，在可伸缩性和易用性方面存在很多困难。顺序瀑布模型则逐渐被误解为一种强调文档密集、笨拙且代价昂贵的模型。

1.2.4 20 世纪 80 年代的生产率与可伸缩性

20 世纪 70 年代早期的最佳实践促成了 80 年代的一些提议，解决了 70 年代的问题，并提高了软件工程的生产率和可伸缩性。在图 1-4 基础上，进一步扩展可以得到图 1-6 表示的发展历程。

起源于 70 年代的定量方法有助于找到改进软件生产率的主要杠杆点。根据各阶段和活动的成果与缺陷的分布状况，可以更好地优化改进域。例如，一般组织花费 60% 的成本用于测试阶段，然而发现其中 70% 的测试活动实际上是对于前期工作的返工（rework），而如果前期工作做得更加仔细，就可以降低成本开销，图 1-6 阐明了这方面的经验。估算模型的成本控制器表明了这个管理是可控的，通过增加在人员培训、过程、方法、工具和软件资产复用方面的投入可以减少这些成本。

难以顺利驾驭的过程管理问题进一步促成了更加彻底的软件合同标准。1985 年美国国防部的标准 DoD-STD-2167 和 MILSTD-1521B 通过在过程模型增加管理评审、进展阶段支付、奖励金等措施进一步强化了瀑布模型。当这个标准没能区分有能力和资质的软件开发供应商与擅长游说鼓动的软件开发供应商的时候，美国国防部决定联合卡内基 – 梅隆大学成立软件工程研究所，开发一个软件能力成熟度模型（SW-CMM）和附属方法来评估某个软件组织的软件研发过程成熟度。如前所述，Humphrey 所领导的工作小组，基于 IBM 规范软件实践以及 Deming、Juran、Crosby 等人的质量实践和成熟度等级的理论，开发完成了一份调查问卷，并最终演化成 CMM 模型。该模型提供了包括成熟度评估与改进的高度有效的框架。CMM 尽管很大程度上保留了顺序瀑布模型，但其内容与具体软件开发方法是独立的。类似地，国际标准化组织发布的应用于软件质量实践的标准 ISO-9001，在欧洲应用较为广泛。

绝大多数报告表明，在过程标准方面的投入，可以减少软件开发过程的返工，因此，这种投入是非常值得的。成熟度模型的应用进一步扩展到美国国内的其他软件组织，导致 20 世纪 90 年代关于成熟度模型的新一轮的精化、开发和讨论。

1. 软件工具

在软件工具领域，在 70 年代除了需求和设计工具，重要的进展是测试工具的开发。例如，测试覆盖率分析器，自动化的测试用例生成器，单元测试工具，测试跟踪工具，测试数据分析工具，测试仿真器，测试操作助手，配置管理工具。一个显著的进步是配置管理领域开发了 ACM/IEE(UK)–sponsored IMPACT project（美国计算机学会与英国电气工程师学会联合资助的 IMPACT 项目）。这个工作深深地影响了学术界和工业界的研究与实践，它将手工簿记的方式改进为强大的自动化助手，能够提供版本管理、异步签入 / 签出、变更跟踪、集成和测试支持。80 年代强调支持软件开发的环境和工具，最初集中于集成化的编程支持环境（IPSE），后来扩大了范围，形成了计算机辅助软件工程（CASE）和软件工厂。这些软件开发环境和技术被广泛应用于美国、欧洲和日本。

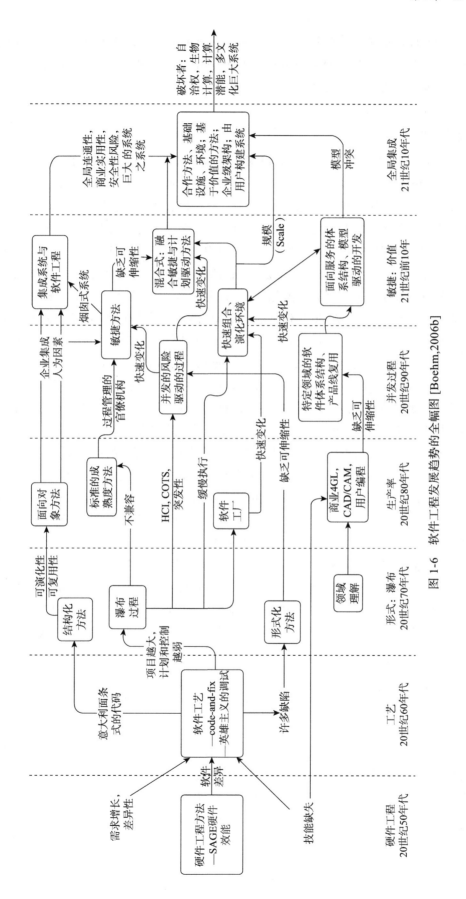

图 1-6　软件工程发展趋势的全幅图 [Boehm, 2006b]

用形式化软件开发方法改进软件生产率的一个显著的成果是 RAISE 环境。一个主要的成果是开发一个关于 HP/NIST/ECMA Toaster 模型的互操作框架标准工具。高级软件开发环境的研究包括基于知识的支持、集成化的项目数据库、互操作体系结构的高级工具，工具/环境配置和执行语言，例如 Odin。

2. 软件过程

1987 年，Osterweil 在第 9 届软件工程国际会议上提出了一个重要的观点 "Software Processes are Software Too"，即 "软件过程也是软件"，由此引导了以过程为中心的软件工程环境的开发。除了适应软件开发环境的焦点之外，这个概念还揭示了开发优秀产品的实践与开发优秀过程的实践之间的二元关系。最初，这个概念关注于过程编程语言和工具，但是这个概念被扩展到意义深远的软件过程需求、过程架构、过程变更管理、过程家族、含有可复用和可组装的过程构件的过程资产库、能够以更低的成本实现更高等级的软件过程成熟度。

改进的软件过程通过减少返工显著提高了软件生产率，但是减少工作或者避免工作被视为进一步改进生产率的前景。在 80 年代早期，美国国防部的星球计划中阐述了关于减少工作的革新和演化方法。该方法强调形式规约和从规约到生成代码的自动化转换方法，并回溯到 70 年代对于 "自动化程序设计（automatic programming）" 的研究，其热衷于设计基于知识的软件助手程序（Knowledge-Based Software Assistant，KBSA）。演化方法强调一种混合的策略，提供一个综合的集成环境，包括人员、复用、过程、工具、管理和技术支持等。美国国防部也强调加速技术过渡，研究表明，在软件工程技术领域，从观念到实践的过渡大约平均需要 18 年。从某种角度上说，CMU 的 SEI 就是充当了从观念到实践过渡的推动者。

20 世纪 80 年代，还有其他有潜力的改进生产率的方法，例如专家系统、更加高级的程序语言、面向对象、强大的工作站、可视化编程技术等。Brooks 在 1986 年发表的文章 "No Silver Bullet" 中一一分析了这些方法。他认为，软件开发中 "非本质"（accidental）的、重复性的任务可以通过自动化技术得到减免或者流水线化，但是，不可减免的 "本质"（essential）任务需要综合专家进行判断和协作。这里的本质任务包括关于生产率解决方案的四个主要的挑战：软件复杂度、非一致性、可变性和不可见性。为了应对这些挑战需要找寻可以称为 "银弹" 的技术。Brooks 提出的解决本质挑战的主要候选方案包括：伟大的设计师、快速原型法、演化开发（即自增长方式的软件系统优于构建软件系统），以及通过复用减免工作。

3. 软件复用（software reuse）

20 世纪 80 年代，提高生产率的途径是减免工作和通过各种复用形式实现生产流水线。软件复用的商业基础设施（更加强大的操作系统、数据库管理系统、GUI 设计器、分布式中间件和交互式个人终端的办公自动化系统）已经减免了大量程序设计工作和缩短了漫长的开发周期。例如 1968 年，Engelbart 通过一个了不起的桌面隐喻、鼠标和 Windows 交互界面、减少愿景与示范，使得所见即所得；Xerox PARC 中心在 70 年代开发了网络/中间件支持系统，应用于苹果的 Lisa(1983 年) 和苹果 (1984 年)，并最终通过微软的 Windows 3.1 实现了 IBM PC 家族。在软件复用方法的研究进展还包括面向对象程序设计和方法学、软件组件技术和针对特定业务领域的第四代语言（4GL）。

4. CMU SEI 的 CMM 软件过程标准体系

进入 80 年代中期，美国国防部意识到软件项目的失败率很高，于是他们决定与 CMU 联合成立软件工程研究所 SEI，邀请 Watts S. Humphrey 来主持过程标准制定工作。1986 年 CMU 的 SEI 发布过程成熟度框架，1987 年发布过程成熟度框架描述与成熟度调查问卷，1989 年在 SEI 工作的 Humphrey 发表专著《Managing the Software Process》，这是软件过程领域的重要名著，为后来 CMM 的正式发布奠定了理论基础。

1.2.5　20 世纪 90 年代的并发过程与顺序过程

面向对象方法的强劲势头一直持续到 20 世纪 90 年代。设计模式的提出、软件体系结构和体系结构描述语言以及统一建模语言（Unified Modeling Language，UML）的发展进一步增强了面向对象方法学的应用。互联网和万维网的出现，不断扩大面向对象的方法在实际软件开发中的市场竞争力。

1. 关注产品上市时间

为了市场竞争的需要，软件开发需要尽可能地缩短开发周期。这个导致了一个重要的转变，需要将顺序的瀑布模型转为强调并发工程的过程模型，包括需求分析、设计和编码等阶段。例如在 20 世纪 80 年后期，HP 建立了一些生存周期约 2.75 年的市场部门，然而如果是简单地采用顺序瀑布模型需要花费 4 年的开发周期。通过建设产品线体系结构和可复用构件，HP 公司在 1986 ~ 1987 年度增加了前三个产品的开发时间，但是在 1991 ~ 1992 年度开发时间得到大量节减。

除了为了适应市场竞争，减少开发周期之外，很多组织逐步脱离顺序瀑布模型还有一个重要因素是大量用户交互产品的出现，它们有别于以往可预定义需求的产品，在询问一些图形用户界面需求的时候，很多用户会回答"我不知道，但当我看到它时我会知道"（I Know It When I See It，IKIWISI）。复用密集和 COTS 密集的软件开发倾向于使用自底向上的过程而不是自顶向下的过程。

2. 控制并发

风险驱动的螺旋模型 [Boehm,1988] 旨在支持并行工程，依据项目的初级风险确定有多少并发需求工程、体系架构、原型开发、关键构件开发等。然而，原始模型中不完全包含关于如何保持稳定的同步和并发活动的所有的指南。一些指南倾向于细化软件风险管理活动和基于双赢理论（Win-Win Theory）的里程碑标准。但最重要的补充是用一个里程碑协调利益相关者的承诺，作为一个稳定的同步和并发螺旋（或其他）进程的基础服务。

3. 开源软件开发

并行工程的另一个重要形式是在 20 世纪 90 年代产生的开源软件开发。Stallman 在 1985 年建立了自由软件基金会（Free Software Foundation）和 GNU 通用公共许可证（GNU General Public License）[Stallman,2002]，并建立了免费和演化的条件，代表产品有 C 语言的 GCC 编译器和 Emacs 编辑器。20 世纪 90 年代开源运动的主要里程碑是 Torvalds 的 Linux（1991 年）、Berners-Lee 的万维网联盟（1994 年）以及 Raymond 的《The Cathedral and the Bazaar》一书

[Raymond,1999] 和 O'Reilly 开源首脑会议（1998 年），包括 Linux、Apache、TCL、Python、Perl 和 Mozilla 等产品的领导者。

4. 可用性和人机交互

人机交互方面的重要研究成果可以看作是 20 世纪 50 年代早期 SAGE 项目在兰德（Rand）公司的延续，其中包括获得图灵奖的 Allen Newell。随后的重大进展，包括如 Sketchpad 和 Engelbert，Xerox PARC 交互式环境，以及一组人机交互准则。20 世纪 80 年代后期和 20 世纪 90 年代人机交互的影响进一步扩大，从单机支持发展到群组支持系统。

5. CMU SEI 的 CMM 软件过程标准体系

1991 年 CMU 的 SEI 发布 CMM 1.0 版本，1993 年发布 CMM 1.1 版本，标志着 CMM 软件过程标准体系走向成熟。Humphrey 在推广 CMM 软件过程标准的过程中，发现企业软件过程改进效果不如预期，他认识到 CMM 针对组织级的软件过程标准粒度较粗，要真正让一个组织能够有效地贯彻 CMM 这种组织级的软件过程标准，还需从软件企业更小的组织单元着手考虑，也就是需要考虑个体软件过程和小组软件过程。为此，他从 20 世纪 90 年初开始致力于创立个体软件过程和小组软件过程的理论和技术体系，并出版了两本关于 PSP 的著作：《A Discipline for Software Engineering》（1995 年）、《An Introduction to PSP》（1997 年）。CMU 的 SEI 在 CMM 软件过程标准的基础上，进一步提炼组织级软件过程改进的一般性理论框架，发布 IDEAL 模型。IDEAL 模型可以看作是传统行业质量管理 PDCA 模型在软件行业的推广，是一种比较通用的理论框架，CMM 和后来发展起来的 CMMI 可以看作是 IDEAL 的具体化的模型。

1.2.6　2000 年之后的敏捷方法与基于价值的方法

1. 敏捷方法（Agile Methods）

20 世纪 90 年代后期，一些称为敏捷方法的软件开发方法开始盛行，例如，自适应软件开发、Crystal 方法、动态系统开发、极限编程（XP）、特征驱动开发、Scrum 方法等。这些方法的倡议者在 2001 年举行大会，发表了敏捷宣言，提出四个主要价值取向：①个体和交互胜过过程和工具；②可以工作的软件胜过面面俱到的文档；③客户合作胜过合同谈判；④响应变化胜过遵循计划。关于敏捷方法将在 1.3.4 节详细介绍。

2. 基于价值的软件工程

最近，形成了一种称为基于价值的软件工程（Value-Based Software Engineering，VBSE）的理论，与之相关的基于价值的软件过程在软件项目的初始就描述项目的挑战，并进一步扩展为系统工程过程，相关书籍 [Biffl,2006] 描绘了基于价值的软件工程过程的发展方向。基于价值的方法也提供了一种框架来区分一个项目中哪些是低风险的、动态的部分，它们适合使用轻量级的敏捷方法；哪些是高风险的、较为固定的部分，它们适合使用计划驱动的方法。

Barry Boehm 等人给出了影响敏捷与规范方法选择的五个维度的关键要素（动态性、危险性、规模、人员和文化）[Boehm, 2003]，敏捷过程与规范过程各有自己的特点和优点，在本质上和在实际项目中，敏捷与规范是可以平衡的，Boehm 等在《Balancing Agility and Discipline：A Guide for the Perplexed》一书中详细总结了敏捷与规范两种方法各自的擅长领域，并给出了基于风险分析平衡敏捷与规范的策略，而平衡的策略可以综合两种方法的优点。本书将在附录 E 中介绍平衡敏捷与规范方法的基于风险的方法。

3. CMU SEI 的 CMM 软件过程标准体系

进入 2000 年，CMU 的 SEI 集成和综合软件能力成熟度模型（SW-CMM）2.0 版草案 C、系统工程能力模型（SECM）和产品开发能力成熟度模型（IPD-CMM）0.98 版，发布了 CMMI 1.0 版，之后继续演化的 CMMI 的后续版本包括 2002 年发布 CMMI 1.1 版、2006 年发布 CMMI 1.2 版、2010 年发布 CMMI 1.3 版。与此同时，Humphrey 依然致力于个体软件过程和小组软件过程的理论和技术体系的研究，出版了 PSP 和 TSP 的名著，包括：《PSP: A Self-Improvement Process for Software Engineers》（2005 年），《An Introduction to TSP》（2000 年），《TSP - Leading a Development Team》（2006 年），《TSP-Coaching Development Teams》（2007 年）。由此，CMU SEI 创立的 CMMI/PSP/TSP 软件过程标准体系更加成熟和完善。

1.3　经典软件过程和实践

软件开发实践、软件开发方法、软件项目管理方法、软件过程以及软件过程框架，事实上是既有联系又有差别的几个术语，当前所流行的术语中并没有严格区分这些术语。尽管缺乏严格的统一定义，但在本文的描述中，我们将尽量规范用语，读者也可以结合具体内容理解和区分上述术语的差别。

1.3.1　PSP/TSP

1. PSP

个体软件过程（Personal Software Process，PSP）由美国卡内基 – 梅隆大学软件工程研究所的 Humphrey 等开发，并于 1995 年推出。PSP 着重于软件开发人员的个人培训，目的是提升软件工程师的估算、计划和质量管理能力。PSP 很好地弥补了 CMM 的不足，提供了有关实现 CMM 关键过程域所需的具体知识和技能，与 CMM、TSP 构成比较完善的 CMM-PSP-TSP 体系。PSP 过程由一系列方法、表单、脚本等组成，指导软件开发人员如何确保自己的工作品质，如何估算和规划自身的工作，如何度量和跟踪个人的表现，如何改善自身的软件流程和品质。PSP 能够提供：①个体软件过程的原则；②软件工程师做出准确计划的方法；③软件工程师为改善产品质量需要采取的步骤；④度量个体软件过程改善的基准；⑤流程的改变对软件工程师能力的影响。PSP 进化框架概要如图 2-1 所示。

PSP 基于以下计划和质量原理加以设计，以期改善个体软件开发人员的过程效能：①每位软件开发人员因人而异，要追求最大效率，必须做好工作计划并将计划建立在个人数据的基础上。②要改善个体软件开发人员的表现，需要采用经过良好定义和度量的过程。③要生产高质量的产品，软件开发人员必须对其产品质量负责。良好的产品不能仅由测试而产生，软件开发人员必须为他们的工作质量而奋斗。④发现并修正缺陷的时间越早，其付出的代价也越低。⑤预防缺陷比发现以及修正缺陷更加有效。⑥正确的工作方式通常也是最快和最廉价的工作方式。

PSP 的基本度量数据包括：软件规模、各个阶段所需时间、各阶段植入的缺陷以及各阶段消除的缺陷。在这些数据项中需要收集计划数据和实际数据。PSP 的软件度量的尺度、目标和问题如表 1-2 所示。

表 1-2 PSP 中的软件度量

尺　　度	目　　标	问　　题
规模尺度	·定义统一的规模尺度 ·确定时间和缺陷尺度的正式化基础 ·帮助实现更佳规模尺度估算	·自己计划的软件开发规模是什么 ·自己的规模估算准确度是什么 ·完全记述了规模的完成品是什么
时间尺度	确定 PSP 各个阶段的使用时间，帮助实现更加准确的时间估算	·PSP 各阶段实际使用了多长时间 ·PSP 各阶段中计划使用多长时间
缺陷尺度	·提供缺陷数据的历史基线 ·理解植入缺陷的数目和类型 ·理解 PSP 各阶段消除缺陷的相对成本	·自己在各阶段植入的缺陷数是多少 ·自己在各个阶段消除的缺陷数是多少 ·发现及修改各缺陷需要了多长时间

2. TSP

卡内基 - 梅隆大学软件工程研究所于 1994 年开始研究团队软件过程，并在 1998 年召开的过程工程会议上第一次介绍了团队软件过程（Team Software Process，TSP）草案，于 1999 年发表有关 TSP 的书籍，使软件过程框架形成一个包含 CMM/CMMI-PSP-TSP 的整体，即从组织、团队和个人 3 个层次进行良好的软件工程改善模式。TSP 是一个已经被良好定义和证明的支持构建和管理团队的最佳实践，指导团队中的成员如何有效地规划和管理所面临的项目开发任务，告诉管理人员如何指导软件开发队伍。TSP 能够提供：①一个已经定义的团队构建过程；②一个团队作业框架；③一个有效的管理环境。TSP 包括：①一个完整定义的团队作业过程；②已经定义的团队成员的角色；③一个结构化的启动与跟踪过程；④一个团队和工程师的支持工具。TSP 的最终目标在于指导开发人员如何在最短时间内以预定的成本开发出高质量的软件产品，所采用的方法是对团队开发过程的定义、度量和改善。

图 1-7 刻画了基于 PSP/TSP/CMM/CMMI 的过程改进方法，PSP 以个人为焦点，关注改进个人技能、纪律和规范；TSP 以团队和产品为焦点，关注改进团队性能；CMM/CMMI 以管理为焦点，关注改进组织的能力。

TSP 的原则和实施方法。Humphrey 在《An Introduction to TSP》中提出 TSP 的原则包括：①软件工程师尽可能地充分了解业务并能制定最好的计划；②当软件工程师计划其工作的时候，要对计划做出承诺；③要准确进行项目跟踪需要详细的计划和精确的数据；④要最大限度地缩短周期时间，软件工程师必须平衡工作量；⑤要最大限度地提高生产率，首先必须聚焦质量。Humphrey 还指出，实施 TSP 的方法是：①在承担工作或者着手工作之前，首先要计划工作；②使用已定义的过程；③度量并跟踪开发的时间、工作量和缺陷；④计划、度量并跟踪项目质量；⑤从工作一开始就强调质量；⑥分析各项工作并将分析结果用于改善过程。

TSP 的质量度量元素。TSP 在进行设计、制造和维护软件或提供服务的过程中，很重视对质量进行度量。在团队软件过程中，其质量重点在于无缺陷管理，包括制定质量计划、识别质量问题以及探寻和防范质量问题。在 TSP 启动准备期间，团队需要根据预估的产品规模和缺陷率的历史性材料，估算出各个阶段会产生的缺陷数。如果没有缺陷率历史数据，可以使用 TSP 质量计划纲要（TSP quality guidelines），这可以协助团队制定质量目标和质量计划。质量计划制定出来以后，项目管理者需要根据质量计划通过 TSP 质量汇总表协助团队成员跟踪绩效。如果发现问题，就需要对团队提出改善建议。在识别质量问题的时候，TSP 导入了无缺陷百分比、缺陷去除率、过程质量指标等质量度量元素来跟踪、识别质量问题的来源。TSP 的设计在于对质量问题防患于未然，通过质量计划和过程跟踪，使软件开发人员对质量问题更加敏感和小心，以便开发出高质量的软件产品。

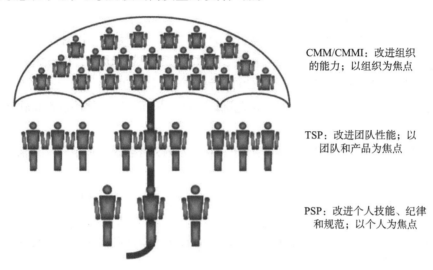

CMM/CMMI：改进组织的能力；以组织为焦点

TSP：改进团队性能；以团队和产品为焦点

PSP：改进个人技能、纪律和规范；以个人为焦点

图 1-7　基于 PSP/TSP/CMM/CMMI 的过程改进方法 [Humphrey, 2000]

1.3.2　CMM/CMMI

1. CMM

软件能力成熟度模型（Capability Maturity Model，CMM）是美国卡内基 – 梅隆大学软件工程研究所汇集了世界各地软件过程管理者的经验和智慧而产生的软件过程改进的指导性模型。经过世界各地软件组织的实际应用，证明了该模型对软件过程改进具有建设性作用。

CMM 是专门针对软件产品研究开发的评估模型，描述了一个有效的软件过程中的关键要素，以及成为有规律的、成熟的软件组织的改进过程，包括对软件开发和维护活动进行规划、软件过程工程化和对软件过程进行管理的实践活动。通过这些实践活动，能够提高软件组织满足成本、进度、功能和质量要求的能力。CMM 提供的一套过程控制和过程管理的行之有效的方法，已经受到越来越多的软件开发者、经营者、软件消费者以及软件质量评估者的关注和欢迎。对软件行业而言，CMM 因为专注于过程似乎有更大的吸引力。CMM 在实际使用中主要用于软件过程改进、过程评估和能力评价。CMM 可以科学地评价软件开发企业的软件能力成熟等级，同时帮助软件开发组织进行自检，不断改善和改进组织的软件开发过程，确保软件质量，提高软件开发质量和效率。

（1）成熟度级别

CMM 根据软件企业的产品开发历程，提供了一个软件企业过程能力框架，将软件开发进化过程组织成五个成熟度等级，它为过程不断改进奠定了循序渐进的基础。这五个成熟度等级定义了一个有序的尺度，用以测量组织软件过程成熟度和评价其软件过程能力。CMM 描述的软件企业成熟度从 CMM1 初始级到 CMM5 优化级，前一级都是后一级的基础。

1）初始级。该阶段的软件开发在一定程度上是个人行为，而软件开发过程是混乱无序的，没有一系列准则来指导开发过程的进展；项目的成功依靠的是软件开发和管理人员的个人能力，对于企业而言没有过程经验的积累，管理方式属于问题 – 解决反应式。

2）可重复级。已建立基本的项目管理过程去跟踪成本、进度和功能性；建立了必要的过程纪律，能重复利用以前的成功。

3）已定义级。管理活动和工程活动两方面的软件过程均已经文档化、标准化，并集成到组织的标准软件过程。项目活动是标准和一致的，不同项目采用相同的标准，从而保证稳定的性能。

4）已管理级。已经采集详细的有关软件过程和产品质量的度量。无论是软件过程还是产品均得到定量了解和控制，性能只在一定范围内变动，从而可以对软件过程和软件产品进行有效的预测。

5）优化级。利用来自过程和来自新思想、新技术的先导性试验的定量反馈信息，使持续过程改进成为可能。

不同的软件企业可能会在某些方面强一些，另一方面弱一些，但是就其整体能力来说，总可以归结为其中的一个等级阶段。实施 CMM 时，企业首先确定自己目前的过程成熟等级，再参考 CMM 结构框架的阶段目标和关键过程，从而进一步决定软件过程的改进策略，最后实施改进软件过程的若干关键实践活动。

（2）关键过程域

在 CMM 中每个成熟度级（第 1 级除外）规定了不同的关键过程域（KPA），一个软件组织如果希望达到某一个成熟度级别，就必须完全满足关键过程域所规定的不同要求，即满足每个关键过程域的目标。所谓关键过程域是指一系列相互关联的操作活动，这些活动反映了一个软件组织改进软件过程时必须集中力量满足几个方面，即关键过程域标识了达到某个成熟度级别所必须满足的条件。当这些活动在软件过程中得以实现，就意味着软件过程中对提高软件过程能力起关键作用的目标达到了。目标可以被用来判断一个组织或者项目是否有效地实现了特定的关键过程域，即目标确定了关键过程域的界限、范围、内容和关键实践。

在 CMM 中一共有 18 个关键过程域，分布于 2 ~ 5 个等级中，如表 1-3 所示。这 18 个关键过程域在实践中起到了至关重要的作用，如表 1-4 所示，从管理、组织和工程方面划分关键过程域的归类情况。

表 1-3 CMM 关键过程域的 5 级分类表

等级编号	等级名称	关键过程域
CMM 1 级	初始级	无
CMM 2 级	可重复级	需求管理；软件项目计划；软件项目跟踪与监控；软件转包合同管理；软件质量保证；软件配置管理
CMM 3 级	已定义级	组织过程焦点；组织过程定义；集成软件管理；软件产品工程；组织培训；组间协同；同行评审
CMM 4 级	已管理级	缺陷预防；技术改革管理；过程变更管理
CMM 5 级	优化级	定量过程管理；软件质量管理

表 1-4 CMM 关键过程域分类表

关键过程域分类 等级	管理方面	组织方面	工程方面
CMM 1 级	无	无	无
CMM 2 级	需求管理；软件项目计划；软件项目跟踪与监控；软件转包合同管理；软件质量保证；软件配置管理	无	无
CMM 3 级	集成软件管理；组间协同	组织过程焦点；组织过程定义；组织培训	软件产品工程；同行评审
CMM 4 级	无	技术改革管理；过程变更管理	缺陷预防
CMM 5 级	定量过程管理	无	软件质量管理

2. CMMI

自 1991 年起，CMM 标准陆续发展应用于许多专业领域，形成了包含系统工程、软件工程、软件采购及整合的产品与流程发展（Integrated Process & Product Development，IPPD）等在内的多个模型。虽然这些模型已经在许多企业被认可，然而使用多个模型本身也是有问题的。许多组织想要将它们的改善成果扩展到组织中的其他模块中去，然而每个模块使用的特定专业领域模型的差异，包含架构、内容与方法，在很大程度上限制这些组织改进成功的能力。此外，训练、评鉴和改善活动的成本是昂贵的。CMMI 的目的正是为了解决上述使用多种能力成熟度模型的问题。CMMI 产品团队初始的任务是整合三个模型：

1）软件能力成熟度模型（SW-CMM）2.0 版草案 C。

2）系统工程能力模型（SECM）。

3）整合产品发展能力成熟度模型（IPD-CMM）0.98 版。

CMMI 承认组织之间存在着很大的差别。他们的客户不同，使用的工具不同，人员智力与专业背景不同，从事的项目属于不同的类型，规模有大有小，要求也各不相同。因而，任何实施 CMMI 的组织应当以自己的方式走向成熟。将这些模型整合成单一的改善架构，以供需要进行过程改进的企业使用。

选择这三个来源模型，是因为它们被广泛地采用于软件及系统工程企业中，以及它们对组织流程改善的方式不同。采用具普遍性且被重视的模型作为源数据，产品团队创造一组紧密结合的整合模型，此模型既能被目前使用来源模型者采用，又能被那些对能力成熟度模型概念尚生疏者采用。因此，CMMI 是 SW-CMM、SECM 与 IPD-CMM 的演进结果，如图 1-8 所示。发展成为统一的集成化的模型，不仅是单纯地将现有的模型组合起来，进而提升改进的流程的效率，CMMI 产品团队还要建立可容纳多种专业领域，并有足够弹性以支持不同来源模型方法的架构。CMMI 的基础源模型包括：软件 CMM 2.0 版本，EIA-731 系统工程，以及 IPD-CMM（IPD）0.98a 版本。2002 年 1 月 CMMI 1.1 版本正式发布后立即被广泛采用。

CMMI 模型架构对 CMM 模型做了较多改进和扩充，可以支持多个群集以及群集与其成员模型间分享最佳实践方法。从两个新群集开始工作：一个是针对服务（CMMI for

Services），另一个是针对采购（CMMI for Acquisition）。虽然在 CMMI for Development 中加入了服务开发模块，包含组件、消耗品与人员的组合，以满足服务需求，它仍不同于规划中专注于服务交付的 CMMI for Services。

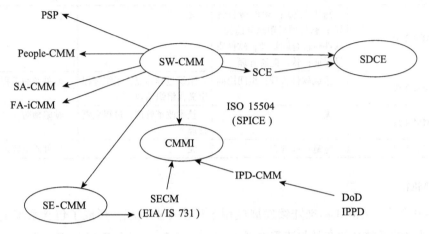

注：PSP——个体软件过程；SA——软件获取；SE——系统工程；SW——软件工程；
SCE——软件能力评估；SDCE——软件开发能力评估；IPD——集成产品开发；
IPPD——集成产品和过程开发；SECM——系统工程能力模型。

图 1-8 CMMI 的产生环境

CMMI 在 2006 年 8 月发表了 1.2 版，这个版本应用"群集"（constellation）的概念（如图 1-9 所示），以一组核心组件的集合，提供高度共同的内容给特定应用模型，将最佳执行方法扩展至新领域，它包含 2006 年公布的 CMMI-DEV 开发模型（CMMI-Development）、2007 年 11 月发表的 CMMI-ACQ 采购模型（CMMI-Acquisition），以及正在规划发展中的服务模型（CMMI-Service）。此重要改变的意义在于同步提升供需双方在开发、采购及服务等方面的流程管理能力，以达到双赢的效果。CMMI 1.2 版本是在 CMMI 使用者提出的将近 2000 余项变更请求的基础上发展而来的。变更请求中，超过 750 个与 CMMI 的内容直接相关。

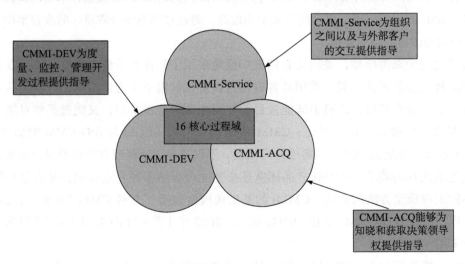

图 1-9 CMMI 群集

CMMI 有两种表示法：一种是阶段式表示法，另一个是连续式表示法。

· CMMI 阶段式表示法。阶段式表示法继承以往的 CMM 思想，把过程域分成 5 个成熟度等级进行组织，从低到高分别为：初始级、已管理级、已定义级、定量管理级和优化级，如表 1-5 所示。

表 1-5　CMMI 的过程域（阶段式）

等　级	过程域
CMMI 2 已管理级	需求管理、项目计划、项目监督和控制、供应商合同管理、产品过程质量管理、产品过程质量保证、配置管理、测量分析
CMMI 3 已定义级	需求开发、技术解决方案、产品集成、验证、确认、组织过程焦点、组织过程定义、组织培训、集成项目管理、风险管理、合成团队、决策分析和决定、组织的一体化环境
CMMI 4 定量管理级	组织过程性能、定量项目管理
CMMI 5 优化级	原因分析和解决方案、组织创新和部署

· CMMI 连续式表示法。连续式表示法则将过程域分为 4 大类型，它们分别是过程管理、项目管理、工程及支持，如表 1-6 所示。每类过程中的过程域又进一步分为基础的和高级的。在按照连续式表示法实施 CMMI 的时候，一个组织可以把项目管理或者其他某类的实践一直做到最好，而其他方面的过程区域可以不必考虑。

表 1-6　CMMI 的过程域（连续式）

分类	过程域
过程管理	组织过程定义、组织过程焦点、组织培训、组织过程性能、组织创新和部署
项目管理	项目规划、项目监控、供应商协议管理、集成项目管理、风险管理、集成化的团队建设、量化项目管理
工程	需求管理、需求开发、技术方案、产品集成、检验、有效性验证
支持	配置管理、过程和产品质量管理、度量和分析、决策分析和决议、组织的集成环境、原因分析和决议

与阶段式表示法相比，连续式表示法主要有两个方面的优势：第一，连续式表示法为用户进行过程改进提供了比较宽松的环境。第二，以连续式表示法对组织过程进行评估的时候，其评估拥有更佳的可见性。

1.3.3　RUP

Rational 统一过程（Rational Unified Process，RUP）是由 Rational 软件公司推出的一种软件过程框架。RUP 总结了经过多年商业化验证的 6 条最有效的软件开发经验，这些被称为"最佳实践"。

1. 最佳实践

1）迭代式开发。通常，采用线性顺序的开发方法不可能开发出当今客户需要的大型复杂软件系统。事实上，在整个软件开发过程中，客户的需求会经常改变，因此需要有一种能够通过一系列细化、若干个渐近的反复过程而得出有效解决方案的迭代方法。

迭代式开发允许在每次迭代过程中需求都可以有变化,这种开发方法通过一系列细化来加深对问题的理解,因此能更加容易地容纳需求的变更。

也可以把软件开发过程看作一个风险管理过程,迭代式开发通过采用可验证的方法来减少风险。采用迭代式开发方法,每个迭代过程以完成可执行版本结束,这不仅使得最终用户可以不断地介入和提出反馈意见,而且开发人员也因随时有一个可交付的版本而提高了士气。

2)管理需求。在开发软件的过程中,客户需求将不断发生变化,因此,确定系统的需求是一个连续的过程。RUP描述了如何提取、组织系统的功能性需求和约束条件并把它们文档化。经验表明,使用用例和脚本是捕获功能性需求的有效方法,RUP采用用例分析来捕获需求,并由它们驱动设计和实现。

3)使用基于构件的体系结构。所谓构件就是功能清晰的模块或者子系统。系统可以由已经存在的、由第三方开发商提供的构件组成,因此构件使软件复用(或称重用)成为可能。RUP提供了使用现有的或者新开发的构件定义体系结构的系统化方法,从而有助于降低软件开发的复杂性,提高软件重用率。

4)可视化建模。为了更好地理解问题,人们常常采用建立问题模型的方法。所谓模型就是为了理解事物而对事物做出的一种抽象,是对事物的一种无歧义的书面描述。由于应用领域不同,模型可以有文字、图形或者数学表达式等多种形式,一般来说,可视化的图形形式更容易理解。RUP与Rational公司创立的可视化建模语言UML紧密地联系在一起,在开发过程中建立起软件系统的可视化模型,可以帮助人们提高管理软件复杂性的能力。

5)验证软件质量。某些软件不受用户欢迎的一个重要原因是质量低下。在软件投入运行后再去查找和修改出现的问题,比在开发的早期阶段就进行这项工作需要花费更多的人力和时间。在Rational统一过程中,软件质量评估不再是事后型的或者由单独小组进行的孤立活动,而是内建在贯穿于整个开发过程的、由全体成员参与的所有活动中。

6)控制软件变更。在变更是不可避免的环境中,必须具有管理变更的能力,才能确保每个修改都是可接受的而且是能被跟踪的。RUP描述了如何控制、跟踪和监控修改,以确保迭代开发的成功。

2. RUP 软件开发生命周期

RUP软件开发生命周期是一个二维的生命周期模型,如图1-10所示。图中纵轴代表核心工作流,横轴代表时间。

(1)核心工作流

RUP中有9个核心工作流,其中前6个为核心过程工作流,后3个为核心支持工作流。下面简要地叙述各个工作流的基本任务。

1)业务建模:深入了解使用目标系统的机构及其商业运作,评估目标系统对用户的影响。

2)需求:捕获用户的需求,并且使开发人员和用户达成对需求描述的共识。

3)分析和设计:把需求分析的结果转化成分析模型与设计模型。

4)实现:把设计模型转换成实现结果(形式化地定义代码结构;用构件实现类和对象;对开发出的构件进行单元测试;把不同实现人员开发的模块集成为可执行的系统)。

5）测试：检查各个子系统的交互与集成，验证所有需求是否都被正确地实现了，识别、确认缺陷并确保在软件部署之前消除缺陷。

6）部署：成功地生成目标系统的可运行的版本，并把软件移交给最终用户。

7）配置和变更管理：跟踪并维护软件开发过程中产生的所有制品的完整性和一致性。

8）项目管理：提供项目管理框架，为软件开发项目制定计划、人员配备、执行和监控等方面的实用准则，并为风险管理提供框架。

9）环境：向软件开发机构提供软件开发环境，包括过程管理和技术支持。

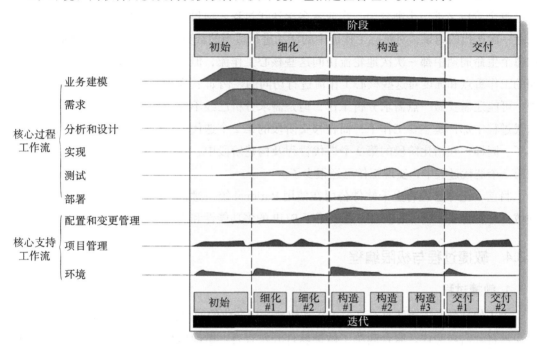

图 1-10　RUP 过程模型

（2）工作阶段

RUP 把软件开发生命周期划分成 4 个连续的阶段。每个阶段都有明确的目标，并且定义了用来评估是否达到这些目标的里程碑。每个阶段的目标通过一次或者多次迭代来完成。

在每个阶段结束之前都有一个里程碑评估该阶段的工作成果。如果未能通过评估，则决策者应该做出决定，要么中止该项目，要么重做该阶段的工作。

下面简述 4 个阶段的工作目标：

1）初始阶段：建立业务模型，定义最终产品视图，并且确定项目的范围。

2）精化阶段：设计并确定系统的体系结构，制定项目计划，确定资源需求。

3）构建阶段：开发出所有构件和应用程序，把它们集成为客户需要的产品，并且详尽地测试所有功能。

4）移交阶段：把开发的产品提交给用户使用。

（3）RUP 迭代式开发

RUP 强调以迭代和渐增的方式开发软件，整个项目开发过程由多个迭代过程组成。在每次迭代中只考虑系统的一部分需求，针对这部分需求进行分析、设计、实现、测试和部署等工作。每次迭代都是在系统已经完成部分的基础上进行的，每次给系统增加一些新的功能，如此循环往复地进行下去，直至完成最终项目。

事实上，RUP 重复一系列组成软件生命周期的循环。每次循环都经历一个完整的生命周期，每次循环结束都向用户交付产品的一个可运行的版本。前面已经讲过，每个生命周期包含 4 个连续的阶段，在每个阶段结束之前有一个里程碑来评估该阶段的目标是否已经实现，如果评估结果令人满意，则可以开始下一阶段的工作。

每个阶段又进一步细分为一次或者多次迭代过程。项目经理根据当前迭代所处的阶段以及上一次迭代的结果，对核心工作流中的活动进行适当的裁剪，以完成一次具体的迭代过程。在每个生命周期中都一次次地轮流访问这些核心工作流，但是，在不同的迭代过程中是以不同的工作重点和强度对这些核心工作流进行访问的。例如：在构建阶段的最后一次迭代过程中，可能还需要做一点需求分析工作，但是需求分析已经不像初始阶段和精化阶段的第 1 个迭代过程中那样是主要工作了，而在移交阶段的第 2 个迭代过程中，就完全没有需求分析工作了。同样，在精化阶段的第 2 个迭代过程及构建阶段中，主要工作是实现，而在移交阶段的第 2 个迭代过程中，实现工作已经很少了。

目前，全球已经有上千软件公司在使用 Rational 统一过程。这些公司分布在不同的应用领域，开发着或大或小的项目，这表明了 RUP 的多功能性和广泛适应性。

1.3.4　敏捷过程与极限编程

1. 敏捷过程

为了使软件开发团队具有高效工作和快速响应变化的能力，17 位著名的软件专家于 2001 年 2 月召开雪鸟会议，联合起草了敏捷软件开发宣言。敏捷软件开发宣言由下述 4 个简单的价值观声明组成。

1）个体和交互胜过过程和工具。优秀的团队成员是软件开发项目获得成功的最重要的因素；当然，不好的过程和工具也会使得最优秀的团队成员无法发挥作用。团队成员的合作、沟通以及交互能力要比单纯的软件编程更重要。正确的做法是，首先致力于构建软件开发团队（包括成员和交互方式等），然后再根据需要配置项目环境（包括过程和工具）。

2）可以工作的软件胜过面面俱到的文档。软件开发的主要目标是向用户提供可以工作的软件而不是文档；但是，完全没有文档的软件也是一种灾难。开发人员应该把主要精力放在创建可工作的软件上面，仅仅当迫切需要并且具有重大意义时，才进行文档编制工作，而且所编制的内部文档尽量简明扼要、主题突出。

3）客户合作胜过合同谈判。客户通常不可能做到一次性把他们的需求完整准确地表述在合同中。能够满足客户不断变化的需求的切实可行的途径是，开发团队与客户密切协作，因此，能够指导开发团队与客户协同工作的合同才是最好的合同。

4）响应变化胜过遵循计划。软件开发过程中总有变化，这是客观存在的现实。一个软件过程必须反映现实，因此，软件过程应该有足够的能力及时响应变化。然而没有计划的项目也会因陷入混乱而失败，关键是计划必须有足够的灵活性和可塑性，在形势发生变化的时候能够迅速调整,以适应业务和技术等方面发生的变化。

在理解上述 4 个价值观声明时应该注意,声明只不过是对不同因素在保证软件开发成功方面所起作用的大小做了比较,说一个因素更重要并不等于说其他因素不重要,更不是说某个因素可以被其他因素代替。

2. 极限编程

极限编程(eXtreme Programming)是敏捷过程中最负盛名的一个,其名称"极限"二字的含义是指把好的开发实践运用到极致。当前,极限编程已经成为一个典型的开发方法,广泛应用于需求模糊且经常改变的场合。

(1)极限编程的有效实践

下面简述极限编程方法所采用的有效开发实践。

- 客户作为开发团队的成员。必须至少有一名客户代表在项目的整个开发周期中与开发人员在一起紧密地配合工作,客户代表负责确定需求、回答开发人员的问题并且设计功能验收测试方案。

- 使用用户素材。所谓用户素材就是正在进行的关于需求的谈话内容的助记符。根据用户素材可以合理地安排实现该项需求的时间。

- 短交付周期。两周完成一次的迭代过程实现用户的一些需求,交付出目标系统的一个可工作的版本。通过向有关的用户演示迭代生成的系统,获得他们的反馈意见。

- 验收测试。通过执行由客户指定的验收测试来捕获用户素材的细节。

- 结对编程。结对编程就是由两名开发人员在同一台计算机上共同编写解决同一个问题的程序代码,通常一个人编码,另一个人对代码进行审查与测试,以保证代码的正确性与可读性。结对编程是加强开发人员相互沟通与评审的一种方式。

- 测试驱动开发。极限编程强调"测试先行"。在编码之前,应该首先设计好测试方案,然后再编程,直至所有测试都获得通过之后才可以结束工作。

- 集体所有。极限编程强调程序代码属于整个开发小组集体所有,小组每个成员都有更改代码的权利,每个成员都对全部代码的质量负责。

- 持续集成。极限编程主张在一天之内多次集成系统,而且随着需求的变更,应该不断地进行回归测试。

- 可持续的开发速度。开发人员以能够长期维持的速度努力工作。XP 规定开发人员每周工作时间不超过 40 小时,连续加班不可以超过两周,以免降低生产率。

- 开放的工作空间。XP 项目的全体参与者(开发人员、客户等)一起在一个开放的场所中工作,项目组成员在这个场所中自由地交流。

- 及时调整计划。计划应该是灵活的,循序渐进的。制定出项目计划之后,必须根据项目进展情况及时进行调整,没有一成不变的计划。

- 简单的设计。开发人员应该使设计与计划要在本次迭代过程中完成的用户素材完全匹配,设计时不需要考虑未来的用户素材。在一次次的迭代过程中,项目组成员不断变更系统设计,使之相对于正在实现的用户素材而言始终处于最优状态。

- 重构。所谓代码重构就是在不改变系统行为的前提下，重新调整和优化系统的内部结构，以降低复杂性、消除冗余、增加灵活性和提高性能。应该注意的是，在开发过程中不要过分依赖重构，特别是不能轻视设计，对于大中型系统而言，如果推迟设计或者干脆不做设计，将造成一场灾难。

- 使用隐喻。可以将隐喻看作是把整个系统联系在一起的全局视图，它描述系统如何运作，以及用何种方式把新功能加入到系统中。

（2）极限编程的整体开发过程

图 1-11 描述了极限编程的整体开发过程。首先，项目组针对客户代表提出的"用户故事"（用户故事类似于用例，但比用例更简单，通常仅仅描述功能需求）进行讨论，提出隐喻，在此项活动中可能需要对体系结构进行"试探"（所谓试探就是提出相关技术难点的试探性解决方案）。然后，项目组在隐喻和用户故事的基础上，根据客户设定的优先级制定交付计划（为了制定出切实可行的交付计划，可能需要对某些技术难点进行试探）。接下来开始多个迭代过程（通常，每个迭代历时 1 ~ 3 周），在迭代周期内产生的新用户故事不在本次迭代内解决，以保证本次开发过程不受干扰。开发出的新版本软件通过验收测试之后交付用户使用。

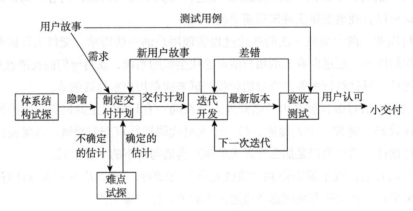

图 1-11   XP 项目的整体开发过程

（3）极限编程的迭代过程

图 1-12 描述了极限编程的迭代开发过程。项目组根据交付计划计算"项目速率"（即实际开发时间和估计时间的比值），选择需要优先完成的用户故事或者待消除的差错，将其分解成可在 1~2 天内完成的任务，制定出本次迭代计划。然后通过每天举行一次的"站立会议"（与会人员站着开会以缩短会议时间，提高工作效率），解决遇到的问题，调整迭代计划，会后进行代码共享式的开发工作。所开发出的新功能必须 100% 通过单元测试，并且立即进行集成，得到的新的可运行版本由客户代表进行验收测试。开发人员与客户代表交流此次代码共享式编程的情况，讨论所发现的问题，提出新的用户故事，算出新的项目速率，并把相关的信息提交给站立会议。

综上所述，以极限编程为杰出代表的敏捷过程，具有对变化和不确定性的更快速、更敏捷的反应特性，而且在快速的同时仍然能够保持可持续的开发速度。上述这些特点使得敏捷过程能够较好地适应商业竞争环境下对小型项目提出的有限资源和有限开发时间的约束。

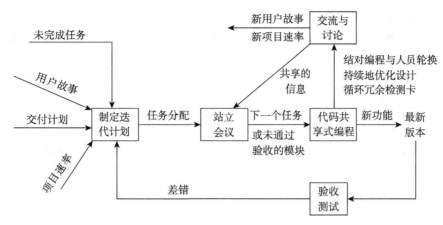

图 1-12　XP 迭代开发过程

1.3.5　Scrum

1986 年，竹内弘高和野中郁次郎阐述了一种新的整体性的方法，该方法能够提高新产品开发的速度和灵活性。1991 年，DeGrace 和 Stahl 在《Wicked Problems, Righteous Solutions》一书中将这种方法称为 Scrum。1995 年，在奥斯汀举办的 OOPSLA'95 上，Sutherland 和 Schwaber 联合发表的论文中首次提出了 Scrum 概念。Sutherland 和 Schwaber 在接下的几年里合作，将他们的经验以及业界的最佳实践融合起来，形成现在的 Scrum。2001 年，Schwaber 与 Beedle 联合发表《Agile Software Development with Scrum》一书，介绍了 Scrum 方法。

Scrum 是一种迭代式增量的敏捷软件开发过程，包括了一系列实践和预定义角色的过程骨架。Scrum 中的主要角色包括同项目经理类似的 Scrum 主管，该角色负责维护过程和任务，产品负责人代表利益所有者，开发团队包括了所有开发人员。

（1）Scrum 常用文档

1）产品订单（product backlog）是整个项目的概要文档，它包含已划分优先等级的、项目要开发的系统或产品的需求清单，包括功能和非功能性需求及其他假设和约束条件。产品负责人和团队主要按业务和依赖性的重要程度划分优先等级，并做出预估。预估值的精确度取决于产品订单中条目的优先级和细致程度，入选下一个冲刺的最高优先等级条目的预估会非常精确。产品的需求清单是动态的，随着产品及其使用环境的变化而变化，并且只要产品存在，它就随之存在。而且，在整个产品生命周期中，管理层不断确定产品需求或对之做出改变，以保证产品适用性、实用性和竞争性。

产品订单包括所有所需特性的粗略描述。产品订单是关于将要创建的产品的描述，它可以由团队成员编辑，是开放的。产品订单包括粗略的估算，通常以天为单位。估算将帮助产品负责人衡量时间表和优先级。

2）冲刺订单（sprint backlog）是细化了的文档，包含团队如何实现下一个冲刺的需求信息。任务被分解为以小时为单位的任务，每一个任务不超过 16 个小时，如果一个任务大于 16 个小时，将被进一步分解为更小的任务。冲刺订单上的任务不是由主管分派，而是由团队成员签名认领他们喜欢的任务。

3）燃尽图（burn down chart）是一个公开展示的图表，显示当前冲刺中未完成的任务数目，或在冲刺订单上未完成的订单项的数目。不要把燃尽图与挣值图相混淆。燃尽图可以使"冲刺"平稳地覆盖大部分的迭代周期，且使项目仍然在计划周期内。

（2）Scrum自适应的项目管理

客户成为开发团队中的一部分，与所有其他形式的敏捷软件过程一样，Scrum也频繁地交付可以工作的中间成果，这使得客户可以更早地得到可以工作的软件，同时可以变更项目需求以适应不断变化的需求。频繁的风险和缓解计划由开发团队自己制定，在每一个阶段根据承诺进行风险缓解、监测和管理（风险分析）。计划和模块开发的分工透明，让每一个人知道谁负责什么，以及什么时候完成。通过频繁的干系人会议跟踪项目进展，更新平衡的（发布，客户，员工，过程）仪表板。拥有预警机制，例如提前了解可能的延迟或偏差。没有问题会被隐藏，认识到或说出任何没有预见到的问题并不会受到惩罚。在工作场所和工作时间内必须全身心投入，完成更多的工作并不意味着需要工作更长时间。

（3）Scrum常见活动

1）冲刺计划会议（sprint planning meeting）：在每个冲刺之初，由产品负责人讲解需求，并由开发团队进行估算的计划会议。

2）每日站立会议（daily standup meeting）：团队每天进行沟通的内部短会，因一般只有15分钟且站立进行而得名。

3）评审会议（review meeting）：在冲刺结束前给产品负责人演示并接受评价的会议。

4）回顾会议（retrospective meeting）：在冲刺结束后召开的关于自我持续改进的会议。

5）冲刺（sprint）：周期通常2~4周，开发团队会在此期间内完成所承诺的一组订单项的开发。

1.3.6　SPICE

软件过程改进和能力鉴定标准（Software Process Improvement and Capability Determination，SPICE）是新兴的软件过程评估国际标准。对国际标准的需要源于软件过程评估和改进有多种模型。评估方法在数量上的增长是开发SPICE标准的一个关键激励因素，目的是提出一个软件过程评估的国际标准。SPICE标准为软件过程的评估提供了一个框架，在软件过程能力鉴定和软件过程改进中起着关键作用。它允许组织了解其关键过程和相关能力，区分与其他业务目标相一致的下一步过程改进的优先级，还允许组织评估转包商的过程能力，使组织在转包商的选择上可以做出明智的决策。

SPICE标准包括一个过程模型，这个模型是软件过程评估得以进行的基础，包括优秀的软件工程所必不可少的一组实践，是一般化的模型，描述的是"做什么"而不是"怎么做"。如图1-13所示，过程评估是过程改进的第一步，用于确定组织的过程能力。

SPICE参考模型包括与软件开发、维护、获取、供

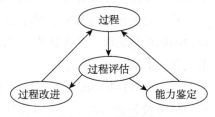

图1-13　过程评估

应和运行相关的关键过程。参考模型的目的是充当软件过程评估的公共基础，并方便评估结果的比较。SPICE 参考模型的体系结构是二维的，包括过程维和能力维。过程维包括要评估的过程，能力维则提供过程评估的尺度。

SPICE 标准定义了五类过程，包括工程过程、客户 - 供应商过程、管理过程、支持过程以及组织过程，其内容如表 1-7 所示。

表 1-7　SPICE 的过程模型

类　型	内　容
工程过程	与软件工程相关的过程，包括需求、设计、实施和测试
客户 – 供应商过程	与客户和供应商接口相关的过程，包括获取、供应商选择以及需求导出过程
管理过程	与项目管理相关的过程，包括项目管理、质量管理和风险管理
支持过程	支持其他过程并在这个生命周期中可以被其他过程（包括其他支持过程）使用的过程，包括质量保证过程和配置管理过程
组织过程	对组织以及组织中的过程进行管理和改进，包括过程改进、评估及人力资源

每个过程都包括对它的目的和实施结果的陈述，包括一组对出色的软件工程来说必不可少的基本实践。

能力维由能力级别构成，标准中有 6 个能力级别，其中，第 0 级：不完整过程；第 1 级：已实施过程；第 2 级：已管理过程；第 3 级：已建立过程；第 4 级：可预测过程；第 5 级：优化过程。某个级别的能力度量以一组过程属性为基础，这些属性度量了能力的某个特定的方面。每个能力级别都是前一个能力级别的重大提升，能力级别的评定是在过程属性评价的基础上做出的。过程属性可以分为不满足、部分满足、大部分满足、完全满足几个级别。

1.3.7　净室软件工程

CLEANROOM（净室软件工程）是由在 IBM 和 SET（Software Engineering Tech.）任职的 Harlan Mills 博士开发并得到广泛应用的软件开发方法和软件认证过程，包括开发高可靠软件系统的过程方法和评估软件系统可靠性的认证方法。它以数学和应用统计为理论指导，结合了数学方法来进行软件规格说明及软件设计，采用统计式的、基于使用方法而设计的测试来进行过程正确性校验，以保证软件的适用性，是一种面向小组的软件过程方法。CLEANROOM 的名字来源于硬件的"净室"，取意于硬件开发中以严格的工程纪律和缺陷预防而不是缺陷修复为工作重点。所以 CLEANROOM 过程的首要目标是开发出在使用中零缺陷的软件。

"净室技术"就是开发和验证一系列软件增量并最终获得结果。系统集成不断进行，功能不断增加。净室技术应为客户快速开发高质量的适用产品。净室技术中，整体正确性验证代替了单元测试与排错，而正确性是由开发小组通过形式化规范、设计、验证置入产品开发过程中的。

相对而言，CMM 的核心内容在于过程管理的成熟度，而 CLEANROOM 的核心内容在于严谨的工作过程。CMM 管理过程和 CLEANROOM 工程过程是互为补充的，并且在成熟度方面互相加强，已经采用了 CLEANROOM 过程的组织，可以参考 CMM 来逐步提高组织的过程能力。研究表明，如果在基于 CMM 的传统软件开发框架中的合适位置引入净室技术，则可以在保证软件质量的前提下，提高生产率，规范软件过程，节约开发时间与开销。同时也可以使软件机构的软件过程在可预测性、可控性和有效性三个方面有所改进，进一步提高软件机构的能力成熟度级别。另外，从 CLEANROOM 的起源可以看出 CLEANROOM 比 CMM 更注重质量，它更偏向于使用一些数学工具，而这是 CMM 所没有的。

1.3.8 其他软件过程

1. ISO/IEC 15504

ISO/IEC 15504（软件过程评估标准）的前身是 SPICE，是软件过程评估的一个国际标准，由 9 个部分组成 [ISO/IEC 15504]，如图 1-14 所示。

其中第 1 部分是 ISO/IEC 15504 的入口，描述了 ISO/IEC 15504 如何把其余 8 个部分有机地组合起来，这 8 个部分的内容分别应该怎样选择使用。第 2 部分在一定的抽象层次上定义了和软件工程息息相关的工程性行为，这些行为是根据过程的成熟度级别逐渐上升的顺序描述的。第 3 部分定义了一个进行评估的框架，陈述了一个为过程能力进行评级、打分的基础。第 4 部分为评估小组提供了进行软件评估的指南。第 5 部分定义了一个评估过程必须使用的评估手段和工具的框架内容。第 6 部分描绘了评估能力、教育、培训、经验等方面所必需的背景。第 7 部分描述了如何为过程改进定义输入值，如何在软件过程改进中使用上次评估的结果。第 8 部分描述了如何为评价过程能力定义输入值，如何在过程能力评价中使用评估结果。第 9 部分定义了在 ISO/IEC 15504 标准中使用到的所有名词术语。

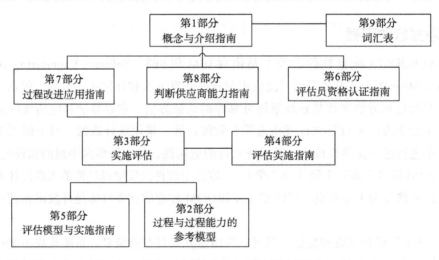

图 1-14 ISO/IEC 15504 结构图

ISO/IEC 15504 和 CMM 的内容相关，都是对软件组织的过程能力进行评估。但是这两者之间也有区别。ISO/IEC 15504 在评估组织软件过程的同时，也为组织提供了一种兼容的、可重复的软件能力评估的方式，另外，ISO/IEC 15504 可以根据组织的具体情况选择软件评估的范围，可以在组织的局部范围内进行评估定级。CMM 是一种层级或者说阶段模型，因为它以代表能力进化阶段的成熟度等级描述组织能力，而 ISO/IEC 15504 从某种意义上是"连续"

模型。ISO/IEC 15504 模型从个人过程的角度来描述软件过程成熟度，而 CMM 提供了组织提高的路标。

ISO/IEC 15504 的一个目标是创造一种测量过程能力的方法，同时避免采用 SEI 成熟度等级的具体提高方法，这样，多种不同类型的评估、模型和它们的结果，可以深入地相互比较。选择的方法是为了测量具体过程的执行和建立，相对组织测量，更应该倾向于过程测量。成熟度等级可以看成使用了这种方法的一系列过程规范。这说明了阶段方法的一个缺点：低级成熟度等级关键过程域随着组织成熟度的提高而进化。

ISO 9000 标准适合于除了电子电气行业以外的各种生产和服务领域，它已被各国广泛采用，成为衡量各类产品质量的主要依据。该标准同样适用于软件业。ISO 9000 标准重点关注"过程质量"，强调持续改进。标准不仅包含产品和服务的内容，而且还需证实能有让顾客满意的能力。该标准始终站在顾客的角度，以如何满足顾客需要为出发点来看待软件质量保证（SQA）。标准要求从软件项目的合同评审—项目开发—安装—服务—质量改进—全过程进行完善的 SQA 控制，其中包括了对人员的培训及用于质量改进的统计技术。要求软件企业应建立 SQA 的定量度量方法，以便进一步改进软件质量。鉴于软件的一系列特点，标准将软件的质量认证体系从"质量保证"提高到"质量管理"的新水平。

2. ISO/IEC 12207

ISO/IEC 12207（软件生命周期过程标准）是由国际标准化组织（ISO）和国际电气委员会（IEC）共同开发完成的，它是软件生命周期过程的国际标准 [IEEE, 2008]。该标准建立了从概念设计到终止使用的软件生命周期过程的一般框架，软件人员可以利用这个框架来管理和设计软件。它包括供应以及获得软件产品和服务的过程，也包括控制和提高那些过程的过程。它描述了软件生命周期的体系结构，但没有详细说明如何实现或者如何实施过程中的活动和任务。ISO/IEC 12207 承认软件提供者和用户的差别，适用于双方签约时涉及的软件系统的开发、维护和运作等问题。

生命周期过程包括三个过程组：

1）基本过程：基本过程是过程的原动力，提供生命周期中的主要功能。它由 5 个过程组成：获得、供应、开发、操作和维护。

2）支持过程：支持过程是协调活动，用以支持、协调开发及生命周期的基本活动，协助其他过程执行特定的功能。该过程由 8 个过程组成：文档化、配置管理、质量保证、验证、有效性、联合评审、审核和解决问题。

3）组织过程：组织过程是整个开发环境的整体管理和支持的过程。它由 4 个过程组成：管理、平台、改进和培训。

在 ISO/IEC 12207 中，每个过程按照这个过程包含的子活动来细化设计，每一个子活动又按照子活动的任务来进一步设计。

ISO/IEC 12207 运用双方都接受的术语，提供了一个过程结构，而不是仅仅给出一个独特的软件生命周期模型和软件研发模型。因为 ISO/IEC 12207 是相对高水平的文档，所以它并没有具体指定如何执行那些组成过程的活动和任务。它也没有规定文档的名称、格式和内容。因此，如果一个组织打算实施 ISO/IEC 12207，需要使用额外的标准和程序以便将细节具体化。ISO/IEC 12207 裁剪 17 个过程，删除所有不合适的活动，使其满足特定的项目范围，以此来适应特定的组织。

图 1-15 表明了质量保证、过程评估和生命周期过程三种标准间的关系。在左上角，ISO 9000 系列代表质量保证，它处于系统水平。在右上角，SPICE 代表组织中应用的过程评估。在下方，ISO/IEC 12207 代表贯穿软件产品生命周期中的过程。如图中箭头所示，ISO 9000 为 ISO/IEC 12207 和 SPICE 提供了质量保证的基础；ISO/IEC 12207 为 SPICE 提供了生命周期过程的基线。随着这些标准在未来的演进，它们相互的连接将加强。

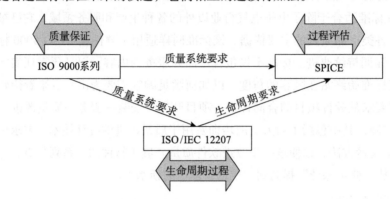

图 1-15　ISO 9000、ISO/IEC 12207 和 SPICE 的关系

我们不容易直接找到 ISO/IEC 12207 和 CMM 之间的直接关系。但是，由于 ISO/IEC 12207 与 ISO 9000 系列和 SPICE 都有密切关系，因此 ISO/IEC 12207 以二者为纽带，与 CMM 之间存在间接的关系。因此，ISO/IEC 12207 的软件生命周期模型为 CMM 的顺利实施提供重要的参考依据。

3. ISO 9000

ISO 9000 有许多 CMM 的特征，它强调用文字和图形对过程进行文档编写，以保证一致性和可理解性。ISO 9000 的基本原理是，坚持标准不能 100% 地保证产品的质量，但能降低产品质量较差的风险。和 CMM 一样，ISO 9000 也强调度量。两种模型都强调确保过程改进所必须采取的修正行动。ISO 9000 和 CMM 之间确实有很强的相关性，ISO 9000 的大部分质量管理要素都能够在 CMM 中找到对应的关键过程域。目前，学术界普遍认为，获得 ISO 9000 标准认证的企业应该具有 CMM 2 ～ 3 级的水平。

另外，CMM 以具体实践为基础，是一个软件工程实践的纲要，以逐步演进的框架形式不断地完善软件开发和维护过程，并成为软件企业变更的内在原动力，与静态的质量管理系统标准 ISO 9000 形成鲜明对比。实际上，ISO 9000 和 CMM 两者在研究范畴评估的侧重面、评审的等级、质量管理应用的程度、改进机制以及应用领域的范围等方面存在着差异。CMM 是针对软件产品的诊断、控制、评估而量身定做的模型，CMM 既可以应用于软件企业自身诊断、评审，也可以用于软件评估机构的咨询与诊断工作。相对而言，CMM 吸收了先进的管理思想，更强调过程控制，它代表了软件产品质量管理的发展方向。在软件评估、控制、诊断方面，CMM 模型是 ISO 9000 质量管理内容的必要补充。

1.4　过程改进框架

事实上，过程的质量不仅仅决定了最终产品的质量，其他生产目标如生产效率、成本、日程等都与过程有关。也就是说，企业的业务发展和目标往往驱使着企业不停地优化过程，提升竞争能力。传统行业和软件行业都需要不断地优化和改进过程。

PDCA 模型揭示了质量管理改进循环框架的一般规律和方法，该模型在传统行业获得了巨大成功。在 20 世纪 80、90 年代被成功地推广应用于软件过程改进，对后来 CMM/CMMI 标准体系的发展起到重要的指导和借鉴作用。在 CMM/CMMI 的发展历史中，SEI 在 20 世纪 80 年代和 90 年代初创立了 CMM 的最初模型，然后在 90 年代中期进一步反思软件过程改进的一般规律和方法，归纳和总结出了 IDEAL 模型。IDEAL 模型是软件过程改进框架模型，可以看作 PDCA 模型在软件工程领域的延伸，SEI 后来发布的 CMMI 模型可以看作是 IDEAL 模型的实例。

1.4.1　适用于传统行业的 PDCA 模型

PDCA 循环是能使任何一项活动有效进行的一种合乎逻辑的工作程序，特别是在质量管理中得到了广泛的应用。PDCA 循环的程序及具体步骤如图 1-16 所示。

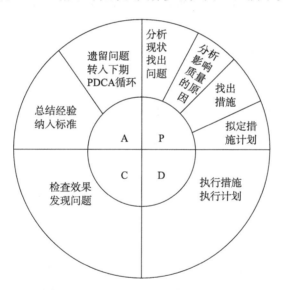

图 1-16　戴明的 PDCA 循环示意图

（1）PDCA 循环四个阶段的含义

1）P（Plan）——计划。包括方针和目标的确定以及活动计划的制定。要通过市场调查、用户访问等，摸清用户对产品质量的要求，确定质量政策、质量目标和质量计划等。它包括现状调查、原因分析、确定要因和制定计划四个步骤。

2）D（Do）——执行。就是具体运作，实现计划中的内容。要实施上一阶段所规定的内容，如根据质量标准进行产品设计、试制、试验，其中包括计划执行前的人员培训。它只有一个步骤，即执行计划。

3）C（Check）——检查。就是总结执行计划的结果，分清哪些对了，哪些错了，明确效果，找出问题。主要是在计划执行过程之中或执行之后，检查执行情况，看是否符合计划的预期结果。该阶段也只有一个步骤，即效果检查。

4）A（Action）——行动（或处理）。对总结检查的结果进行处理，成功的经验加以肯定，并予以标准化，或制定作业指导书，便于以后工作时遵循；对于失败的教训也要总结，以免重现。对于没有解决的问题，应提给下一个 PDCA 循环中去解决。

（2）PDCA 循环的四个明显特点

1）周而复始。PDCA 循环的 4 个过程不是运行一次就完结，而是周而复始地进行。一个循环结束了，解决了一部分问题，可能还有问题没有解决，或者又出现了新的问题，再进行下一个 PDCA 循环，依此类推。

2）大环带小环。类似行星轮系，一个公司或组织的整体运行体系与其内部各子体系的关系，是大环带动小环的有机逻辑组合体。

3）阶梯式上升。PDCA 循环不是停留在一个水平上的循环，不断解决问题的过程就是水平逐步上升的过程。

4）统计的工具。PDCA 循环应用了科学的统计观念和处理方法，作为推动工作、发现问题和解决问题的有效工具，典型的模式被称为"四个阶段"、"八个步骤"和"七种工具"。

（3）PDCA 循环的八个步骤

1）分析现状，找出问题。

2）分析影响质量的原因。

3）找出措施。

4）拟定措施计划，包括：为什么要制定这个措施？达到什么目标？在何处执行？由谁负责完成？什么时间完成？怎样执行？

5）执行措施，执行计划。

6）检查效果，发现问题。

7）总结经验，纳入标准。

8）遗留问题转入下期 PDCA 循环。

（4）PDCA 循环的七种工具

在质量管理中广泛应用的直方图、控制图、因果图、排列图、关系图、分层法和统计分析表等，都可应用于 PDCA 循环。戴明学说反映了全面质量管理的观念，说明了质量管理与改善并不是个别部门的事，而是需要最高管理层的领导和推动才可奏效。

1.4.2　适用于软件行业的 IDEAL 模型

SEI 已经开发了软件过程改进模型的一个基本框架，即 IDEAL 模型 [McFeeley,1996]，它描述了实现软件过程改进所必需的阶段、活动和成功的过程改进工作所需的资源。IDEAL 模型可以解决以下问题："在被评估之后，应该做些什么来开始改进计划，计划中应该包括哪些活动" [Peterson,1995]。IDAEL 模型是对过程改进计划中的活动的详细描述，提供了在将 CMM 过渡到组织实践的过程中应该包括的一系列观点、意见。尽管 IDEAL 模型与 CMM 规划图相关，但是 IDEAL 模型具有很强的通用性，当使用其他的过程改进规划图的时候，依旧可以使用 IDEAL 来定义 SPI 实现计划。

IDEAL 模型解决了软件组织在各种质量改进环境下的需要，它包括了软件过程改进周期中的五个阶段，IDEAL 就是代表这五个阶段的英文单词的首字母（如表 1-8 所示）。

表 1-8 中总结了每个阶段的主要目的。

表 1-8　IDEAL 的阶段目的

缩写	英文名称	阶　　段	主要目的
I	Initiating	初始	开始改进程序
D	Diagnosing	诊断	评估当前状态
E	Establishing	建立	制定实现策略和改进的行动计划
A	Acting	执行	执行计划和推荐的改进
L	Leveraging	调整	分析得到的教训，改进工作的商业结果，进行修正

图 1-17 说明了 IDEAL 的五个阶段，描述了怎样建立一个成功的过程改进计划和评估改进结果的架构。在此，我们先对各个阶段做简单的描述，第 11 ~ 15 章将更加详细地介绍 IDEAL 模型的细节。

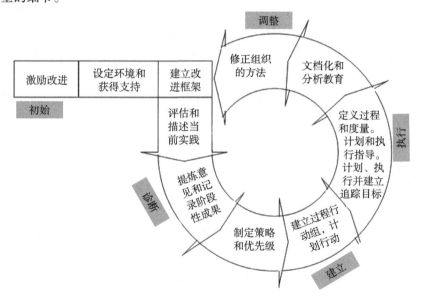

图 1-17　软件过程改进的 IDEAL 方法 [Peterson,1995]

1）初始阶段。其主要任务包括：促进改进（商业判断）；明确背景并获得支持；建立改进架构（评价小组准备就绪）。

IDEAL 模型的第 1 个阶段建立开展软件过程改进工作的基础设施。在这个阶段获得组织的高度关注，使得质量改进的各个方面得到促进。在改进工作的早期阶段，为了获得主管的大力支持，需要进行深入的沟通交流。

支持不仅仅是简单地决定从事这些工作并分配相应的资源，而是意味着更多的含义，它也意味着领导。软件过程改进是对大多数组织的软件开发活动的巨大改变，只有当关键的领导人完全理解了什么是软件过程改进并坚信这是一件正确的事情时，软件过程改进才能实行。

这种承诺会提供改变的动力，长期保持对完成改进工作所需的强有力的支持。

在初始阶段，为了启动软件过程改进和获得对改进的支持，需要一个启动架构，确定关键的人员，分配改进工作。为了获得对软件过程改进的支持，首先必须与其他人进行交流，在组织内的各个层次中赢得支持。

2）诊断阶段。其主要任务包括：评价当前的软件过程实践并了解它的特征（评价调查结果）；提炼建议和记录结果（评价建议和最终报告）。

IDEAL 模型第 2 个阶段的评估结果可作为组织的软件过程成熟度基线。这个基线建立对组织内当前过程的共识，尤其是对当前过程的长处和弱点的理解，同时也帮助确定软件过程改进的优先级。

在软件过程改进的背景中，诊断阶段有助于判定组织对于软件过程改进计划的管理、支持和投资的准备情况。最后，诊断阶段会提出组织需要采取的软件过程改进的行动建议。

3）建立阶段。其主要任务包括：制定策略和优先级（给出行动优先级列表）；计划行动（软件过程改进行动计划和改进项目）；建立行动计划（SEPG 和软件过程改进组）。

IDEAL 模型的第 3 个阶段是完善软件过程改进计划的策略和支持计划。它设置以后阶段的方向和指南，包括：组织的策略计划；软件过程改进的策略计划；软件过程改进计划的长期目标（3 ~ 5 年）和短期（1 年）目标；软件过程改进行动的战术计划。

4）执行阶段。其主要任务包括：定义过程和度量（设计或者重新设计过程）；计划和执行指导（指导改进活动）；计划、执行并建立跟踪目标（通过反馈监控过程的执行）。

第 4 个阶段采取有效的行动实现组织系统的改进。这些改进是循序渐进的，以保证这些改进的延续性。

对改进提供支持并加以制度化的技术包括：定义软件过程；定义软件度量；指导新过程和度量的测试；在这个组织内建立新的过程和度量。

为了确保软件过程改进的成功，需要对改进工作进行管理和追踪。另外，必须收集改进工作中的信息并进行记录，以备组织在未来实现软件过程改进时利用。

5）调整阶段。其主要任务包括：记录和分析教训（分析反馈）；修正组织的步骤（定期的软件过程改进过程和架构改进）。

IDEAL 模型的第 5 个阶段是完成过程改进周期，来自实验项目和改进工作的教训被记录和分析，以便今后进一步完善过程改进计划。在周期开始时确定的商业要求需要重新审视，以便判定是否达到了当初的要求。为了开始下一个软件过程改进周期，确定新的和已有的改进计划的支持者。

软件过程改进程序是一个发展中的计划。完成了一个过程改进周期后，软件过程改进实践已经融入到组织内。软件过程改进组获得了信任，至此，组织对过程改进工作能够保持浓厚的兴趣和授权。

本章小结

本章介绍了软件质量与软件过程的关系，长期以来，软件工程领域一直在借鉴来自传统行业的质量管理经验和理论，即产品的质量取决于过程的质量，只有很好地控制了生产过程的质量，运用科学、可定量的方法有效地控制了过程的质量，才能获得高质量的产品。为此，我们回顾了在传统行业取得的质量管理成果，包括休哈特、戴明、朱兰和克劳士比的理论，软件过程理论正是结合这些经典的质量管理理论与软件工程自身的特点而发展起来的。本章还介绍了软件过程发展历史以及经典的软件过程模型，包括 TSP/PSP、CMM/CMMI、RUP、敏捷过程与极限编程、Scrum、SPICE、净室软件工程、ISO/IEC 15504、ISO/IEC 12207 和 ISO 9000 等。总之，软件过程改进是提高软件质量的重要途径，为此，我们介绍了适用于传统行业的 PDCA 模型和适用于软件行业的 IDEAL 模型。

思考题

1. 简述软件过程的发展历史。
2. 软件过程与软件质量的关系。
3. 简述 CMU SEI 的软件过程标准体系。
4. 举例说明一些经典的软件过程方法。
5. 简述 PDCA 模型及其作用。
6. 简述 IDEAL 模型及其作用。
7. 在分析传统行业和软件行业特征的基础上，解释为什么 PDCA 更适用于传统行业，而 IDEAL 则更适用于软件行业。

参考文献

[Ahern,2001] Dennis M. Ahern, Aaron Clouse, Richard Turner, CMMI Distilled: A Practical Introduction to Integrated Process Improvement, Addison-Wesley, 2001.

[ANSI/IEEE STd 729,1983]IEEE Standard Glossary of Software Engineering Terminology（IEEE Std 729-1983）. Institute of Electrical and Electronics Engineers, New York, 1983.

[Anthes, 2005] Anthes, G., The Future of IT. Computerworld,（March 7, 2005）27-36.

[AT&T, 1990] Best Current Practices: Software Architecture Validation, AT&T Bell Labs, 1990.

[Bass, 1998] Bass, L., Clements, P., and Kazman, R. Software Architecture in Practice, Addison-Wesley, 1998.

[Berners, 1991] Berners-Lee, T., World Wide Web Seminar.
http://www.w3.org/Talks/General.html（1991）

[Biffl, 2006]Stefan Biffl, Aybüke Aurum, Barry Boehm, Hakan Erdogmus, Paul Grünbacher, Value-based Software Engineering, Springer, 2006.

[Boehm, 1973] Boehm, B., Software and Its Impact: A Quantitative Assessment. Datamation, pages 48-59, May 1973.

[Boehm, 1988] Boehm, B., A Spiral Model of Software Development and Enhancement, IEEE Computer, May 1988, pp. 61-72.

[Boehm, 2006]Barry W. Boehm, A View of 20th and 21st Century Software Engineering. ICSE 2006: 12-29.

[Boehm,2003]Barry Boehm, Richard Turner, Balancing Agility and Discipline：A Guide for the Perplexed, Addison Wesley, 2003.

[Chrissis, 2004]Mary Beth Chrissis, Mike Konard, and Sandy Shrum, CMMI: Guidelines for Process Integration and Product Improvement, Addison-Wesley, 2004.

[CMMI,2006] CMMI for Development, Version 1.2, CMMI-DEV, V1.2, CMU/SEI-2006-TR-008, ESC-TR-2006-008.

[CMMI,2010] CMMI for Development, Version 1.3, CMMI-DEV, V1.3, Improving Processes for Developing Better Products and Services, November 2010, Technical Report, CMU/SEI-2010-TR-033, ESC-TR-2010-033.

[Cockburn, 2000]Alistair Cockburn, Agile Software Development Draft version: 3b, 2000.

[Deming, 2003] W·爱德华兹·戴明. 戴明论质量管理 [M]. 钟汉清，戴久永，译. 海口：海南出版社，2003.

[Dijkstra, 1968] Dijkstra, E., Cooperating Sequential Processes. Academic Press, 1968.

[Floyd, 1969] Floyd, C., Records and References in Algol-W, Computer Science Department, Stanford University, Stanford, California, 1969.

[Gamma, 1994]Gamma, E., Helm, R., Johnson, R., and Vlissides, J., Design Patterns: Elements of Reusable Object Oriented Software. Addison-Wesley, Reading, MA.（1994）.

[Gerald Weinberg,1992]Weinberg, G., Quality Software Management, Vol. 1: Systems Thinking, New York: Dorset House, 1992.

[Ghezzi, 2002]C. Ghezzi, M. Jazayeri, Fundamentals of software engineering, Prentice Hall, 2002.

[Hoare, 1969]Hoare, C. A. R., An axiomatic basis for computer programming. Comm. ACM, 12:576--583, 1969.

[Humphrey, 1989]Watts S. Humphrey，Managing the software process, Addison-Wesley, 1989.

[Humphrey, 1995]Watts S. Humphrey，A Discipline for Software Engineering, 1995.

[Humphrey, 1997a]Watts S. Humphrey，An Introduction to PSP, 1997.

[Humphrey, 1997b]Watts S. Humphrey，Managing Technical People: Innovation, Teamwork, and the Software Process, Addison-Wesley, 1997.

[Humphrey, 2000]Watts S. Humphrey，An Introduction to TSP, 2000.

[Humphrey, 2001]Watts S. Humphrey，Winning with Software: An Executive Strategy, Addison-Wesley, 2001.

[Humphrey, 2005]Watts S. Humphrey，PSP（sm）: A Self-Improvement Process for

Software Engineers, 2005.

[Humphrey, 2006]Watts S. Humphrey，TSP - Leading a Development Team, Addison Wesley, 2006.

[Humphrey, 2007]Watts S. Humphrey，TSP-coaching development teams, Addison Wesley, 2007.

[IEEE, 2008] Systems and Software Engineering — Software Life Cycle Processes, ISO/IEC 12207:2008（E），Second edition, IEEE Std 12207-2008,（Revision of IEEE/EIA 12207.0-1996），2008.

[ISO/IEC 15504] ISO/IEC 15504 Information Technology — Process Assessment, Part 1~9.

[Jacobson, 1997] Jacobson, I., Griss, M., Jonsson, P., Software Reuse: Architecture, Process and Organization for Business Success, Addison Wesley, 1997.

[Jacobson, 1999] Jacobson, I., Booch, G. and Rumbaugh, J., Unified Software Development Process, Addison-Wesley, 1999.

[Kruchten, 1999] Kruchten, P. B., The Rational Unified Process（An Introduction）. Addison Wesley 1999.

[Maranzano, 2005] Maranzano, J. F., Sandra A. Rozsypal, Gus H. Zimmerman, Guy W. Warnken, Patricia E. Wirth, David M. Weiss, Architecture Reviews: Practice and Experience, IEEE Software, vol. 22, no. 2, pp. 34-43, Mar/Apr, 2005.

[McFeeley,1996]Bob McFeeley, IDEAL: A User's Guide for Software Process Improvement, Handbook, CMU/SEI-96-HB-001February 1996.

[Osterweil, 1987]Leon Osterweil, Software Process are Software too, 9th ICSE, 1987.

[Paulk, 1993a]Mark C. Paulk, Bill Curtis, Mary Beth Chrissis, Charles V. Weber, Capability Maturity ModelSM: for Software, Version 1.1, CMU/SEI-93-TR-024, 1993.

[Paulk, 1993b]Mark C. Paulk, Charles V. Weber, Suzanne M. Garcia, Mary Beth Chrissis, Marilyn Bush, Key Practices of the Capability Maturity ModelSM, Version 1.1, CMU/SEI-93-TR-025, 1993.

[Perry, 1992] Perry, D. E. and Wolf, A. L., Foundations for the Study of Software Architecture. Software Engineering Notes, vol 17, no 4, October 1992.

[Peterson,1995] Bill Peterson, Transitioning the CMM into Practice. In Proceedings of SPI 95 - The European Conference on Software Process Improvement, The European Experience in a World Context, Barcelona, Spain: 103-123,1995.

[Pfleeger, 2009]Shari Lawrence Pfleeger，Joanne M. Atlee, Software Engineering: Theory and Practice（4th Edition），Prentice Hall, 2009.

[Pressman, 2009]Roger S. Pressman, Software Engineering: A Practitioner's Approach（7th edition），McGraw-Hill, 2009.

[Raymond, 1999] Raymond, E.S, The Cathedral and the Bazaar, O'Reilly, 1999.

[Royce,1970] Royce, W. W., Managing the Development of Large Software Systems: Concepts and Techniques, Proceedings of WESCON, August 1970.

[Royce,1998] Royce, W., Software Project Management - A Unified Framework, Addison Wesley, 1998.

[Sommerville, 2009]Ian Sommerville, Software Engineering（9th edition），Addison-Wesley, 2009.

[Stallman, 2002] Stallman, R. M., Free Software Free Society: Selected Essays of Richard M. Stallman, GNU Press, 2002.

[Steve McConnell,1993] Steve McConnell, Code Complete（1st edition）, Microsoft Press, 1993.

[Tom Demarco,1999]DeMarco, T., Management Can Make Quality（Im）possible, Cutter IT Summit, Boston, April 1999.

[Tracz, 1996] Tracz, W., Test and analysis of Software Architectures, In Proceedings of the international Symposium on software Testing and Analysis（ISSTA '96）, ACM press, New York, NY, pp 1-3.

[骆斌 , 2009] 骆斌，丁二玉．需求工程 [M]．北京：高等教育出版社，2009.

第一部分

个体级软件过程

软件工程师除了具备必要的专业技术之外，还应当具备哪些技能？那就是：软件工程规范。正如 Barry Boehm 所指出的那样，规范是一切成功努力的基石。本部分包括的三章试图从个体软件工程师着眼，阐述软件工程师应当掌握的软件工程规范。其中第 2 章介绍个体软件过程的基本概念、度量方法以及估算方法；第 3 章介绍个体软件过程的质量管理方法；第 4 章继续质量话题，介绍个体软件过程中的设计和设计验证方法。

第 2 章

个体软件过程

2.1 简介

个体软件过程（Personal Software Process，PSP）是一种个体级用于管理和改进软件工程师个人工作方式的持续改进过程。PSP 最早由美国卡内基 – 梅隆大学软件工程研究所（CMU/SEI）的 Watts s. Humphrey 领导开发，并于 1995 年正式推出。PSP 以及其后提出的小组（或者称团队）软件过程（Team Software Process，TSP），很好地弥补了能力成熟度模型（Capability Maturity Model，CMM）的不足，形成了从个体软件工程师、小组再到组织的完整的系统的过程改进体系。

PSP 是包括了数据记录表格、过程操作指南和规程在内的结构化框架。如图 2-1 所示，一个基本的 PSP 流程包括策划、设计、编码、编译、单元测试以及总结几个主要阶段。在每个阶段，都有相应的过程操作指南，也称过程脚本（script），用以指导该阶段的开发活动，而所有的开发活动都需要记录相应的时间日志与缺陷日志。这些真实日志的记录，为在最后有效开展项目总结提供了数据依据。

2.1.1 基本原则

PSP 的提出是基于如下一些简单的事实：

- 软件系统的整体质量由该系统中质量最差的组件所决定；
- 软件组件的质量取决于开发这些组件的软件工程师，更确切地说，是由这些工程师所使用的开发过程所决定；
- 作为合格的软件工程师，应当自己度量、跟踪和管理自己的工作，应当自己管理软件组件的质量；
- 作为合格的软件工程师，应当从自己开发过程的偏差中学习、总结，并将这些经验教训整合到自己的后续开发实践中，也就是说，应当建立持续的自我改进机制。

上述基本原则除了继续肯定"过程质量决定最终产品质量"这一软件过程改进的基石之

外，更加突出了个体软件工程师在管理和改进自身过程中的能动性。这也就形成了 PSP 的理论基础和实践原则。

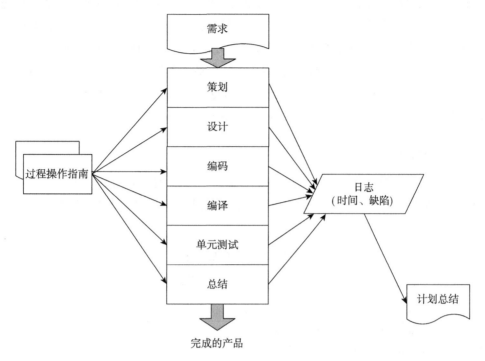

图 2-1　PSP 基本流程图 [Humphrey, 2005]

2.1.2　PSP 成熟度级别

　　学习和应用 PSP 的时候，应当以一种循序渐进的方式进行。相应的，PSP 被设计成 7 个不同的成熟度级别，分别为 PSP0、PSP0.1、PSP1、PSP1.1、PSP2、PSP2.1 以及 TSP（有的文献称为 PSP3.0）。如图 2-2 所示，每个级别的成熟度除了包含之前的所有过程元素之外，还增加了新的过程元素。这样的安排，既有利于 PSP 的初学者保持与历史过程的一致，提高历史数据的参考价值，也在潜移默化中不断规范学习者的开发过程。

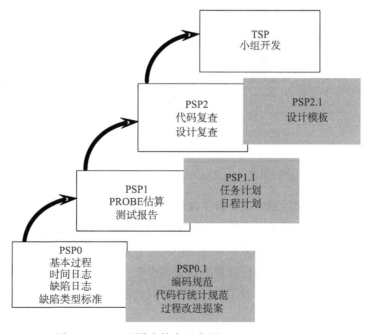

图 2-2　PSP 不同成熟度示意图 [SEI Slides, 2006]

2.2　PSP 过程度量

过程度量在过程管理和改进中起着极为重要的作用。度量帮助过程的实践者了解过程状态，理解过程偏差，提供过程改进决策支持。可以说，没有度量就没有办法管理软件过程。然而，动辄数十个度量项的传统过程度量方案往往给软件工程师带来过多额外的工作负担。因此，PSP 在选择过程度量的时候，仅仅定义了三个最基本的度量项，即时间、缺陷和规模。并由这三个基本度量项衍生出数个统计指标，如 PQI、A/FR 等。这些度量项已经可以完全满足过程管理和改进的需要。过程度量的具体介绍参见本书后续章节。

2.2.1　度量时间

PSP 对于时间的度量采用了时间日志的方式。一个典型的时间日志包括所属阶段、开始时间、结束时间、中断时间、净时间以及备注信息等基本信息。表 2-1 给出了一个典型的PSP 时间日志记录的示例。

表 2-1　PSP 时间日志记录

日志内容	注　　释
序号	该条记录的序号
所属阶段	该条记录所属的 PSP 阶段，如策划、设计、编码、编译、单元测试、总结等
开始时间	该条记录的开始时间，精确到分钟
结束时间	该条记录的结束时间，精确到分钟
中断时间	该条记录的计时过程中，需要中断的时间，精确到分钟，典型的中断如电话等
净时间	结束时间 - 开始时间 - 中断时间，用以表示某个阶段任务的纯工作时间
备注信息	如果有中断事件，往往需要在备注信息中简单记录，用以帮助记录者了解时间被消耗的原因

同一个阶段任务可能有多条相关的时间日志记录，那么该项任务的纯工作时间就是这些时间日志记录中净时间的和。例如某个软件工程师在设计阶段记录了如下两条时间日志记录：

序号	10
所属阶段	设计
开始时间	2010/5/3 11:30:00
结束时间	2010/5/3 12:00:00
中断时间	0
净时间	30
备注信息	无

序号	11
所属阶段	设计
开始时间	2010/5/4 14:30:00
结束时间	2010/5/4 16:00:00
中断时间	30
净时间	60
备注信息	Phone call

如果说已经完成了该项设计任务，那么说明设计活动纯工作时间是 90 分钟。需要说明的是，这与日程意义上的工作时间是有区别的。从日志记录中我们可以发现，该工程师完成这项设计任务耗时两天，即从 2010/5/3 开始，到 2010/5/4 结束。PSP 计划的指导思想是先确定纯工作时间，再确定日程上需要多少天（周）可以提供出这么多的纯工作时间。通过时间日志，软件工程师可以了解时间的消耗情况，了解自己的有效工作时间状态，从而更加有效地确定开发日程。

2.2.2　度量缺陷

PSP 中另外一个非常重要的度量项是缺陷（defect⊖）。从严格意义上讲，缺陷是任何会引起交付产物变化所必要的修改。从这个缺陷的定义来看，文档描述错误、拼写错误、语法错误、逻辑错误等都是典型的缺陷。PSP 中定义了可以参考的缺陷类别标准，把缺陷分为 10个类型。表 2-2 描述了 PSP 中 10 个典型的缺陷类型。

表 2-2　缺陷类型标准 [Humphrey, 2005]

序号	缺陷类型	备　注
1	Documentation	注释、提示信息等
2	Syntax	拼写错误、指令格式错误等
3	Build, Package	组件版本、调用库方面的错误
4	Assignment	声明、变量影响范围等方面的错误
5	Interface	调用接口错误
6	Checking	出错信息、未充分检验等错误
7	Data	数据结构、内容错误
8	Function	逻辑错误以及指针、循环、计算、递归等方面的错误
9	System	配置、计时、内存方面的错误
10	Environment	设计、编译、测试或者其他支持系统的错误

从实际操作上看，以上 10 个类别的缺陷定义几乎可以覆盖各种形式的缺陷，因此，一般不需要对其进行扩充。

PSP 中使用缺陷日志记录对各个阶段发现的缺陷进行记录。一个典型的缺陷日志记录信息包括发现日期、注入阶段、消除阶段、消除时间、关联缺陷和简要描述等内容。表 2-3 给出了一个典型的缺陷日志记录的示例。

表 2-3　PSP 缺陷日志记录 [Humphrey, 2005]

日志内容	注　释
序号	该条记录的序号
发现日期	该缺陷被发现的日期
注入阶段	经过分析，确定该缺陷被引入的阶段，典型注入阶段如设计、编码、编译、单元测试等
消除阶段	该缺陷被消除的阶段，在注入阶段之后
消除时间	为了修正该缺陷所消耗的时间
关联缺陷	如果缺陷的注入阶段是编译或者单元测试等通常用以消除缺陷的这些阶段，那么往往意味着，该缺陷是在消除另外的一个缺陷时被引入的，因此，需要建立一种关联关系
简要描述	对于缺陷产生根本原因的简要描述

从上述 PSP 缺陷日志记录可以看出，这种方式所记录的缺陷信息可以很方便地统计出缺陷在整个开发阶段被引入和消除的状况，从而为提升过程质量、更加有效地消除缺陷提供了参考。事实上，PSP 中有专门的度量指标，如 Phase Yield 和 Process Yield 等帮助软件工程师了解缺陷注入和消除状况。

⊖　PSP中采用defect这个词，有别于通用的bug，它们在含义上有细微差别，前者表示出错结果完全不可预期的错误，后者往往表示错误结果可预期的错误。

2.2.3 度量规模

不管是时间度量结果还是缺陷度量结果，都需要有另外一个数据来做规格化，否则，度量数据之间就失去了相互参考和比较的价值。这个度量项就是对产品规模的度量。举个简单的例子，例如，A 系统验收测试中总共发现了 10 个缺陷，B 系统验收测试中总共有 15 个缺陷。仅仅考察缺陷数目并不能完全代表着两个系统的质量水平。但是如果再考虑到规模数据，比如 A 系统有 10 万行代码，B 系统有 5 万行代码，那么很显然，A 系统的质量状况好于 B 系统。

PSP 中对于规模度量没有明确的定义，可以定义并且使用任何合适的规模度量方式。不过，PSP 中对于规模度量方式的选择提供了如下参考标准：

- 选择的规模度量方式必须反映开发成本；
- 选择的度量方式必须精确定义；
- 选择的度量方式必须能用自动化方法来统计；
- 选择的度量方式必须有助于早期规划。

然而，这样的选择并不容易，特别是精确定义与有助于早期规划这两个标准一般情况下是矛盾的。精确的度量定义往往不利于项目早期规划，而有利于项目早期规划的度量方式，往往不会很精确。以在项目管理中常用的代码行（LOC）和功能点（FP）这两种规模度量方式为例，前者可以很精确地度量软件产品规模，也方便开发相应的规模统计工具，但是，在项目初始阶段，往往很难直接估算程序的代码行；后者在项目早期容易识别，但是，一来功能点的度量往往比较粗略，大部分情况下，对于功能点的粒度也缺乏一致理解，此外，几乎不存在可以对功能点进行自动化统计的方法。相比之下，后者的问题暂时找不到有效的解决方案，因此，大部分使用 PSP 的软件工程师都选择代码行作为规模的度量方式。从图 2-3 中也可以看出，代码行这种规模度量方式可以很好地反映实际开发成本。

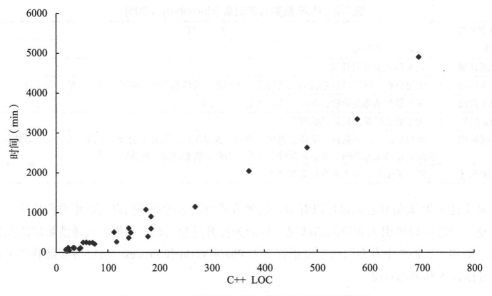

图 2-3　C++ 代码行与开发时间的相关性统计图

为了解决在项目早期规划时使用代码行作为规模度量手段，PSP 中采取了一种称为代理

（proxy）的方式，即寻找一种便于早期规划的规模度量的代理，建立这种代理与精确度量之间的关联关系。这就是 PROBE（PROxy Based Estimation）方法的由来。本章下一节将详细介绍这一方法。

2.3 PROBE 估算原理

考察一个其他领域的例子。某人打算盖一栋房子，并且给所有地面铺上地板，现在需要估算地板的成本。在这个例子中，地板的成本显然跟地面面积有关，然而问题是现在房子还没有盖，不可能直接度量地面的面积，只能通过估算面积来估算成本。通常的做法往往从统计不同用途的房间数目以及这些房间的相对大小入手，如表 2-4 所示。

表 2-4　不同类型的房间以及相对大小

序号	用　　途	相对大小及数量
1	厨房	1 个中等大小
2	卧室	1 个大型；2 个小型
3	卫生间	1 个中等大小；1 个小型
4	书房	1 个中等大小
5	客厅	1 个大型

根据经验（历史数据），可以建立一个相对大小矩阵，用以描述不同类型的房间的相对大小与面积之间的关系，如表 2-5 所示。结合表 2-4 和表 2-5，很容易估算出该房子地面的面积为：130+200+90 × 2+60+25+240+400 = 1235（平方尺）。

表 2-5　房间相对大小矩阵

相对大小 类型	小型 （平方尺）	中等 （平方尺）	大型 （平方尺）
卧室	90	140	200
卫生间	25	60	120
厨房	100	130	160
客厅	150	250	400
书房	150	240	340

在这个例子当中，房间就充当了代理的角色。这样一来，一方面房间对于工程师而言是一个非常直观的概念，可以在一开始就较为方便地进行规划；另外一方面，通过相对大小矩阵，每个不同大小、不同类型的房间面积又可以对应到一种精确的度量单位——平方尺。从而完全满足规模度量的基本要求。

类比软件开发，规模的估算可以采取类似的方法。模块、对象甚至方法都是潜在的理想代理。类似的，相对大小矩阵则描述了这些代理和代码行（LOC）之间的对应关系。

2.3.1　通用计划框架

准确的项目计划离不开准确的项目估算。图 2-4 所示的项目计划基本框架描述了一个项目计划的基本流程。从客户需求开始，逐步制定出合理的项目计划。在整个过程当中，

PROBE 方法是基础。下面分别介绍各个步骤的任务。

（1）定义需求

从客户的需求出发，分析客户的期望和限制，尽可能定义出完整的、一致的需求。需要指出的是，这里所说的定义需求并不是真正的需求分析阶段，实际需求分析阶段往往需要定义出详细的产品需求和产品组件需求，并且设计相应的功能。而这里的需求定义仅仅是为了了解客户意图，从而可以规划产品的范围。

（2）概要设计

对将要开发的产品有了较为清晰的概念之后，接下来要做的工作就是开发一个初步的设计。同样的，这里的设计也不是真正意义上的设计，仅仅是为了辅助估算而进行的一种类似于搭积木游戏的工作。在这个过程中，典型的陈述是"如果我有一些部件，分别实现了功能 A、B 和 C，那么我就能知道如何来获得某个产品了；而为了实现功能 A，则需要进一步划分模块 A1、A2、A3 等"。这样的积木游戏可以递归地进行。通常采用的终止条件有两个：或者划分到某个粒度之后，估算者对于估算结果有较大的把握；或者划分到某个粒度之后，估算者找到了可以参考的历史数据。

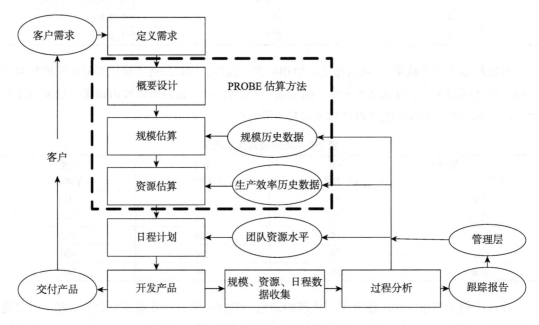

图 2-4　项目计划基本框架 [Humphrey, 2005]

（3）规模估算

参考历史数据库中的规模数据或者估算者所能做的最好猜测，估算待开发产品的规模。在估算的时候要注意使用合适的方法，具体讨论参见本章后面的内容。

（4）资源估算

这里所谓的资源主要是指人力资源，视待开发产品的规模以及历史数据库中生产效率数据的内容，往往用人月、人天或者人时这样的单位。然而 Brooks 在《人月神话》中指出，人月这个单位用来衡量一项工作的规模是一个危险和带有欺骗性的神话。它暗示着人员数量和时间是可以相互替换的 [Brooks, 1995]。事实上，由于软件工程师每个月能够提供的有效资源有着显著差异，人月会带来一些额外的不确定性，因此，建议使用人天和人时这样的单位来描述项目的人力资源需求。

（5）日程计划

假设资源估算的结果用人时来表示，那么还需要根据整个开发小组的资源水平，将这些资源需求映射到一个实际的日程计划上来。实际工作中人们发现，软件工程师提供的有效工作时间往往远低于预期。事实上，在一周 40 个小时工作制下，软件工程师能够投入到与项目开发直接相关的任务中往往不足 20 个小时。也就是说，对于 40 个人时的资源需求来说，一个软件工程师往往需要 2 周以上的时间来提供。忽视了这一点，造成的结果就是，大部分的开发计划都过于乐观，从而导致项目延期。当然，如果小组的历史数据中有足够的小组资源水平数据，那么可以使用这些数据来做这种资源水平到日程规划的映射。

（6）开发产品

开发产品的具体方法视项目不同有显著的差别。这里需要讨论的是在开发过程中的数据记录。从前面的讨论可以看出，在这个计划框架中，规模的历史数据和时间的历史数据是支持 PROBE 方法的基础。当然，如果需要制定质量规划，那么还需要度量质量相关的数据。这些数据既可以作为历史数据供参考，同时也是进行项目跟踪与管理决策的依据。

2.3.2　PROBE 估算流程

从上一节的讨论可以看到，PROBE 估算方法主要用来估算待开发程序的规模和所需资源。为了指导操作，PSP 中提供了更加详细的 PROBE 估算流程。如图 2-5 所示，一个典型的 PROBE 流程包括概要设计、代理识别、估算并调整程序规模（时间）、计算预测区间等步骤。

（1）概要设计

概要设计上一节已经有描述，此处不再赘述。

（2）代理识别

代理识别是指根据概要设计的结果，为每一块"积木"指定合适的类型，定义合适的相对大小，从而确定其规模。为了完成该工作，首先得选择一个合适的代理作为估算的基础。这样的代理需要满足：

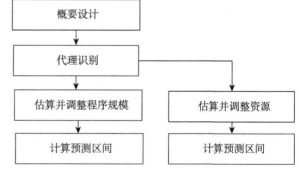

图 2-5　PROBE 估算流程图

- 与软件开发所需资源有着很好的相关性；
- 在项目的早期便于估算者建立直观的概念。

面向对象的软件工程方法中的类（class）非常适合做代理。这是因为，一般情况下，类的数量与开发所需资源有着较好的相关性；类的规模与开发所需资源也有较好的相关性；类的规模估算往往也有较多的历史数据进行参考；此外，在面向对象的设计与分析方法中，类的类型、规模以及数量在项目的早期都可以识别出来，类的数量也可以通过工具自动统计。

具备上述这些优点，使得类成为极好的代理。其他可以作为代理的候选包括方法（function）、例程（procedure）、数据库表格（table）等。

选定代理之后，就可以根据概要设计的结果开展估算工作了。参考 2.3 节中的例子，将识别出来的所有代理的规模相加，即可获得代理规模。

（3）估算并调整程序规模

代理规模与程序规模往往不一样。以面向对象程序设计语言为例，一般情况下，除了类以及类中的方法之外，往往还有一些代码在类的外部或者方法的外部，估算的时候，也需要考虑这些代码。此外，由于估算本质上是一种主观判断，因此难免出现偏差，而且，这种偏差不能简单地根据上一次的偏差进行补偿修正。在 PSP 当中，采取了线性回归的方法来对估算的结果进行调整，使得估算结果尽可能准确。如果以字母 E 表示代理的规模，那么程序规模的估算值就为：

$$\text{Plan Size} = \beta_{0size} + \beta_{1size}(E)$$

其中 β_{0size} 和 β_{1size} 是对已有的历史数据中代理规模估算值与程序规模实际值采用最小二乘法计算出来的系数。以 n（$n \geq 3$）组历史数据为例，β_{0size} 和 β_{1size} 的计算方法如下：

$$\beta_{1size} = \frac{\left(\sum_{i=1}^{n} x_i y_i\right) - \left(nx_{avg}y_{avg}\right)}{\left(\sum_{i=1}^{n} x_i^2\right) - \left(nx_{avg}^2\right)} \tag{2-1}$$

$$\beta_{0size} = y_{avg} - \beta_{1size}x_{avg} \tag{2-2}$$

其中 x_{avg} 和 y_{avg} 分别表示平均值。

（4）估算并调整资源

类似的，对于项目所需资源的估算也是由代理规模通过线性回归的方法进行调整计算而得。计算方法如下：

$$\text{Plan Time} = \beta_{0time} + \beta_{1time}(E)$$

其中 β_{0time} 和 β_{1time} 是对已有的历史数据中代理规模估算值与程序开发所需资源实际值采用最小二乘法计算出来的系数。以 n（$n \geq 3$）组历史数据为例，β_{0time} 和 β_{1time} 的计算方法如下：

$$\beta_{1time} = \frac{\left(\sum_{i=1}^{n} x_i y_i\right) - \left(nx_{avg}y_{avg}\right)}{\left(\sum_{i=1}^{n} x_{avg}^2\right) - \left(nx_{avg}^2\right)} \tag{2-3}$$

$$\beta_{0time} = y_{avg} - \beta_{1time}x_{avg} \tag{2-4}$$

同样，x_{avg} 和 y_{avg} 分别表示平均值。

可以看到，这里计算了两组线性回归的参数，也就是说项目所需资源并不是直接由程序规模和历史数据中的生产效率相除得到。读者可以思考一下为什么。

（5）计算预测区间

在获得了调整后的估算结果之后，还需要对估算结果进行评价。通常采取的方法就是计算预测区间。计算方法如下：

$$Range = t(p, df)\sigma \sqrt{1 + \frac{1}{n} + \frac{(x_k - x_{avg})^2}{\sum_{i=1}^{n}(x_i - x_{avg})^2}} \qquad (2\text{-}5)$$

其中，$t(p, df)$ 表示自由度为 df、概率为 p 的 t 分布。为了平衡过大的范围与估算结果的可靠性，一般情况下，p 取 70%，也就是说，估算的结果有 70% 的可能在该公式计算出来的范围之内。自由度 df 取值 n–2。σ 的计算参考式（2-6）。

$$Variance = \sigma^2 = \frac{1}{n-2} \sum_{i=1}^{n}(y_i - \beta_0 - \beta_1 x_i)^2 \qquad (2\text{-}6)$$

获得了预测区间 Range 之后，那么该项估算的上限 UPI = Plan Size（Time）+Range，类似的，下限 LPI = Plan Size（Time）– Range。

2.3.3　应用 PROBE 的注意事项

在应用 PROBE 估算方法的时候，有如下一些需要考虑的问题：

1）如果已经积累了一些历史数据，那么该如何整理这些数据，以便应用 PROBE 估算方法？

2）如果历史数据并不是很充足，那么该如何应用 PROBE 估算方法？

3）个别数据可能导致统计结果出现一些假象，如何识别这些极端数据并且消除其对估算结果的影响？

上述的这些问题直接决定了 PROBE 方法能否在实际的项目当中得到成功应用。本节将详细阐述上述这些问题的解决方案。

1. 整理历史数据

从本文前面的内容我们可以发现，在 PROBE 这种估算方法中，相对大小矩阵起着极其重要的作用。它是联系代理与程序规模的纽带。事实上，在 PROBE 方法中，所谓的历史数据就是相对大小矩阵。考察一个例子，如表 2-6 所示，这是 Humphrey 在研究了 70 多个 C++程序之后，发现他所写的 C++程序中，所有的方法大致分成 6 个类别（参见最左边一列）。他将所有的方法的大小大致划成 5 个类型：VS、S、M、L 和 VL，分别表示很小、小、中等、大和很大。对于每一个类别的方法，分别给出了相对大小所对应的代码行数。比如逻辑类型的方法，如果是相对大小判断为很大，那么就是 33.83 行代码；如果是计算类型的方法，相对大小是中等，那么其规模为 11.25 行。

表 2-6　相对大小矩阵 C++ 语言 [Humphrey, 2005]

类型	VS	S	M	L	VL
计算（Calculation）	2.34	5.13	11.25	24.66	54.04
数据（Data）	2.60	4.79	8.84	16.31	30.09
I/O	9.01	12.06	16.15	21.62	28.93
逻辑（Logic）	7.55	10.98	15.98	23.25	33.83
设置（Set-up）	3.88	5.04	6.56	8.53	11.09
文本（Text）	3.75	8.00	17.07	36.41	77.66

上述表格中的数据虽然表示代码行，但是出现了小数，只要了解相对大小矩阵的计算方法，就可以理解这种现象了。对于相对大小矩阵的计算方法，主要有如下三种：简单方法、正态分布法和对数正态分布法。下面结合实际例子分别加以阐述。

考察某人的历史数据，发现属于同样类型的类的情况如表 2-7 所示。

计算每个方法的代码行数，可以得出如下的数据：13，25.4，32，9.333，12，10.5。

表 2-7 某人的历史数据

类	方法数	代码行（LOC）
A	3	39
B	5	127
C	2	64
D	3	28
E	1	12
F	2	21

（1）简单方法

该方法的基本思想是，将每个方法的代码行数进行排序，选择最小值作为 VS；选择最大值作为 VL；选择中值作为 M；选择 VS 与 M 的均值作为 S；选择 VL 与 M 的均值作为 L。在上面的例子当中，VS = 9.333，VL = 32，M = 12 或者 13，S = 11.2，L = 22.5。

这种方法的优势是计算简单，但是，这种方法并不是一种稳定的方法，随着新的数据的加入，往往造成相对大小矩阵数据的大幅度调整。

（2）正态分布法

在考察程序规模的时候，人们倾向于认为程序规模是符合正态分布的。也就是说人们往往认为中等规模的程序数量最多，规模很小与规模很大的程序数目都非常少。如图 2-6 所示，规模为 M 的程序占所有程序的比例是最高的，规模 S 和 L 相应较少，而规模为 VS 和 VL 的则更少。

使用正态分布法的计算方法如下：选择所有数据的均值作为 M，计算所有数据的标

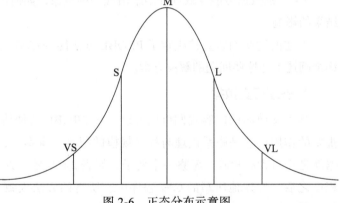

图 2-6 正态分布示意图

准差 σ。那么 S = M$-\sigma$，VS = M-2σ，L = M$+\sigma$，VL = M$+2\sigma$。在上述例子中，VS = −1.67，S=7.68，M = 17.04，L = 26.39，VL = 35.75。

这种方法的优势在于相对稳定，在历史数据基本符合正态分布的情况下，可以给出非常好的相对大小矩阵。然而，事实上，程序规模的分布往往并不是正态的。因此，有必要对该计算方法进行改进。

（3）对数正态分布法

仔细考察我们编写的代码，大部分人习惯写很多规模很小的程序，少量规模较大的程序。此外，程序的规模不可能出现负数。在上面的正态分布法中，由于类型 VS 需要在均值基础上减去两倍的标准差，往往导致负数的出现。总结上述内容，我们发现形如图 2-7 那样的对数正态分布能够满足要求。在这样的图中，不可能有负数出现，而且大部分程序规模偏向左

侧，说明大部分是小规模程序，这与大部分人的编程习惯一致。

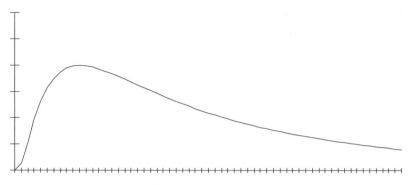

图 2-7 对数正态分布示意图

使用对数正态法和正态法很类似，差别在于：在计算之前需要对所有数据计算其自然对数；然后对这些取过对数的数据按照上述的对数正态法计算均值 M 和标准差 σ。类似的，S = M–σ，VS = M–2σ，L = M+σ，VL = M+2σ，再对 VS、S、M、L、VL 等值计算反对数即可。在上述例子中，应用对数正态分布法计算的结果为：VS = 5.55，S = 9.19，M = 15.22，L = 25.21，VL = 41.75。

很明显，这种方法计算出来的相对大小矩阵更加符合人们对于程序规模的直观感觉，因此，在 PSP 中大部分情况下都应用对数正态分布法来对历史数据进行整理，获得相对大小矩阵。需要注意的是，为了体现每个人的判断习惯和最新数据，需要经常维护和更新相对大小矩阵。

2. 处理有限的历史数据

应用 PROBE 方法对时间和规模进行估算的时候，还需要考虑另外一种情况，即在历史数据很有限的情况下，该如何处理。这里的所谓有限的历史数据往往有两种情况，其一，历史数据少于 3 个数据点；其二，有足够的历史数据，但是数据的质量不高。下面将详细描述在 PROBE 方法中是如何处理上述这些问题的。

首先介绍两个重要的统计学概念："相关性"和"显著性"。相关性描述的是两组变化的数据之间相互关联的程度。相关性往往用字母 r 来表示。其计算方式参见式（2-7）。

在 PSP 中为确保估算质量，对于历史数据的相关性要求 $r \geqslant 0.7$。另外一个概念是显著性，它描述的是上述两组数据的相关关系出现的偶然程度。很显然，如果显著性接近 1，说明出现这样的相关性是非常偶然的现象。因此，显著性越小越好。在 PSP 中要求显著性 $s \leqslant 0.05$。

$$r_{x,y} = \frac{n\left(\sum_{i=1}^{n} x_i y_i\right) - \left(\sum_{i=1}^{n} x_i\right)\left(\sum_{i=1}^{n} y_i\right)}{\sqrt{\left[n\left(\sum_{i=1}^{n} x_i^2\right) - \left(\sum_{i=1}^{n} x_i\right)^2\right]\left[n\left(\sum_{i=1}^{n} y_i^2\right) - \left(\sum_{i=1}^{n} y_i\right)^2\right]}} \tag{2-7}$$

在 PSP 中，应用 PROBE 方法主要用来估算规模和时间。根据历史数据的数量和质量，

PROBE 分成 A、B、C、D 四类方法，下面分别加以介绍。

（1）用 PROBE 方法估算规模

规模估算的时候，参考的历史数据主要是代理规模、计划程序规模和实际程序规模。表 2-8 描述了根据历史数据的质量应用不同 PROBE 方法估算程序规模的各种情况。在实际应用中一定要仔细考察数据的质量指标，正确选择合适的 PROBE 方法。

表 2-8　应用 PROBE 方法估算规模

PROBE 方法	数据要求	数据质量要求	计算方法
A	3 组或者 3 组以上代理规模（E）与实际程序规模	$r \geqslant 0.7$ $s \leqslant 0.05$ $\beta_{0size} \leqslant$ 估算结果的 25% $0.5 \leqslant \beta_{1size} \leqslant 2$	参见 2.3.2 节
B	3 组或者 3 组以上计划程序规模与实际程序规模	$r \geqslant 0.7$ $s \leqslant 0.05$ $\beta_{0size} \leqslant$ 估算结果的 25% $0.5 \leqslant \beta_{1size} \leqslant 2$	参见 2.3.2 节
C	有历史数据	无	按比例调整
D	没有历史数据	无	猜测

（2）用 PROBE 方法估算时间

估算时间的时候，参考的历史数据主要是代理规模、计划程序规模和实际开发时间。表 2-9 描述了根据历史数据的质量应用不同 PROBE 方法估算程序开发所需资源的各种情况。

表 2-9　应用 PROBE 方法估算开发时间

PROBE 方法	数据要求	数据质量要求	计算方法
A	3 组或者 3 组以上代理规模（E）与实际开发时间	$r \geqslant 0.7$ $s \leqslant 0.05$ β_{0time} 显著小于估算结果 $\beta_{1time} \leqslant 0.5 \times$（历史生产效率的倒数）	参见 2.3.2 节
B	3 组或者 3 组以上计划程序规模与实际开发时间	$r \geqslant 0.7$ $s \leqslant 0.05$ β_{0time} 显著小于估算结果 $\beta_{1time} \leqslant 0.5 \times$（历史生产效率的倒数）	参见 2.3.2 节
C	有历史数据	无	按比例调整
D	没有历史数据	无	猜测

3. 处理极端数据

在上一节提到在应用 PROBE A 方法和 B 方法的时候，对于数据的相关性有要求。然而很多时候，历史数据中的一些极端数据会造成相关性的"假象"。下面将结合一个实际的例子 [SEI Slides, 2006] 加以解释。仔细对比图 2-8 和图 2-9 可以发现，两张图中除了一个数据点（图 2-9 圆圈处）之外，其他数据的位置都是一样的。而这一个极端的数据点却使得原先相关性不高的一组历史数据有了极高的相关性。

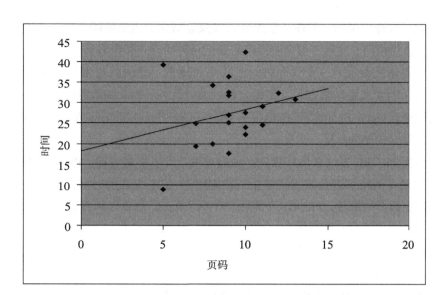

图 2-8　相关性 $r = 0.26$

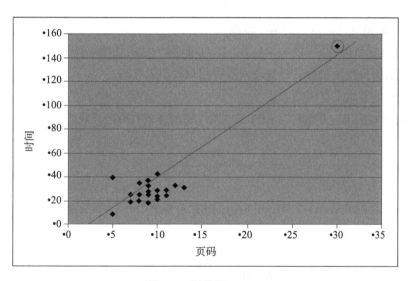

图 2-9　相关性 $r = 0.91$

对于上述这种情况，很明显是不适宜使用 PROBE A 方法和 B 方法的。事实上，识别方法并不困难，在上一节描述 PROBE A 方法和 B 方法对数据的要求的时候，我们已经定义了相关关系显著性这一数据指标。显著性体现的是相关性出现的偶然几率，很明显，在上述例子中出现极高的相关性是极其偶然的现象，因此，不符合 PROBE A 方法和 B 方法对数据的要求。显著性的详细计算涉及查表，这里不赘述，感兴趣的读者可以查阅数理统计相关的资料。

本章小结

本章介绍了 PSP 基本概念、PSP 过程度量和 PSP 中用来估算规模和时间的 PROBE 方法。
PSP 是包括了数据记录表格、过程操作指南和规程在内的结构化框架。一个基本的 PSP

流程包括策划、设计、编码、编译、单元测试以及总结几个主要阶段。每个阶段都提供了相应的过程脚本作为指南，此外，每个阶段都需要记录时间日志和缺陷日志。

PSP 过程基本度量元有 3 个，即时间、缺陷和规模，并由此衍生出数个度量指标，如 PQI、A/FR 等帮助实践者理解过程，把握过程性能。此外，PSP 实践者也可以根据需要自行定义合适的度量。Victor Basili 等人所倡导的 Goal – Question – Metrics 方法 [Basili et al, 1994] 可以为定义度量方式提供指导。

PSP 中运用 PROBE 方法来估算软件产品的规模与开发所需资源。PROBE 方法使用线性回归的方法对估算的结果进行修正。但是，在应用 PROBE 方法的时候，要注意历史数据的质量。根据历史数据的质量，PROBE 分别提供了 A、B、C 和 D 四种方法。

思考题

1. 请描述 PSP 基本过程的各个阶段以及各个阶段的工作内容。
2. 请描述 PSP 不同成熟度水平所包含的过程元素。
3. 请描述 PROBE 估算产品规模的基本流程。
4. PROBE 估算规模和时间的时候，A、B、C、D 四种方法的使用条件分别是什么？
5. 如何对已有的历史规模数据进行整理以获得相对大小矩阵？
6. 有效提升规模估算水平有哪些方法？
7. 请描述 PSP 计划框架，并解释这种制定日程计划的方式有哪些优点？

参考文献

[Humphrey, 2005]Watts S. Humphrey, PSP A Self-Improvement Process for Software Engineers.

[SEI Slides, 2006] SEI PSP 标准课件，2006 年 .

[Brooks, 1995] Frederick P. Brooks, JR The Mythical Man-Month.

[Basili et al, 1994] Basili, Victor, Gianluigi Caldiera, H. Dieter Rombach（1994）. The Goal Question Metric Approach. Retrieved 2008-11-12.

## 第 3 章

个体软件过程质量管理

3.1 PSP 质量观与质量策略

PSP 中采用了面向用户的质量观，将质量定义为满足用户需求的程度。采用这个定义，就需要进一步明确：①用户究竟是谁？②用户需求的优先级是什么？③这种用户的优先级对软件产品的开发过程产生什么样的影响？④怎样度量这种质量观下的质量水平？

为了弄清上述问题，我们简单就用户对于一款软件产品的期望进行分析。用户往往希望一款软件产品满足如下要求：

- 软件产品必须能够工作；
- 软件产品最好有较快的执行速度；
- 软件产品最好在安全性、保密性、可用性、可靠性、兼容性、可维护性、可移植性等方面表现优异。

这样的列表可以一直列举下去，列表中各项内容的顺序也可以变化，这取决于用户实际期望、开发环境和应用环境等因素。但是，相信几乎在任何一个列表中，都会把"软件产品必须能够工作"作为一个最基本的期望。如果软件产品不能工作，那么考虑其他的期望是没有意义的。而为了使一个软件产品可以工作，该产品基本没有缺陷是最基本的要求。这样一来，整个软件产品的质量目标就可以归结成首先得确保基本没有缺陷，然后再考察其他的质量目标。PSP 中就采用了这样的方式，用缺陷管理来替代质量管理，这大大简化了质量管理的方法，使得质量管理更加易于操作。

在前面第 2 章介绍 PSP 基本原则的时候我们已经指出，一款软件产品的质量取决于该软件系统中质量最差的那个组件。也就是说，如果希望获得高质量产品，就必须确保组成该软件产品的各个组件都是高质量的。结合 PSP 中的质量管理策略，上述的高质量产品也就意味着要求组成软件产品的各个组件基本无缺陷。事实上，这样的质量策略的好处不仅仅体现在质量上，还体现在生产效率上。在软件工程中有一个共识，即一个缺陷在一个开发过程中停留的时间越久，消除它的代价就越高，而且代价的增长往往是指数增长。来自 Xerox 公司的数据（图 3-1）进一步验证了上述结论。

从图 3-1 可以发现，缺陷消除的平均代价随着开发过程的进展会显著增加。那么很显然，通过关注每个组件的质量，往往可以避免在集成测试和系统测试消除大量缺陷，从而显著减少缺陷消除代价，进而提升生产效率。

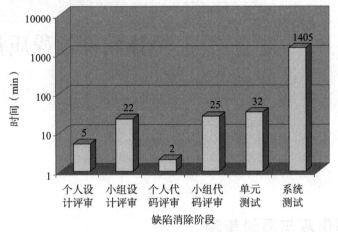

图 3-1 不同缺陷消除方式消除缺陷的平均时间 [Humphrey, 2005]

3.2 评审与测试

为了尽可能地消除软件产品中的缺陷，软件工程师往往采取评审和测试两种手段来发现和消除缺陷。假设软件产品中需要消除的缺陷总数一定，那么就有必要考察一下这两种缺陷消除手段的效率。仔细观察上一节中的图 3-1，我们还能发现另外一个事实，那就是，个人评审（review）和小组评审（inspection）在发现缺陷的效率上往往高于系统测试。事实上，这样的情形在很多软件组织的各类软件项目中得到了体现。表 3-1 中我们汇总了一些数据，从这些数据中可以清楚地看到，测试消除缺陷的代价显著高于评审发现缺陷的代价。为什么会这样呢？

表 3-1 评审消除缺陷代价与测试消除缺陷代价对比表

资料来源	评审消除代价	测试消除代价	应用中消除缺陷代价
IBM [Remus and Ziles, 1979]	1	4.1 倍于评审	
JPL[Bush, 1990]	90~120 美元	10 000 美元	
[Ackerman et al., 1989]	1 小时	2~20 小时	
[Russell, 1991]	1 小时	2~4 小时	33 小时
[Shooman and Bolsky, 1975]	0.6 小时	3.05 小时	
[Weller, 1993]	0.7 小时	6 小时	

仔细分析评审与测试消除缺陷的流程，就不难理解在消除缺陷的效率方面为何评审往往优于测试。一个典型的测试消除缺陷往往包含了如下的步骤：

1）发现待测程序的一个异常行为；

2）理解程序的工作方式；

3）调试程序，找出出错的位置，确定出错原因；

4）确定修改方案，修改缺陷；

5）回归测试，以确认修改有效。

在上述步骤当中，有一些步骤极耗时间。比如步骤 3），在项目的后期，往往会消耗数天甚至数周的时间。此外，在有些软件项目中，开发团队、测试团队和正式发布团队往往分开。那么如果用户在使用软件的过程中发现缺陷，再通过正式沟通渠道将信息反馈到开发团队，然后等待修改和发布，重新安装补丁，这一流程消耗数月时间也是常事。

而如果通过评审的方式来发现并消除缺陷，其操作步骤与测试有很大的差异，典型的评审消除缺陷的步骤如下：

1）遵循评审者的逻辑来理解程序流程；

2）发现缺陷的同时，也知道了缺陷的位置和原因；

3）修正缺陷。

在上述的步骤中，每一步消耗的时间都不会太多。尽管评审的技能因人而异，但是，通过适当培训和积累，有经验的评审者可以软件在产品进入测试之前发现并消除 80% 左右的缺陷。

3.3　评审过程质量

从 3.2 节的描述中可以看到，在消除缺陷的效率方面，评审往往优于测试。为了在评审中发现足够多的缺陷，必须重视评审过程本身的质量。PSP 提供了一些质量保障机制以确保评审过程的质量。

3.3.1　评审检查表

PSP 中的评审活动中往往离不开评审检查表。评审检查表是一份个性化的用于有效指导软件工程师开展评审活动的表格。在该表格中，每个软件工程师都应该根据自身情况，列出最适合自己使用的评审检查表。

（1）评审检查表的建立和维护

评审检查表的个性化主要体现在表格的内容与每个软件工程师记录的缺陷日志相关。软件工程师应当从自身错误中不断总结和学习。从本书 2.2.2 节中介绍的缺陷日志内容可以知道每个缺陷的类型、注入阶段、消除阶段和缺陷描述等信息。将这些缺陷进行分类，再按照每个类型缺陷总数从高到低排列，可以构建一个称之为 Pareto 分布的图表。图 3-2 给出了缺陷按照类型进行分类统计的 Pareto 分布图。选择排列在前的缺陷类型，分析其原因，就可以建立最初版本的缺陷检查列表。在 PSP 中可以针对设计和编码分别构建这样的检查表。表 3-2 和表 3-3 分别给出了某软件工程师设计和代码的评审检查表示例。

对于建立好的评审检查表还需要定期维护。定期汇总软件工程师所记录的缺陷日志，应用 Pareto 统计，可以找到那些频繁出现的缺陷，仔细分析这些缺陷的根本原因，确定可以在评审中排除的方法，把这些内容更新到每个软件工程师自己的检查表中。在进行更新的时候，要尤其注意那些没能在评审中发现，而遗留到测试才发现的缺陷。结合 3.2 节的描述可以知道，如果将这些缺陷的消除方式从测试转变成评审，往往可以提高缺陷消除效率，节省缺陷消除代价。因此，如何实现这样的转变往往是过程改进重点要考虑的地方。

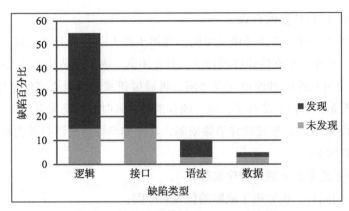

图 3-2　缺陷分类统计的 Pareto 分布图

表 3-2　设计评审检查表示例

姓名 ＿＿＿＿＿＿＿＿日期 ＿＿＿＿＿＿＿＿
教练 ＿＿＿＿＿＿＿＿语言 ＿＿＿ C++

目的	指导用户有效开展设计评审活动				
概述	建议每次评审只检查一项内容，而不要同时检查多项内容。 每检查完一项，在该项所在行右侧表格中加以标注，如 OK 表示通过评审，NG 表示发现缺陷。				
完整性	验证设计覆盖所有的需求内容： - 包含所有需要的输出； - 包含所有需要的输入。				
外部限制	如果设计假设依赖外部的限制，考察在正常值、界限值、超出界限值的情况下，是否正确。				
逻辑	验证程序流程正确： - 堆栈、列表使用正确； - 递归展开正确。 验证循环正确： - 初始化； - 循环控制变量； - 终止条件。 条件语句中的条件以及条件覆盖。				
内部限制	如果设计假设依赖内部的限制，考察在正常值、界限值、超出界限值的情况下，是否正确。				
特殊情况	检查各种特殊情况： - 空值、最大值、最小值、负数等； - 越界保护； - 看似不可能的情况是否确实不可能发生； - 异常的处理。				
方法调用	验证方法、过程等： - 验证所有的方法被正确调用； - 验证所有的外部引用被正确定义。				
系统环境的考虑	系统安全和保密性检查： - 保密数据只能由可信程序进行访问； - 安全性。				
命名	验证命名： - 命名清晰、定义清楚； - 变量、参数的范围有清晰定义。				
标准	设计符合标准。				

表 3-3　代码评审检查表示例

姓名 _____ 日期 _____
教练 _____ 语言 _____C++_____

目的	指导用户有效开展代码评审活动。			
概述	建议每次评审只检查一项内容，而不要同时检查多项内容。 每检查完一项，在该项所在行右侧表格中加以标注，如 OK 表示通过评审，NG 表示发现缺陷。			
完整性	验证代码与设计一致。			
文件包含命令	验证文件包含命令完整。			
初始化	检查变量和参数的初始化： 　- 程序开头； 　- 循环开始； 　- 类和方法的入口。			
方法调用	检查方法调用的格式： 　- 指针； 　- 参数； 　-& 的使用。			
命名	检查命名的拼写和使用： 　- 一致； 　- 影响范围； 　- 使用 "." 是否正确。			
字符串	检查所有字符串： 　- 指针的使用； 　- 以 NULL 结束。			
指针	检查指针： 　- 初始化； 　-new 之后被手动 delete； 　- 使用后被删除。			
输出格式	检查输出格式： 　- 换行； 　- 空格。			
（ ）成对	检查（ ）是否成对。			
逻辑操作符	==、=、|| 以及（ ）是否正确。			
逐行检查	详细检查每一行的语法和标点。			
标准	编码规范。			
文件操作	文件是否正确进行了以下操作： 　- 声明； 　- 打开； 　- 关闭。			

（2）评审检查表的使用

在使用评审检查表的时候，建议逐项检查，而不是同时考察多项内容。比如在评审的时候，同时考察命名错误和逻辑错误，往往会导致评审者关注其中一类错误而忽视另外一类。在实际操作中，每检查完一项，就可以在该项对应的行右侧表格中加以标注，比如可以用 OK 表示通过评审，NG 表示发现缺陷。

此外，结合评审检查表，对缺陷日志中记录的信息进行统计，往往还可以帮助评审者更加有效地分配时间和精力。比如，统计通过评审检查表中每个检查项发现的缺陷和未能通过检查表中检查项发现的缺陷，就可以有效地判断自身通过评审发现某类缺陷方面的效率，一旦发现有较多的缺陷被遗漏或者忽视（例如，尽管在检查表中已经有了相应检查项，但是对应的缺陷仍然未被发现），那么就应该考虑做出某些调整，以更加有效地发现缺陷。

3.3.2   质量指标

为了保证评审过程的质量，PSP 中定义了一些过程质量的度量数据，典型的度量数据包括 Yield、A/FR、PQI、评审速度以及 DRL。下面分别加以介绍。

1. Yield

Yield 指标用以度量每个阶段在消除缺陷方面的效率。PSP 中定义了两个不同的 Yield，分别为 Phase Yield 和 Process Yield。其中 Phase Yield 表示某个阶段缺陷消除的效率，计算方法如下：

Phase Yield = 100 × （某阶段发现的缺陷个数）/（某阶段注入的缺陷个数 + 进入该阶段前遗留的缺陷个数）

表 3-4 给出了计算 Phase Yield 的例子，我们可以看到，对于编码阶段来说，注入缺陷 16 个，消除缺陷 2 个，进入编码阶段遗留缺陷 4 个，那么该阶段的 Phase Yield 就是 10。

表 3-4   Phase Yield 计算方法示例

阶段名称	注入缺陷数	消除缺陷数	遗留缺陷数	Phase Yield
设计	10	0	10	0
设计评审	0	6	4	60
编码	16	2	18	10
代码评审	0	9	9	50
编译	0	5	4	55.6
单元测试	1	5	0	100

如图 3-3 所示，缺陷往往都是在软件开发过程中由软件工程师注入，然后通过一些缺陷消除的手段，如评审、编译以及测试加以消除。在 PSP 中，典型的缺陷注入阶段为设计阶段和编码阶段；典型的缺陷消除阶段包括设计评审、代码评审、编译以及单元测试。此外，软件工程师在修改缺陷的过程中也有可能引入新的缺陷，在编码过程中也可能消除设计中的缺陷。在实际软件项目当中，也可以将 Yield 指标的计算扩展至从需求开发开始到验收测试结束的全过程。

PSP 中的 Process Yield 表示在第一次编译之前消除缺陷的效率，其计算方法如下：

Process Yield = 100 × （第一次编译前发现的缺陷个数）/（第一次编译前注入的缺陷个数）

仍然以上述表 3-4 为例，那么 Process Yield = 100 × （17）/（26）= 65.4。如果采取的开发环境不需要编译阶段，那么 Process Yield 的计算方法就修改成第一次单元测试前发现的缺陷数占第一次单元测试前注入的缺陷数的比例。

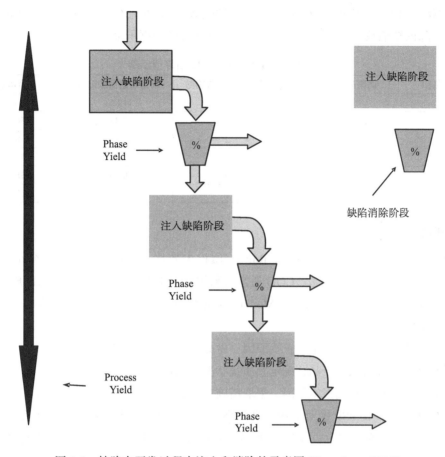

图 3-3　缺陷在开发过程中注入和消除的示意图 [Humphrey, 2005]

　　在之前介绍缺陷日志的时候，我们要求对于每个缺陷都需要记录其注入阶段和消除阶段，因此，Yield 这个质量指标可以直接通过缺陷日志统计而得。参考 Yield 这个质量指标，就可以很清楚地了解缺陷在整个开发过程中被注入和消除的状况。很显然，Yield 指标越高越好，结合 PSP 的质量策略，我们往往期望在评审阶段获得较高的 Yield 数据。而整个过程的 Process Yield，我们期望在 80 以上。

　　Yield 的计算是一种事后的质量控制手段，而且除非发现了所有的缺陷，否则很难非常准确地进行计算。而一个软件系统中的缺陷总数往往是无法计算的。例如在表 3-4 中，设计阶段注入的 10 个缺陷仅仅是指被发现的缺陷中有 10 个是设计阶段注入的；设计评审阶段发现的 6 个缺陷仅仅是已经发现的缺陷中有 6 个是通过设计评审发现的。如果考虑还有相当一部分缺陷未被发现，那么设计评审阶段的 Phase Yield 往往会小于目前的 60。

　　为了更好地指导质量管理，很多时候我们还需要对 Yield 进行估算。在进行 Yield 估算的时候，如果有历史数据，那么应当充分使用历史数据。此处介绍一种不使用历史数据的计算方法。仍以表 3-4 中的数据为例。在进行各个阶段 Yield 值的估算时，可以将单元测试阶段的 Phase Yield 设定为 50。事实上，这也比较符合经验数据，有资料表明，在测试中每发现一个缺陷，往往意味着还有一个缺陷没有被发现。那么也就意味着在表 3-4 的例子中，总共还有 5 个缺陷未被消除。将 5 个缺陷按照比例分配到各个缺陷的注入阶段，就可以重新计算 Phase

Yield 的估算值如表 3-5 所示。设计阶段的注入缺陷数为 $10+5 \times 10/（10+16+1）= 11.85$ 个，而各个阶段消除的缺陷数由于是一个客观事实，因此相应的数据不会变化。

表 3-5 计算 Phase Yield 估算值示例

阶段名称	调整后注入缺陷数	调整后消除缺陷数	调整后遗留缺陷数	Phase Yield 估算值
设计	11.85	0	11.85	0
设计评审	0	6	5.85	50.6
编码	19	2	22.85	8
代码评审	0	9	13.85	41
编译	0	5	8.85	38.9
单元测试	1.15	5	5	50

2. A/FR

在介绍 A/FR（Appraisal to Failure Ratio，质检失效比）之前，必须首先介绍质量成本（Cost Of Quality，COQ）的概念。COQ 通常用来作为量化描述质量问题所带来的成本消耗的手段。[Crosby 1983; Mandeville 1990; Modarress and Ansari 1987] 定义质量成本的三个主要的组成部分如下：

- 失效成本：分析失效现象、查找原因、做必要的修改所消耗的成本。
- 质检成本：评价软件产品，确定其质量状况所消耗的成本。
- 预防成本：识别缺陷根本原因、采取措施预防其再次发生所消耗的成本。

为了操作方便，在 PSP 中对上述定义稍做简化，PSP 中主要关注失效成本和质检成本。而预防成本一般包含在总结阶段以及平时评审检查表的维护中，因此，不专门进行计算。PSP 中定义的失效成本为编译时间和单元测试时间之和。PSP 定义的质检成本为设计评审时间与代码评审时间之和。

A/FR 是一个用以指导软件工程师合理安排评审和测试时间的指标，其计算方式为：

$$A/FR = PSP 质检成本 /PSP 失效成本$$

理论上，A/FR 的值越大，意味着质量越高。然而，过高的 A/FR 往往意味着做了过多的评审，反而会导致开发效率的下降。图 3-4 给出了一些过程数据，从中可以发现当 A/FR 小于 2.0 的时候，测试阶段发现的缺陷数较多，而当 A/FR 大于或者等于 2.0 的时候，测试阶段发现的缺陷数较少。事实上，在 PSP 中 A/FR 的期望值就是 2.0。也就是说，为了确保较高的质量水平，软件工程师应当花费两倍于编译加测试的时间进行评审工作。评审的对象为设计和代码。

3. PQI

PQI（Process Quality Index，过程质量指标）用以度量 PSP 过程的整体质量。在介绍 PSP 的原理时说过，软件组件的质量由开发该软件的过程的质量来决定。然而对于整个软件过程的质量，单一的质量指标，如 A/FR、Yield 等，往往不足以充分刻画过程的质量。因此，在 PSP 中定义了 PQI 这个过程质量指标，用来更好地刻画软件过程质量。PQI 是 5 个过程质量指标的乘积。这 5 个过程质量指标分别基于如下高质量过程的特征：

- 设计质量：设计时间应该大于编码时间。
- 设计评审质量：设计评审时间应该大于设计时间的 50%。
- 代码评审质量：代码评审时间应该大于编码时间的 50%。
- 代码质量：代码的编译缺陷密度应当小于 10 个 / 千行。
- 程序质量：代码的单元测试缺陷密度应当小于 5 个 / 千行。

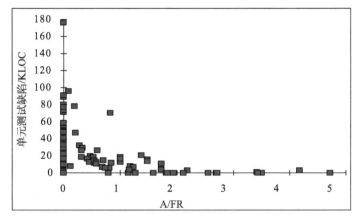

图 3-4　A/FR 与单元测试缺陷数据示意图 [Humphrey, 2005]

通过适当的处理，可以将上述 5 个指标定义成 0.0 ~ 1.0 之间的某个数值。那么 PQI 就是这 5 个数值的乘积，其范围也是从 0.0 到 1.0。图 3-5 给出了 PQI 与软件组件开发完成之后的缺陷密度之间的关系。从中我们可以发现，随着 PQI 的提升，软件组件的质量也相应提升。一旦 PQI 超过 0.4，那么组件的质量往往比较高。图 3-6 更是结合实际例子描述了某项目中各个组件的 PQI 与测试发现的缺陷数目之间的关系。很明显，PQI 在较高的水平，其对应的软件组件的质量也较高，而 PQI 在较低的水平，其软件组件的质量也不理想。

PQI 值除暗示了软件产品的质量外，还可以给软件过程的质量控制提供有价值的信息。仍然以图 3-6 为例，第二行中间的模块，其 PQI 值为 0.15，仔细考察，发现问题出在设计评审的质量上，那么就提醒软件工程师，应该投入更多的时间进行设计的评审工作。同样的，对于第二行最右边一个模块，其 PQI 值为 0.04，通过数据检查，可以发现在设计质量和代码评审质量上指标较低，那么就可以提醒软件工程师，应该投入更多的时间进行设计工作以及代码评审工作。

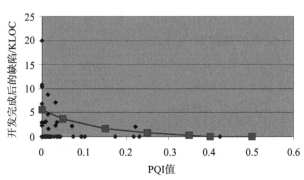

图 3-5　PQI 与开发完成之后软件缺陷密度的关系 [Humphrey, 2005]

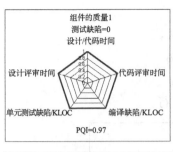 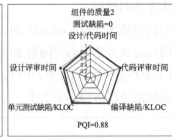 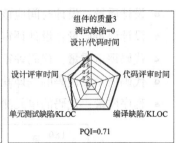

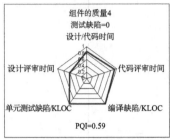 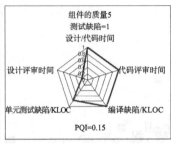 

图 3-6 PQI 与测试中发现的缺陷数的关系 [Humphrey, 2005]

4. 评审速度

评审速度（Review Rate）是一个用以指导软件工程师开展有效评审的指标。从前面的讨论可以知道，为了获得较高的 Process Yield，往往需要高质量的评审。而高质量的评审又需要软件工程师投入足够的时间进行评审。然而，如果不计成本地投入大量时间进行评审，尽管可能发现较多的缺陷，但是会影响到整个软件过程的生产效率。因此，应当为评审设置一个恰当的速度。

在 PSP 的实践中，一般代码规模采用代码行（LOC）为单位，文档采用页（Page）为单位，而时间度量一般采用小时为单位。那么评审速度的单位就是 LOC/ 小时以及 Page/ 小时。大量的统计数据表明，代码评审速度小于 200 LOC/ 小时，文档评审速度小于 4 Page/ 小时 [Chris and Mark, 2009; Humphrey, 2005]，已经可以保证软件工程师有效地发现足够多的缺陷。因此，应用 PSP 的时候，也建议用上述两个数据作为评审速度的参考值。

5. DRL

DRL（Defect-Removal Leverage，缺陷消除效率比）度量的是不同缺陷消除手段消除缺陷的相对效率。其计算方式是以某个测试阶段（一般为单元测试）每小时发现的缺陷数为基础，其他阶段每小时发现的缺陷数与该测试阶段每小时发现的缺陷数的比值就是 DRL。表 3-6 描述了一个典型的 DRL 计算结果，从中可以发现，一般情况下，设计评审发现缺陷的效率与单元测试相当，而代码评审发现缺陷的

表 3-6　DRL 计算示例

阶段	缺陷数 / 小时	DRL（单元测试）
设计评审	3.6	1.03
代码评审	8	2.29
单元测试	3.5	1

效率往往高于单元测试。事实上，这也是用以帮助软件工程师判断缺陷消除效率以及组件质量的一个参考值。

3.3.3　评审的其他考虑因素

为了提升评审发现缺陷的效率，即评审过程的质量，对于评审活动的开展还有一些其他需要考虑的因素。这里重点讨论如下内容。

（1）打印后评审

尽管直接在屏幕上评审更加方便，然而很多实践经验表明，将评审对象打印出来可以获得更好的评审效率。这主要是因为如下一些原因：

- 首先，单个屏幕可以展现的内容比较有限，当评审对象比较复杂的时候，单个屏幕往往不能体现评审对象的整体结构、整体安全、整体性能以及其他整体属性。
- 其次，基于屏幕的评审往往容易受到干扰，从而不易集中注意力。而打印之后的评审，评审人员完全脱离计算机环境，更容易集中注意力。

因此，PSP 中建议软件工程师尽可能将评审对象打印之后进行评审。

（2）评审时机选择

评审时机的选择一直颇有争议。比如在一个有编译阶段的 PSP 过程中，究竟应该在编译之前评审还是编译之后评审，这是需要考虑的。应该说两种选择各有优势。

对于先编译后评审的支持者来说，如下一些事实是其理由：

- 对于某些类型的缺陷而言，通过编译发现并消除往往比通过评审发现并消除效率高数倍；
- 越来越强大的编译器一般可以发现超过 90% 的拼写错误；
- 不管怎样努力，评审还是会遗漏 20%~50% 的语法错误；
- 即便编译器遗漏了一些类似语法的错误，这些错误也不难通过单元测试消除；
- 一些基于解释执行的集成开发环境，可以实时消除编译错误。

而对于先评审后编译的支持者来说，则如下一些事实是其理由：

- 为了确保评审的效率，不管在评审之前有没有编译，评审的速度是一定的，也就意味着评审所需的时间是一定的，那么如果先评审后编译，在编译阶段就可以节省较多的时间；
- 编译器大概会遗漏 9% 的缺陷，从前面讨论可知，为了有较高的质量，这些缺陷仍然期望通过评审加以消除；
- 有数据表明，编译过程中缺陷较多，往往意味着单元测试中缺陷也较多；
- 即便单元测试也可以发现一些类似语法的错误，但是毕竟还有一些很难发现，而单元测试之后的一些缺陷消除环节的 Phase Yield 往往还低于单元测试；
- 编译之前评审也是一种自我学习的好机会；
- 干净的编译（即编译过程没有缺陷）对于软件工程师来说有极大的成就感。

建议软件工程师参考自己的历史数据，仔细考虑软件开发的上下文环境，以确定最适合自己的时机选择策略。

（3）个人评审和小组评审

在 PSP 中有两种评审的组织形式。一种是个人评审，一种是小组评审。个人评审的时机选择在前文已经有了较为详细的介绍，此处就小组评审的时机选择与组织形式进行介绍。

小组评审一般安排在个人评审之后进行。比如在典型的 PSP 过程中，需要对详细设计和代码开展个人评审活动。如果希望获得更高的 Process Yield，在个人评审之后，安排相应的小组评审是一种有效的手段。此外，在个人评审之后安排小组评审，也有利于提升个人的技能。特别是那些个人评审未发现而小组评审时发现的缺陷，往往都需要引起足够的注意。软件工程师通过对这些缺陷的分析，往往可以学到很多东西。

典型的小组评审往往分为两个阶段，分别为准备阶段和评审阶段。在准备阶段，主要是由评审的组织者召集评审活动参与人员开一个准备会议。在会议上，需要由评审对象（文档或者代码）的作者向评审参与人员简要介绍评审对象的内容。然后，会议的组织者向评审参与人员介绍评审的目标、标准以及其他注意事项。等所有人员都了解评审对象和目标之后，由评审的组织者总结会议并确定下次评审阶段会议的时间。评审参与人员在会议之后自行开展评审活动，要求必须记录评审发现的事项。在评审阶段，由评审的组织者先行确认所有评审参与人员已经各自完成了评审活动，然后召集所有评审参与人员开会，讨论交流各自评审过程中发现的缺陷，确定修改责任人和修改期限。

小组评审除了有效提升 Process Yield，从而提升整个产品的质量之外，还有一个很重要的功能是帮助项目小组判断评审产物的质量状况。我们采取了一种称之为 Catch and Re-Catch 的方法来评价评审对象的质量状况。其基本思想来自于统计学中经典的估算池塘中鱼总数的方法。即先捕一网，对所有捕获的鱼进行标注，再将鱼放回池塘。过一段时间，再捕一网，那么通过该网中被标注的鱼的数目和未被标注的鱼的数目的比例，即可大致测算整个池塘的鱼的总数。我们参考上述思想，讨论两种情形下如何估算小组评审之后评审对象遗留的缺陷数。

1）小组评审只有两个人参加。假设评审人员 A 和 B 分别发现了 a 个缺陷和 b 个缺陷，其中 c 个缺陷两人同时发现。利用上述思想，选择 $a-c$ 和 $b-c$ 中较大值，如果相等则可以任选一值。假设 $a-c$ 是选定的值，那么就可以把 a 当成上述第一网被标记的鱼，c 是第二网中被标记的鱼。简单计算就可以估算出评审对象经过小组评审之后，还遗留 $a \times b/c-(a+b-c)$ 个缺陷。有兴趣的读者可以分析一下，为什么要选择 $a-c$ 和 $b-c$ 中较大值对应的缺陷数作为第一网。

2）小组评审有多人参加。小组评审如果有多人参与，那么情况就相对复杂。我们采取了一个简化的计算方法。即选择某个独立发现缺陷最多的评审员作为 A，而其他所有参与人员的整体作为 B。那么我们仍然可以用上述相同的方式来估算小组评审之后评审对象中遗留的缺陷数。

（4）缺陷预防

在前文的介绍中我们已经提到了一些缺陷预防方面的活动。比如软件工程师可以通过汇总缺陷日志记录、分析缺陷原因、在评审检查表中添加相应条目来改进评审过程，达到缺陷预防的效果。当然这里所谓的缺陷预防仅仅是消除了缺陷导致的失效成本。

事实上，PSP 中给出了一种系统化的缺陷预防策略。该策略有两个主要环节，分别为缺陷数据选择和根本原因分析。在选择缺陷数据的时候，使用 Pareto 方法尽管可以找出缺陷数最多的缺陷类型，但是由于仅仅从缺陷类型着手，通常很难找到缺陷预防的方法。因此，建议软件工程师采用如下一些策略来选择缺陷数据：

1）选择那些在系统测试、验收测试以及应用环节出现的缺陷，特别是验收测试和应用环节中的缺陷，这些缺陷往往意味着软件开发过程本身有不足之处。

2）选择那些出现频率较高或者消除代价较高的缺陷。这些缺陷如果可以预防，往往可以节省较多的开发代价，从而体现缺陷预防的优势。

3）选择那些预防方法容易识别和实现的缺陷。这样的策略容易让软件工程师迅速看到缺陷预防的好处，坚定使用缺陷预防策略的信心。

缺陷数据选定之后，就需要针对缺陷内容开展系统化的分析方法，找出缺陷的根本原因，从而形成改进方案，预防缺陷再次被引入软件开发过程。目前最流行的根本原因分析方法是称之为石川图（也称鱼骨图）的方法。图 3-7 给出了一个应用石川图进行缺陷根本原因分析的例子。使用该方法的时候，对于根本原因的追溯一般以找出明确的解决方案或者确定不存在可行的解决方案为止。在图 3-7 的例子中，对于导致编程中寄存器分配错误的根本原因分析，其中一个原因是寄存器误用，更深层次的原因是开发人员缺乏相应知识，此时，相应的解决方案已经相当明显了，那么就可以终止继续深入分析该分支了。而对于另外一个分支，即寄存器副作用的分析，确定了原因之一是架构本身的问题，此刻，由于可以基本确定不存在可行的解决方案，那么也可以终止该分支的更深层原因的分析了。

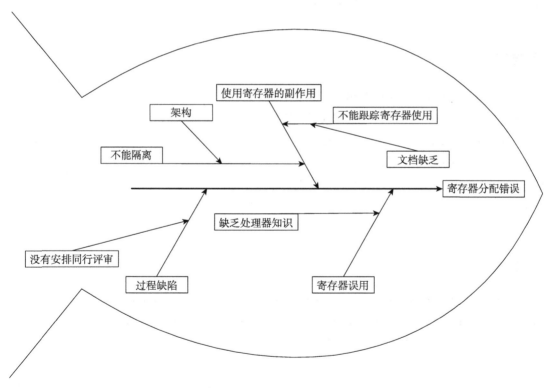

图 3-7　使用石川图进行根本原因分析示例

本章小结

本章主要介绍了 PSP 中采取的质量策略，即首先得确保基本没有缺陷，然后再考察其他的质量目标。因此，在质量管理的具体操作上，用缺陷管理来替代质量管理。

通过对比评审和测试两种缺陷消除的方式可以发现，通过评审来消除缺陷的效率一般都高于测试消除缺陷的效率。因此，在 PSP 中，非常重视评审过程的质量，希望通过确保评审过程质量以发现足够多缺陷。为了达到上述目的，PSP 中提供了一系列的管理机制，典型的包括：

建立和维护个性化的评审检查表，该检查表基于每个软件工程师在缺陷日志中记录的缺陷日志，可以有效帮助软件工程师开展尽可能完整的评审工作。

定义了一些质量指标用以管理和控制过程质量，如 Yield、A/FR、PQI、评审速度以及 DRL 等。这些质量指标都是在 PSP 的三大基本度量数据，即时间、规模和缺陷基础之上经过适当的计算获得。每一个质量指标，PSP 中都给出了建议的数据，以方便软件工程师在实际开发过程中使用。

此外，为了尽可能提升评审的质量，还有一些其他因素需要考虑，如打印之后再评审、评审时机选择、增加小组评审以及缺陷预防策略等。

思考题

1. 请解释 PSP 中质量的含义以及相应的质量策略。
2. 请描述 PQI 这一质量指标，并解释其对于质量管理的指导意义。
3. 请解释 A/FR、Yield、DRL 等指标的含义，并举例描述如何在实际项目开发过程中应用。
4. 请简要描述 PSP 中如何提高评审过程的质量。
5. 请描述缺陷预防成本、失效成本和质检成本的差异。
6. 请描述两阶段小组评审的过程，并解释如何预测评审对象中遗留的缺陷数。

参考文献

[ANSI/IEEE Std 729, 1983] IEEE Standard Glossary of Software Engineering Terminology (IEEE Std 729-1983). Institute of Electrical and Electronics Engineers, New York, 1983.

[Tom Demarco, 1999] DeMarco, T., Management Can Make Quality (Im)possible, Cutter IT Summit, Boston, April 1999.

[Gerald Weinberg,1992] Weinberg, G., Quality Software Management, Vol. 1: Systems Thinking, New York: Dorset House, 1992.

[Humphrey, 2005]Watts S. Humphrey, PSP A self-Improvement Process for Software Engineers. Addison-Wesley, 2005.

[SEI Slides, 2006] SEI PSP 标准课件，2006 年 .

[Rumus and Ziles, 1979] Remus, H., and S. Ziles, Prediction and Management of Program Quality. Proceedings of the Fourth International Conference on Software Engineering, Munich, Germany (1979).

[Bush, 1990] Bush, M., Improving Software Quality: the Use of Formal Inspections at the Jet Propulsion Laboratory. Twelfth International Conference on Software Engineering, Nice, France(1990).

[Ackerman et al., 1989] Ackerman, A. F., L.S. Buchwald, and F.H.Lewski, Software Inspections: An Effective Verification Process. IEEE Software 1989.

[Russell, 1991] Russell,G.W. "Experience with Inspections In Ultralarge-Scale Developments" IEEE Software（1991）.

[Shooman and Bolsky, 1975] Shooman, M.L., and M.I.Bolsky, Types, Distribution, and Test and Correction Times for Programming Errors. Proceedings of the 1975 Conference on Reliable Software, IEEE, New York.

[Weller, 1993] Weller, E.F., Lessons Learned from Two Years of Inspection Data. IEEE Software（1993）.

[Crosby, 1983] Crosby, P.B., Don't be Defensive about the Cost of Quality. Quality Progress（1983）.

[Mandeville, 1990] Mandeville, W.A., Software Costs of Quality. IEEE Journal on Selected Areas in Communications 8, 1990.

[Modarress and Ansari, 1987] Modarress and Ansari, Two New Dimensions in the Cost of Quality. International Journal of Quality and Reliability Management 4, 1987.

[Chris and Mark, 2009]Chris F. Kemerer, Mark C. Paulk, The Impact of Design and Code Reviews on Software Quality: An Empirical Study Based on PSP Data, IEEE transactions on software engineering, 2009 Vol 35 no.4.

第 4 章
个体软件过程中的设计

4.1 设计与质量

  实践表明，低劣的设计是导致在软件开发中出现返工、难以维护以及招致用户不满的主要原因之一。因此，充分的设计对于最终产品的质量有着至关重要的作用。在上一章介绍PSP 过程质量指标（PQI）的时候，对于设计时间和编码时间就有过要求，即设计时间应该大于编码时间。这也体现了 PSP 中对于设计的要求。充分设计带来的好处如图 4-1 所示，从对 8100 个使用 PSP 过程完成的程序的统计结果 [SEI Slides, 2006] 来看，一旦某个程序中设计时间达到编码时间的 100% 以上，其最终代码的规模往往显著小于设计时间不足编码时间25% 的程序。假定某程序员编码过程注入缺陷的密度一定，那么越少的代码规模往往意味着越少的缺陷。此外，在《人月神话》一书中，Brooks 指出，复杂性是软件的内在特性 [Brooks, 1995]。而复杂性带来的后果则是"上述软件特有的复杂度问题造成了很多经典的软件产品开发问题。由于复杂度，团队成员之间的沟通非常困难，导致了产品瑕疵、成本超支和进度延

迟；由于复杂度，列举和理解所有可能的状态十分困难，影响了产品的可靠性；由于函数的复杂度，函数调用变得困难，导致程序难以使用；由于结构性复杂度，程序难以在不产生副作用的情况下用新函数扩充；由于结构性复杂度，造成很多安全机制状态上的不可见性。复杂度不仅仅导致技术上的困难，还引发了很多管理上

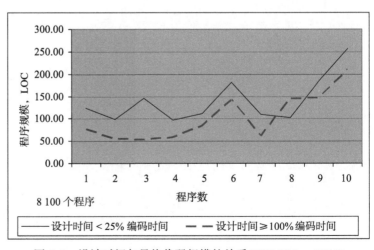

图 4-1 设计时间与最终代码规模的关系 [SEI Slides, 2006]

的问题。它使全面理解问题变得困难，从而妨碍了概念上的完整性；它使所有离散出口难以寻找和控制；它引起了大量学习和理解上的负担，使开发慢慢演变成了一场灾难。"[Brooks, 1995]。有理由相信，在解决相同问题的时候，程序规模的减少往往有助于缓解软件复杂性所带来的种种问题。

4.2　设计过程

软件的设计过程本身是一个理解和探索的过程。在这个过程中，软件工程师充分发挥创造力，为一个往往无法清晰定义的问题给出准确而精巧的解决方案。为了做到这一点，软件工程师需要持续往复地修改和调整设计方案，因此，关键问题是确定何时可以冻结设计，从而开展下一步的工作。图 4-2 描述了一个典型的设计过程框架，从中我们可以看到，设计过程的每一个步骤都需要反复与需求进行对比，并不断进行修改和精化设计。

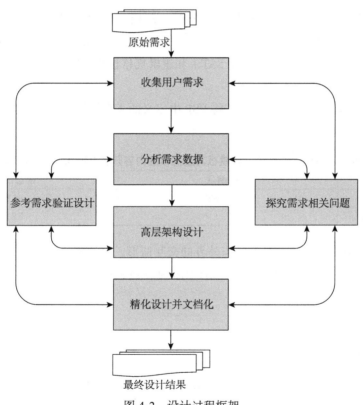

图 4-2　设计过程框架

PSP 中的设计过程也采取了类似图 4-2 的过程框架。为了尽可能支持各种设计方法，PSP 设计过程的关注点并不是具体的设计方法，而是设计的步骤定义以及设计的表现形式，并由此建立起设计过程的整体框架。这样一来，软件工程师就可以在该框架下从事真正需要创造力的设计工作，而无需关心诸如设计工作具体步骤以及如何组织设计文档等细节。

PSP 对于设计文档的表现形式和内容有着严格的要求。具体而言，希望开发出的设计文档必须可评审（reviewable），必须具有完整性和一致性。设计文档一致性的要求不言而喻，而完整性则具体表现在几个方面，即在设计文档中必须展现如下一些设计考虑：

- 待设计目标程序[○]在整个应用系统中的位置；
- 待设计目标程序的使用方式；
- 待设计目标程序与其他组件以及模块之间的关系；
- 待设计目标程序外部可见的变量和方法；
- 待设计目标程序内部运作机制；
- 待设计目标程序内部静态逻辑。

仔细分析上述信息，我们可以将设计文档需要体现的内容归入如表 4-1 所示的视图中。

表 4-1　设计视图 [Humphrey, 2005]

	动态信息	静态信息
外部信息	交互信息（服务、消息等）	功能（继承、类结构等）
内部信息	行为信息（状态机）	结构信息（属性、业务逻辑等）

为了展现上述信息，PSP 中提供了 4 个设计模板，分别为操作规格模板（Operational Specification Template，OST）、功能规格模板（Functional Specification Template，FST）、状态规格模板（State Specification Template，SST）和逻辑规格模板（Logical Specification Template，LST）。

同样，也可以用类似表 4-1 的方式将 PSP 中定义的 4 个设计模板进行归类，归类的结果如表 4-2 所示。

表 4-2　PSP 中 4 个设计模板对应的信息内容归类 [Humphrey, 2005]

	动态信息	静态信息
外部信息	OST/FST	FST
内部信息	SST	LST

由此可见，OST 所描述的是系统与外界的交互情形，FST 所描述的是系统对外的静态接口，SST 描述的是系统的状态信息，而 LST 则描述系统的静态逻辑。下文将结合实例详细介绍各个模板。

4.3　设计模板

设计实例：设计一个登录某系统的方案，要求用户在有限的时间内使用合法的用户名和相应的密码登录该系统。此外，还需要设定一个允许尝试次数的上限。

对于上述待解决问题，使用 PSP 的 4 个设计模板，可以给出如下的设计结果。

4.3.1　OST

如前所述，OST 描述的是系统与外界的交互，具体而言，是描述"用户"与待设计系统

○　在软件系统研发过程中，设计活动发生在不同的层次，如系统级、子系统级、组件级、模块级等。此处暂用"待设计目标程序"一词，并不表示特指哪个层次的详细设计。本章4.4节会有详细介绍。

的正常情况和异常情况下的交互。因此，在 OST 中需要描述"用户"主要的操作步骤和系统的反应，此外，还需要描述系统可能的出错情况以及相应的恢复条件。

需要指出的是，此处的"用户"视设计问题的范围不同，可以是真实的系统使用者，也可以是该系统中其他的子程序或者方法。对于整体系统而言，"用户"可能是真正的系统使用者；而如果要用 OST 来描述某个模块的外部动态行为时，"用户"往往是另外一个模块或者方法。

OST 可以用来定义测试场景和测试用例，也可以作为和系统用户讨论需求的基础，特别是操作相关的需求描述。

表 4-3 给出了在一次成功登录系统的操作场景中用户和系统的交互。在实际设计中，往往需要使用多个 OST 来描述各种情形下系统与使用者之间的交互。

表 4-3 登录模块的 OST 示例

设计人员 _____　日期 _____
教练　 _____　语言 _____

场景编号	1	用户目的	登录系统
场景目的		描绘一次成功登录系统的过程	
操作来源	步骤	动作	备注信息
用户	1	启动系统	
系统	2	要求用户输入用户名	检查是否超时
用户	3	输入用户名	检查数据格式是否有误
系统	4	检验是否是合法用户名	
系统	5	要求用户输入密码	检查是否超时
用户	6	输入用户密码	检查数据格式是否有误
系统	7	检验密码是否正确	
系统	8	登录该用户	

4.3.2 FST

FST 描述的是系统对外的接口。这是一种静态信息的描述，软件设计人员可以通过 FST 来定义软件产品的功能。在 FST 中提供的典型信息包括类和继承关系、外部可见的属性和外部可见的方法等。

在使用 FST 模板的时候，消除二义性非常重要。因此，应尽量用形式化符号来描述方法行为。

同样，以前面的登录模块为例，给出 FST 的设计结果，如表 4-4 所示。

需要说明的是，在使用 FST 模板的时候，除了要给出外部可见的变量和方法的描述之外，在描述这些方法的时候，用到的内部变量和方法也需要给出相应的描述。原因很简单，为了使得 FST 设计结果便于评审，需要在设计结果中对这些信息加以交代，从而便于他人理解设计意图。

表 4-4   登录模块的 FST 示例 [SEI Slides, 2006]

设计人员 _____   日期_____

教练   _____   语言_____

类名	Login
继承关系	

属性	
声明	**描述**
Max Time: Integer, Minutes	超时上限，可配置
n: Integer	计算尝试次数
nMax: Integer	最大允许尝试次数，可配置
ValidIdSet	一个集合，包含所有合法用户名

方法	
声明	**描述**
Void LogIn.Start（n: Int）	系统初始化
Boolean LogIn.GetId（ID: String）	获取 String 类型的用户 ID，如果是合法字符串，则返回 true；超时或者是非法字符串，皆返回 false
Int LogIn.CheckId（ID: String）	UserId $\in$ ValidIdSet $\rightarrow$ Valid ID //ID 属于合法的用户名集合 ValidIdSet，则认为 ID 合法 UserId $\notin$ ValidIdSet $\rightarrow$!Valid ID //ID 不属于合法的用户名集合 ValidIdSet，则认为 ID 非法
Int LogIn.GetPW（PW: String）	获取密码 PW 并且检查 PW 字符串。如果是合法字符串，则返回 true；超时或者是非法字符串，皆返回 false

Int LogIn.CheckPW（PW: String）	PW = UserId.PW $\rightarrow$ Valid PW // 密码 PW 与当前用户 ID 对应的密码一致，则 PW 合法
	PW $\neq$ UserId.PW $\rightarrow$!Valid PW // 密码 PW 与当前用户 ID 对应的密码不一致，则 PW 非法

Void LogIn.LogInUser（ID: String, n: Int）	n >= nMax $\rightarrow$ Reject user, deactivate ID// 尝试次数超出 nMax，则拒绝当前用户 Valid ID ^ Valid PW $\rightarrow$ Log in user //ID 合法，相应的 PW 合法，允许当前用户登录

4.3.3 SST

SST 可以精确定义程序的所有状态、状态之间的转换以及伴随每次状态转换的动作。使用 SST，软件设计人员可以定义状态机结构，分析状态机设计结果，从而消除设计中引入的逻辑缺陷。

在 SST 模板中，需要描述如下信息：

- 所有状态的名称；
- 所有状态的简要描述；
- 在 SST 中需要使用的参数和方法的名称与描述；
- 状态转换的条件；
- 伴随状态转换而发生的动作。

仍以前面的登录模块为例，给出 SST 的设计结果，如表 4-5 所示。

表 4-5　登录模块的 SST 示例 [SEI Slides, 2006]

设计人员 _____　日期_____
教练　　 _____　语言_____

状态名称	描述
Start	系统启动状态
CheckID	要求用户输入 ID 时的状态
CheckPW	要求用户输入密码时的状态
End	最终状态：或者允许用户登录，或者终止用户
方法 / 参数	**描述**
ID	用户 ID
PW	用户密码
n	ID 和 PW 出错的次数统计
nMax	ID 和 PW 出错次数上限，如果 n >= nMax，拒绝用户继续尝试
Fail	登录结果：如果登录成功 Fail =0; 否则 Fail=1

状态 / 下一个状态	转换条件	动作
Start		
Start	不存在	
CheckID	永真	Get ID, n := 0; ID and PW !Valid
CheckPW	不存在	
End	不存在	
CheckID		
Start	不存在	
CheckID	不存在	
CheckPW	Valid ID	Get password
CheckPW	!Valid ID	Get password
End	超时	Fail := true
CheckPW		
Start	不存在	
CheckID	(!Valid PW ^ !Valid ID)^ n < nMax ^ !Timeout	Get ID, n := n + 1
CheckPW	不存在	
End	Valid PW ^ Valid ID	Fail := false, login user
End	n >= nMax ^ Timeout	Fail := true, cut off user
End		
	不存在	

在运用 SST 模板进行系统状态设计的时候，往往需要按照一定的步骤进行。典型的设计步骤如下：

- 给出问题的准确定义；
- 针对所定义的问题给出相应的解决策略；
- 确定在实现上述解决问题的策略时所需要做的决定事项；
- 定义为了做出决定所需要提供的信息；
- 确定为了保存上述信息所需要的状态；

- 指定状态之间的转换。

4.3.4 LST

LST 可以精确描述系统的内部静态逻辑。为了消除描述的二义性，一般建议用伪代码配合形式化符号来描述设计结果。

在 LST 模板中，需要描述如下信息：

- 关键方法的静态逻辑；
- 方法的调用；
- 外部引用；
- 关键数据的类型和定义。

同样以登录模块为例，给出 LST 的设计结果，如表 4-6 所示。

表 4-6　登录模块的 LST 示例 [SEI Slides, 2006]

设计人员 _____ 日期_____

教练 _____ 语言_____

参考	OST
	FST
	SST
参数	n : the error counter, maximum value nMax
	ID : Boolean indicator of ID Valid and ID !Valid
	PW : Boolean indicator of PW Valid and PW !Valid
	Fail: Boolean indicator of failure condition, end session

Log a user onto the system.
Start by initializing the n error counter, set ID: = !Valid, PW := !Valid, and Fail := false.
Get user ID.
Repeat the main loop until a valid ID and password or Fail.
Check ID for validity. {CheckID state}
If no ID response in MaxTime, set Fail := true.
Get password and check for validity. {CheckPW state}
If no password response in MaxTime, set Fail := true.
If PW !Valid or ID !Valid, step the n counter.
If n exceeds nMax, set Fail := true.
Until ID and PW Valid or Fail = true.
Otherwise, repeat the main loop.
If Fail = true, cut off user, otherwise, log in the user. {End state}

4.4　设计的考虑

前面的讨论已经通过设计模板具体给出了一个完整设计应当包含的内容。然而，还有两个重要的问题需要解决：

1）如何将设计模板与现有的一些具备较大应用范围的设计表示方法如 UML 等相结合？

2）如何在实际的软件系统中合理使用各种设计模板？

本节将就上述两个问题进行详细的介绍。

4.4.1 UML 与 PSP 设计模板的关系

统一建模语言（Unified Modeling Language，UML）提供了一种图形化表示方式来描述软件系统的行为。UML 基于 Grady Booch、Ivar Jacobson 和 Jim Rumbaugh 等人的工作 [Booch, Jacobson and Rumbaugh, 2000]，并由对象管理组织（Object Management Group，OMG）进行了标准化的工作，从而使得 UML 变成一种业界广泛认可和使用的描述软件系统设计的方式。完整的 UML 定义了 13 种不同描述设计的图示方法，主要分成两大类，即描述系统结构的图和描述系统行为的图。

描述系统结构的图包括：

- 类图（class diagram）；
- 组件图（component diagram）；
- 复合结构图（composite structure diagram）；
- 部署图（deployment diagram）；
- 对象图（object diagram）；
- 包图（package diagram）。

描述系统行为的图包括：

- 活动图（activity diagram）；
- 状态机图（state machine diagram）；
- 用例图（use case diagram）；
- 通信图（communication diagram）；
- 交互概述图（interaction overview diagram）；
- 时序图（sequence diagram）；
- 时间图（timing diagram）。

在真正的设计过程中，设计人员往往只是使用上述 13 种图示方法的几种（读者可以结合软件工程试图解决的问题想想为什么）。一般情况下，用例图、时序图、类图和状态机图是比较常用的 4 种设计图示方法。下面对它们进行简要介绍。

（1）用例图

用例图用以描述系统外部可见的行为，以图形化方法描述角色（actor）和用例（use case）之间的关系，借此描绘系统对外可见的功能。图 4-3 给出了一个极为简单的用例图。为了使得用例图可以表达更丰富的设计信息，往往需要配合描述用例的文本说明。图 4-3 对应的用例描述如图 4-4 所示。

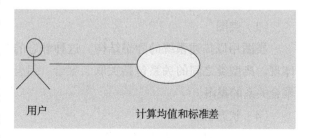

用户　　　　　　　计算均值和标准差

图 4-3　一个简单的 UML 用例图

用例名称：计算均值和标准差
目标：计算一组数据的均值和标准差。
角色：用户
前置条件：一组待计算的数据已经保存在文本文件中。
成功后置条件：打印均值和标准差。
失败后置条件：打印出错提示信息。
主操作场景：
　　1. 用户启动程序；
　　2. 程序要求用户输入保存数据的文件名；
　　3. 用户输入文件名；
　　4. 程序打印相应的均值和标准差。
其他场景1：
　　4a. 程序提示"文件不存在"错误。
其他场景2：
　　4b. 程序提示"数据格式不正确"错误。

图 4-4　用例描述

（2）时序图

时序图通过描述对象之间发送消息的时间顺序显示多个对象之间的交互动作。它可以表示实例的行为顺序，当执行一个实例行为时，时序图中的每条消息对应了一个类操作或状态机中引起转换的触发事件。对于图4-3的用例，一种时序图的实现方案如图4-5所示。

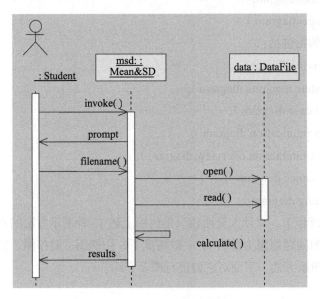

图 4-5　UML 时序图示例

（3）类图

类图用以描述系统的静态结构，这种静态的结构由类、类中的属性以及类之间的关系来体现。典型类之间的关系包括关联、聚合、组合以及继承。如图4-6所示是一个体现类之间聚合关系的类图。

（4）状态机图

UML中的状态机图描述对象实例的所有状态以及导致状态转换的事件。如图4-7所示是用UML来进行状态机设计的例子。

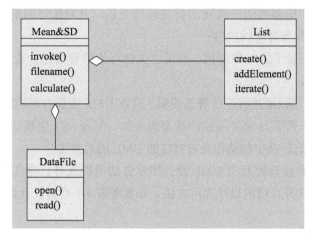

图 4-6 UML 类图示例

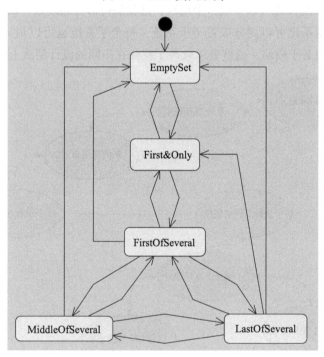

图 4-7 UML 状态机图示例

参考 4.2 节中对设计需要体现的内容的归类方法，可以将常用的 4 种图示方法如表 4-7 所示进行归类。

表 4-7 UML 设计图示归类

	动态信息	静态信息
外部信息	用例图 / 时序图	类图
内部信息	状态机图	类和方法的规格说明

分析对比 UML 图示和 PSP 的 4 种设计模板，可以得出如下的结论：

- UML 的用例图和时序图提供了与 PSP 中 OST 同样的信息；

- UML 中的时序图和类图所描述的类之间的关系以及对象之间的交互信息在 PSP 的 4 种设计模板中没有对应的内容;
- UML 类图中记录了方法的型构,然而方法的行为没有描述,这一点在 PSP 的 FST 中有相应的内容;
- PSP 中的 LST 用以描述程序的静态逻辑,这在 UML 中没有对应的图示方法;
- UML 中的状态机图与 SST 描述的状态图类似,但是 SST 中描述的关于状态、状态转换条件以及状态转换中的动作没有对应的 UML 图示方法。

总之,PSP 的 4 种设计模板与 UML 设计图示方法可以互补,在实际设计过程中,软件工程师可以根据需要选择合适的设计表示方法,并参考表 4-1 检验设计是否完整。

4.4.2 设计的层次

待设计的软件系统往往可以分成多个层次,这就使得需要通过设计展现更加复杂的内容。如图 4-8 所示,大型系统可以划分成若干子系统,每个子系统也可以划分成若干组件,而每个组件还可以划分成若干模块。这就要求软件工程师在不同的设计层次上开展设计工作。

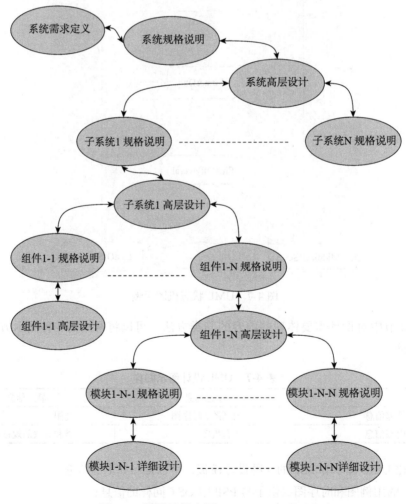

图 4-8　设计的层次图 [Humphrey, 2005]

除了设计工作要在不同的层次展开，用以记录设计的表示方法也需要适应这种多层次的要求。PSP 的 4 种设计模板可以适应这样的要求，在设计的不同层次记录设计的结果。图 4-9 和图 4-10 分别展示了在系统层次和模块层次使用 PSP 的 4 种设计模板的方法。

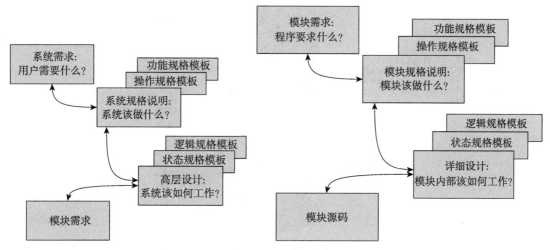

图 4-9　系统层次的设计 [Humphrey, 2005]　　　图 4-10　模块层次的设计 [Humphrey, 2005]

4.5　设计验证方法

为了确保最终产品的质量，PSP 要求在第一次编译或者测试之前发现尽可能多的缺陷。这就要求提升设计评审和代码评审阶段的 Yield。对于代码评审，通过控制评审速度、使用检查表等手段已经可以较好地满足上述目标；然而，对于设计评审而言，仅仅通过上述的手段并不能有效发现缺陷。比如，对于检查表中经常列入的一个检查项"程序逻辑是否正确？"，简单阅读设计文档几乎不可能帮助设计人员做出准确的判断。因此，软件工程师需要一些其他的辅助方法来评审设计结果。下文将介绍几种主要的设计验证方法，分别是状态机验证、符号化验证、执行表验证、跟踪表验证以及正确性检验。

4.5.1　状态机验证

一个设计正确的状态机的状态转换必须满足两个条件，即必须满足完整性和正交性。

状态转换完整性是指对于状态机中任何一个状态，对应的所有条件组合，下一个状态的转换都有定义。状态转换正交性是指对于状态机中任何一个状态，其所有下一个状态的转换条件不能相同。简言之，在一个正确的状态机中，任何一个状态，当对应的条件组合一样时，其下一个状态必须唯一定义。

对于状态机的验证，通常采取如下步骤进行：

1）检验状态机，消除死循环和陷阱状态；

2）检查状态转换，验证完整性和正交性；

3）评价状态机，检验是否体现设计意图。

以 4.3.3 节中的 SST 设计结果为例，转换成相应的状态机图如图 4-11 所示。

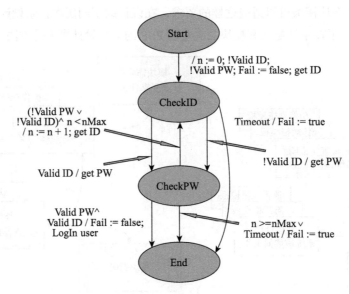

图 4-11　登录模块的状态机 [SEI Slides, 2006]

应用上述状态机验证方法，验证结果如下：

1）检验状态机，消除死循环和陷阱状态。

死循环是指在状态机中存在不能跳出的状态转换回路。在图 4-11 中，状态 CheckID 和 CheckPW 之间存在回路。仔细考察相应的转换条件和动作，CheckPW 回到 CheckID 的时候，试验次数 n 必须小于最大容许出错的次数 nMax，而本身 n 又会递增。因此，最终 n 必将大于或者等于 nMax，此时，CheckPW 状态将转换到 End 状态，也就是跳出循环。通过上述分析，我们知道在图 4-11 所示的状态机图中不存在死循环。

状态机中的陷阱状态是指在状态机中存在某个状态 A，不存在从 A 状态转换到结束状态的路径。同样的，经过仔细考察，在图 4-11 所示的状态机图中，所有状态都可以经由一定的状态转换到达 End 状态，因此，也不存在陷阱状态。

2）检查状态转换，验证完整性和正交性。

状态转换的完整性和正交性是通过考察状态转换条件来检验的。对于简单的条件组合，一般不需要复杂的方法来检验；而对于相对复杂的条件组合，则必须通过一定的方法来检验。通常我们采用真值表的方式来验证转换条件。同样以图 4-11 所示的状态机为例。在该图中，Start 状态到 CheckID 状态，CheckID 状态到 CheckPW 状态的条件都相对简单。而与 CheckPW 状态相关的转换条件则比较复杂，有如下三种情况：

A:（!Valid ID ∨ !Valid PW）∧ n < nMax ∧ !Timeout → CheckID / n := n + 1

B: Valid ID ∧ Valid PW → End / Fail := false and LogIn user

C: n >= nMax ∨ Timeout → End / Fail := true and cut off user

直接就上述三种条件组合进行验证，无法判断出是否满足状态转换的完整性和正交性。因此，我们构建真值表如表 4-8 所示。

表 4-8　真值表示例 [SEI Slides, 2006]

n	< nMax				= nMax				> nMax			
Password	Valid		!Valid		Valid		!Valid		Valid		!Valid	
ID	Valid	!Valid	Valid	!Valid	Valid	!Valid	Valid	!Valid	Valid	!Valid	Valid	!Valid
Next State for Each Defined Transition Condition												
A		CID	CID	CID								
B	End				End				End			
C					End	End	End	End	End	End	End	End
Resulting Values of Fail for Each Defined Transition Condition												
A												
B	F				F				F			
C					T	T	T	T	T	T	T	T

注：CID 是指 CheckID 状态。

在构建真值表的时候，首先要确定条件组合的方式。在上述情况 A、B 和 C 中，涉及条件的有如下情形：

- n，有 < nMax、= nMax 以及 > nMax 三种可能；
- Password，有 Valid 和 !Valid 两种可能；
- ID，有 Valid 和 !Valid 两种可能；
- Timeout，有"是"和"否"两种可能。

这里需要额外处理的是 Timeout，由于一旦出现 Timeout，不管当时是什么状态，系统固定转换到 End 状态，对于这种类型的转换条件，一般不需要在真值表中体现出来。

将条件组合 A 在真值表中描述出来，由于 A 中要求 n<nMax，因此需要填写如表 4-9 所示虚线框中的部分。在该区域，!Valid ID ∨ ! Valid PW 等价于三种情况，即 Valid PW&!ValidID、!Valid PW&Valid ID 以及 !Valid PW&Valid ID。相应的，在上述三种情况和条件 A 相交的 3 个格子中填入下一状态 CID（CheckID）。用同样的方式，可以把条件组合 B 和 C 都填入该真值表中。

表 4-9　真值表填写方式 [SEI Slides, 2006]

n	< nMax				= nMax				> nMax			
Password	Valid		!Valid		Valid		!Valid		Valid		!Valid	
ID	Valid	!Valid	Valid	!Valid	Valid	!Valid	Valid	!Valid	Valid	!Valid	Valid	!Valid
Next State for Each Defined Transition Condition												
A		CID	CID	CID								
B	End				End				End			
C					End	End	End	End	End	End	End	End
Resulting Values of Fail for Each Defined Transition Condition												
A												
B	F				F				F			
C					T	T	T	T	T	T	T	T

注：CID 是指 CheckID 状态。

构建完真值表之后，考察完整性和正交性就非常直观了。在真值表中，完整性是指所有的条件组合都已经定义。因此，只需要考察真值表中从左到右每一列，检查是否都有下一个状态（Next State）。在表 4-9 中，很明显从左到右所有列中都有状态，因此，该真值表满足完整性，也就是说，条件组合 A、B、C 满足完整性。

按照正交性的定义，状态机中任何一个状态，其相应的不同状态转换的条件不能相同。也就是说，在同样的状态转换条件下，必须转换到唯一的下一个状态。在上述表 4-9 中，只需要从左到右检查每一列，看看相应的状态是否一致。可以发现有两处状态转换存在问题，如表 4-10 虚线框所示。在条件组合 n=nMax&Valid PW&Valid ID 以及 n=nMax&Valid PW&Valid ID 时，该状态机尽管都转换到 End 状态，但是其结果一个是成功登录（Fail：= false），一个是失败（Fail:=true）。也就是说，这是两个不同的状态，与状态转换的正交性不符。

表 4-10　通过真值表检验状态转换的正交性 [SEI Slides, 2006]

n	< nMax				= nMax				> nMax			
Password	Valid		!Valid		Valid		!Valid		Valid		!Valid	
ID	Valid	!Valid	Valid	!Valid	Valid	!Valid	Valid	!Valid	Valid	!Valid	Valid	!Valid
Next State for Each Defined Transition Condition												
A		CID	CID	CID								
B	End				End				End			
C					End	End	End	End	End	End	End	End
Resulting Values of Fail for Each Defined Transition Condition												
A												
B	F				F				F			
C					T	T	T	T	T	T	T	T

真值表可以帮助设计人员迅速而可靠地识别状态机设计中的缺陷，并且给出修改的参考。在上述条件组合 A、B、C 中，只需要修改条件组合 B 和 C，使得任何条件组合下下一状态唯一即可。结合设计意图，当目前尝试的用户名和密码达到最大允许出错次数的时候，如果输入正确的用户名和密码，应该仍然允许登录；而一旦超限，则不允许登录。相应的，将 B 和 C 修改成如下形式：

B: Valid ID ^ Valid PW^n<=nMax → End / Fail := false and LogIn user

C: n > nMax ∨ Timeout → End / Fail := true and cut off user

相应的真值表如 4-11 所示。

表 4-11　修改状态转换之后的真值表 [SEI Slides, 2006]

n	< nMax				= nMax				> nMax			
Password	Valid		!Valid		Valid		!Valid		Valid		!Valid	
ID	Valid	!Valid	Valid	!Valid	Valid	!Valid	Valid	!Valid	Valid	!Valid	Valid	!Valid
Next State for Each Defined Transition Condition												
A		CID	CID	CID								
B	End				End							
C						End	End	End	End	End	End	End
Resulting Values of Fail for Each Defined Transition Condition												
A												
B	F				F							
C						T	T	T	T	T	T	T

3）评价状态机，检验是否体现设计意图。

在上述步骤 1）和步骤 2）的基础之上，再对比需求，即可检验状态机是否体现了软件工程师的设计意图。

4.5.2　符号化验证

符号化验证方法的基本思想是将描述设计的逻辑（一般用伪码程序表示）用代数符号来表示，然后系统地开展分析和验证。这种方法通常用在验证一些复杂算法中，特别是对遗留系统的改造中，往往应用这种方法来识别和理解原有的设计。具体步骤如下：

1）识别伪码程序中的关键变量；

2）将这些变量用代数符号表示，重写伪码程序；

3）分析伪码程序的行为。

例如为了交换两个变量中的数据，设计了如下的伪码程序：

```
begin
    X:=X+Y;
    Y:=X-Y;
    X:=X-Y;
end
```

即便对于这样简单的设计，如果直接进行验证，还是不容易确定它是否正确体现了设计意图。采取符号化验证的方法，用代数符号 A 表示变量 X，B 表示变量 Y。重写伪码程序并分析结果，如表 4-12 所示。分析程序的行为，就可以确定这样的伪码设计是否可以体现原先的设计意图。

表 4-12　符号化验证示例 [SEI Slides, 2006]

#	指令	X	Y
	初始值	A	B
1	X:=X+Y;	A+B	
2	Y:=X-Y;		A
3	X:=X-Y;	B	
	结果	B	A

符号化验证的方法实施简单，可以给出一般化的验证结果，很多时候往往是唯一提供全面验证的方式。但是这种验证方法不适用于有复杂逻辑的场合，而且，纯手工的验证方法也容易引入一些人为的错误。

4.5.3　执行表验证

执行表用一种有序的方法来跟踪伪码程序的执行状况，分析程序行为，从而验证设计。这也是一种手工的验证方式。在验证时，需要记录关键变量伴随着伪码程序每一步的执行而产生的变化，从而判断程序行为是否满足最初的设计意图。具体步骤如下：

1）识别伪码程序的关键变量；

2）构建表格，表格左侧填入主要程序步骤，右侧填入关键变量；

3）初始化被选定的变量；

4）跟踪被选择的关键变量的变化情况，从而判断程序行为。

按照上述步骤，对 4.5.1 节相应的伪码设计结果构建的原始执行表如表 4-13 所示。

表 4-13   执行表验证示例 [SEI Slides, 2006]

Cycle		\multicolumn{5}{c}{Function: LogIn}				
#	Instruction	Test	ID	PW	Fail	n
1	Initialize: n := 0; ID: = !Valid; PW := !Valid; Fail := false.	F	!Valid	!Valid	F	0
2	Get user ID.					
3	Repeat the main loop until a Valid ID and password or Fail.					
4	Check ID for validity. {CheckID state}					
5	If no ID response in MaxTime, set Fail := true.					
6	Get password					
7	If no password response in MaxTime, set Fail := true.					
8	If ID Valid, check PW for validity. {CheckPW state}					
9	If PW !Valid or ID !Valid, step the n counter.					
10	If n exceeds nMax, set Fail := true.					
11	Until ID and PW valid or Fail = true.					
12	Otherwise, repeat the main loop					
13	If Fail = true, cut off user, else, log in the user. {End state}					

现在假设有这样的执行场景，第一遍用户提供了正确的 ID，但是密码错误。第二遍用户没有在有效的时间内提供 ID，然而却提供了正确的密码。允许该用户最多尝试登录的次数为 3。使用上述执行表，验证结果如表 4-14 和表 4-15 所示。

表 4-14   执行表验证场景：Valid ID &! Valid PW[SEI Slides, 2006]

Cycle 1: Valid ID & !Valid PW		\multicolumn{5}{c}{Function: LogIn}				
#	Instruction	Test	ID	PW	Fail	n
1	Initialize: n := 0; ID: = !Valid; PW := !Valid; Fail := false.	F	!Valid	!Valid	F	0
2	Get user ID.					
3	Repeat the main loop until a Valid ID and password or Fail.					
4	Check ID for validity. {CheckID state}		Valid			
5	If no ID response in MaxTime, set Fail := true.	F				
6	Get password					
7	If no password response in MaxTime, set Fail := true.	F				
8	If ID Valid, check PW for validity. {CheckPW state}	F		!Valid		
9	If PW !Valid or ID !Valid, step the n counter.	T				1
10	If n exceeds nMax, set Fail := true.	F				
11	Until ID and PW valid or Fail = true.	F				
12	Otherwise, repeat the main loop	T				
13	If Fail = true, cut off user, else, log in the user. {End state}					

表 4-15 执行表验证场景：ID Timeout & Valid PW[SEI Slides, 2006]

Cycle		Function: LogIn				
#	Instruction	Test	ID	PW	Fail	n
1	Initialize: n := 0; ID: = !Valid; PW := !Valid; Fail := false.	F	!Valid	!Valid	F	0
2	Get user ID.					
3	Repeat the main loop until a Valid ID and password or Fail.					
4	Check ID for validity. {CheckID state}	T	Valid			
5	If no ID response in MaxTime, set Fail := true.	T			T	
6	Get password					
7	If no password response in MaxTime, set Fail := true.	F				
8	If ID Valid, check PW for validity. {CheckPW state}	T		Valid		
9	If PW !Valid or ID !Valid, step the n counter.	F				1
10	If n exceeds nMax, set Fail := true.	F			F	
11	Until ID and PW valid or Fail = true.	T				
12	Otherwise, repeat the main loop	F				
13	If Fail = true, cut off user, else, log in the user. {End state}					

应用执行表对上述伪码程序进行验证，我们可以发现如下问题：

- Get user ID 指令应当在循环体内部；
- 在第二遍执行的时候，用户没有输入 ID，但是却成功登录系统，这是一个安全上的缺陷，肯定与设计意图不符；
- 同样的，密码 PW 在循环开始的时候没有初始化。

执行表验证可以用于复杂逻辑的验证，实施简单，结果可靠。然而这种方法也有一些不足，比如每次只能验证一个用例。此外，人工验证既耗时，也容易出错等。

4.5.4 跟踪表验证

跟踪表验证方法是对执行表验证方法的一种扩充。执行表一般只能用以验证单独的用例，跟踪表应用符号化以及用例识别和优化等方法，对程序的一般化行为进行验证，从而可以更加高效地开展验证工作。具体步骤如下：

1）识别伪码程序的关键变量；

2）构建表格，表格左侧填入主要程序步骤，右侧填入关键变量；

3）初始化选定的变量；

4）识别将伪码程序符号化的机会，并加以符号化；

5）定义并且优化用例组合；

6）跟踪选择的关键变量的变化情况，从而判断程序行为。

这种方法解决了单次只能验证一个用例的效率问题，但是，人工验证方式的缺点与执行表验证方法一样。

4.5.5 正确性检验

正确性检验将伪码程序当成数学定理，采用形式化方法加以推理和验证。这种方法的步骤如下：

1）分析和识别用例；

2）对于复杂伪码程序的结构，应用正确性检验的标准问题逐项加以验证；

3）对于不能明确判断的复杂程序结构，使用跟踪表等辅助验证。

这种方法可以应对多种程序结构，这里以典型的 while 循环为例，介绍正确性检验的流程。

典型 while 循环如下：

```
while (condition)
    begin
        states;
    end
```

一个正确的 while 循环设计应当满足如下条件：

- 条件 1：condition 是否最终一定会为"假"，从而使得循环可以结束？
- 条件 2：condition 为"真"的时候，单独的循环结构执行结果与循环体再加一个循环结构的执行结果是否一致？也就是说，上述代码与代码片段

```
states;
while (condition)
    begin
        states;
    end
```

的执行结果是否一致？

- 条件 3：condition 为"假"的时候，循环体内所有变量是否未被修改？

上述 3 个条件必须都满足，才可以确定一个循环结构的设计是正确的。试举如下例子说明正确性检验方法。

假设给定一数 x 和升序排列的数组 a[0..n-1]。应用二分法查找该数组中大于 x 的最小值的位置。

按照二分法设计了如下伪码程序：

```
i = 0;
j = n;
while i <> j
    k := (i + j) div 2;
if a[k] < x, i := k;
else j :=  k;
```

应用正确性检验方法来验证这段伪码，由于循环体比较复杂，难以直接判断，可以通过跟踪表的方式辅助检验。事实上，可以将要检验的用例分成 4 种情况：

1）x 等于数组中第一个数据；

2）x 等于数组中最后一个数据；

3）x 等于数组中除了第一个数据和最后一个数据之外的任何一个数据；

4）x 不等于数组中任何一个数据。

这里以 x 不等于数组中任何一个数据为例，比如 a=<2,3,5,7>，而 x=4。构建跟踪表如表 4-16 所示。

表 4-16　跟踪表 [SEI Slides, 2006]

Cycle: 1 - 4: a = <2, 3, 5, 7>, n = 4, x = 4		Function: Binary Search							
#	Instruction	T/F	i	j	k	i+j	x	a[k]
	Initialize i, j		0	4	0		4	
1	While i <> j	T						
2	k := (i + j) div 2					2	4	5
3	If a[k] < x, i := k	F						
4	Else j := k			2				
5	While i <> j	T						
6	k := (i + j) div 2					1	2	3
7	If a[k] < x, i := k	T	1					
8	Else j := k							
9	While i <> j	T						
10	k := (i + j) div 2					1	3	3
11	If a[k] < x, i := k	T	1					
12	Else j := k							
13	While i <> j	T						
14	k := (i + j) div 2					1	3	3
15	If a[k] < x, i := k	T	1					
16	Else j := k							

　　从上表中可以发现，步骤 9 ~ 12 和步骤 13 ~ 16 产生了一样的结果，而此时的条件判断都是"真"。也就意味着这样的程序是不会终止的。这就与 while 循环应当满足的第 1 个条件矛盾。因此，上述方式实现的二分法是有缺陷的。

本章小结

　　本章首先介绍了 PSP 中设计与质量之间的关系，即充分的设计可以有效提升最终产品的质量。在此基础上，介绍了 PSP 的设计过程。PSP 不关注具体的设计方法，而是关注用以记录设计结果的设计表示方法。

　　PSP 中定义了 4 种设计模板，用以记录完整的设计应当体现的内容。这 4 种模板分别为操作规格模板、功能规格模板、状态规格模板和逻辑规格模板，它们可以应用在软件系统的各个设计层次。

　　UML 作为一种应用广泛的设计图示方法，与 PSP 的 4 种设计模板并不矛盾，相反，这两种设计表示方式可以互补。

　　对于软件系统的设计，简单的评审并不能有效发现设计中的问题，因此需要一些特殊的设计验证方法，本章介绍了几种典型的设计验证方法，分别是状态机验证、符号化验证、执行表验证、跟踪表验证以及正确性检验，并就每种方法的优缺点和适用场合进行了阐述。

思考题

1. 请解释 PSP 中各个设计模板的用途。

2. 请就 UML 中提供的设计图与 PSP 模板所提供的信息进行对比，解释两者的差异之处和互补之处。

3. PSP 中验证设计总共有哪些方法？这些方法各有什么优势和不足。

4. 请解释一个正确的状态机设计应该满足哪些要求？

5. 拟开发一个用于短跑计时的秒表，要求可以同时记录 3 个成绩，按钮不多于 3 个。请分别以 OST、FST、SST、LST 完成该秒表的设计，并对设计结果开展必要的验证工作。

参考文献

[SEI Slides, 2006] SEI PSP 标准课件，2006 年.

[Brooks, 1995] Frederick P. Brooks, JR The Mythical Man-Month.

[Humphrey, 2005]Watts S. Humphrey, PSP A self-Improvement Process for Software Engineers. Addison-Wesley, 2005.

[Booch, Jacobson and Rumbaugh, 2000]Grady Booch, Ivar Jacobson & Jim Rumbaugh（2000）OMG Unified Modeling Language Specification, Version 1.3 First Edition: March 2000. Retrieved 12 August 2008.

第二部分

团队级软件过程

软件开发在绝大多情况下是团队作战。因此，如何组织项目团队以成功地完成一次软件开发将是本部分试图阐述清楚的问题。为了便于学习和理解，本部分又可以细分为4小部分。第1小部分是第5章，主要从工程技术角度描述一个典型的软件过程的各个开发阶段需要关注的方面。有别于传统意义上的技术类教材，本部分不涉及具体技术，更多描述在一个软件项目中容易被忽视的重要方面。第2小部分包括第6～8章，介绍了一个完整的软件项目管理过程，包含项目启动、规划、跟踪管理以及项目总结。第3小部分是第9章，介绍在软件项目中的一些支持类活动，如配置管理、度量和分析以及决策分析等。第4小部分是第10章，着重介绍团队动力学方面的内容。

第 5 章

团队工程开发

5.1 需求开发

需求是一切工程活动的基础。例如，设计活动一定是依据需求而开展的；在产品集成活动中，各个组件之间的接口必须满足事先确定的接口需求，否则会造成接口不匹配；验证（Verification）活动也是检验获得的产品和产品组件能不能满足各自事先定义好的需求规格；确认（Validation）活动是为了确保产品可以满足客户的需求以及实际操作场景的要求。此外，需求也是项目计划活动的关键输入。比如，项目的规模估算、成本估算等必须参考需求来进行。

一般情况下，根据描述需求的方式可以将需求分为三类，即客户需求、产品需求以及产品组件需求 [CMMI, 2006]。这三类需求的组合，刻画了客户或者系统用户的实际需求和所受到的各类限制（例如，时间、预算、遗留系统等）。这里所说的实际需求，既有跟具体生命周期有关的（比如验收测试标准等），也有其他相关的产品属性（比如可靠性、安全性、可维护性等）。简要探讨一下上述的三类需求是有意义的。

客户需求描述的是客户的期望。客户在实际工作中碰到了一些具体问题，希望通过某个软件系统来帮忙解决这些问题。客户的这种解决问题的愿望，往往就表述为客户需求。比如，客户希望有一种快速进行数据计算的工具帮助完成繁琐的计算工作，这就是一个客户需求。客户需求可能很简单，也可能很复杂；可能很清晰，也可能很模糊。这就需要开发团队与客户一起进行交流、协商，从而弄清客户的真正意图。

产品需求描述的是开发团队所提供的解决方案。即针对客户需求，开发团队设计出一个可以帮助客户解决工作中碰到的问题的方案。该方案往往就表述为产品需求。如上例，产品需求就是提供一个可以输入数据，可以选择计算符号，可以显示计算结果的手持设备。产品需求是对客户需求的一个提炼和精化，把客户需求真正表述为开发人员能够理解的语言。同样，产品需求需要进行验证，以确保客户的真实意图得到了体现。

产品组件需求描述的是组成产品的各个组件的需求规格。与产品需求相比，这是在更细小的粒度上，更为细致地描述了上述解决方案中的某个组件的功能、性能、形式等。

所有的开发项目都有需求，在维护类型的项目开发中也是如此。系统的演化往往都是基于对现存系统的需求规格的变化来实现的。不管变化的来源和形式是什么，相应的工程（如设计、实现和验证等）的管理与一般项目的需求变更管理类似。

5.1.1　需求获取

客户所受到的限制也应当作为需求开发过程中需要重点关注的内容。这里的限制往往包括技术、成本、时间、风险、行业规则以及法律法规等。需求获取就是要尽可能识别客户的期望与所受的限制，通常采取所谓的需求诱导方式进行。"诱导"一词的含义不仅仅是普通的需求采集，它隐含了应更加积极地、前瞻性地识别那些客户没有明确表述的额外需求。客户在描述其期望时一般不会非常明确地提出这些额外的需求，然而这些需求却会对整个开发周期以及最终产品产生影响。

上述需求识别的过程，离不开相关干系人的参与。此外，恰当应用识别方法也非常重要。常用的需求识别方法包括：

- 技术演示；
- 项目进展中的评审；
- 调查问卷、访谈或者操作场景说明；
- 操作预演和最终用户业务分析；
- 原型和模型化；
- 头脑风暴；
- 市场调查；
- 逆向工程；
- 业务案例分析，等等。

在获得各种来源于项目干系人的需求信息之后，就可以开发客户需求并将之文档化。这个过程需要适当的整理和整合相关干系人提供的各种信息，还必须要识别和获取缺失的信息。此外，必须要解决各类冲突。客户需求可能包含他们的需要、期望以及和验证与确认相关的限制，在很多情况下，特别是系统规模较大、开发环境较复杂时，这些需求之间的冲突是不可避免的，这就需要开发团队定义相应的需求验证和确认手段，从而消除上述冲突。

客户需求开发完成之后，需要将客户需求转化为产品需求和产品组件需求。在描述客户需求时，为了便于交流，往往会用一些客户业务领域中的术语，这些术语往往可能是一些非技术的描述。对于开发团队而言，还需要将上述客户需求中的描述转化成一些技术的术语，进而基于这些偏技术的需求描述来开展设计工作。这些偏技术描述的需求就是产品需求和产品组件需求。产品需求和产品组件需求应当满足客户在业务、产品等方面的目标以及附属的性能、成本、效率等方面的要求。

基于上述的需求以及初步的设计方案，推导出客户未明确描述的需求。例如，在选定某个技术平台的同时，往往会有一些附属的需求。比如选定了 .Net 这样的实现平台，那么也就意味着服务端必须采用微软的 Windows 系列操作系统。

5.1.2 需求验证

需求获取工作完成之后，还需要对需求进行分析和确认，以确保符合用户或者客户对待开发软件系统的预期。系统地对已经定义的需求开展分析工作，从而确定满足相关干系人的需要、期望、限制及接口的程度，理解待开发系统一旦完成之后对原来的操作环境会产生哪些影响。视产品的范围而定，可行性、任务需要、经费限制、市场潜力及采购策略等都必须纳入考量，并建立必要功能的定义。所有产品的特定使用形式均应考量，并产生对时间敏感的功能顺序的时间点分析。与此活动同时进行的是，依据客户的输入和初步的产品概念，定义用以评估最终产品有效性（是否满足需求）的参考标准。

需求验证过程的典型活动包括以下几个。

（1）建立和维护操作概念和相关的场景

场景一般而言是指使用产品时可能发生的事件顺序，以明确说明关键用户的某些需要。相对的，产品的操作概念通常是依据设计方案和场景而来。例如，卫星的通信产品与地面的通信产品，它们的操作场景类似，但是操作概念是不同的。正如某产品的设计决策可能变成产品组件需求，操作概念也可能变成产品组件的场景。开发操作概念及场景，有利于合理选择产品组件解决方案，从而使得实现后的软件产品符合预期。操作概念及场景描述了软件产品组件与环境、用户及其他软件产品组件的交互关系。通常包括营运、产品展示、交付、支持和维护、培训等，以及所有的模式和状态等相关的操作概念与场景，都应予以描述。

（2）分析需求

分析已识别和定义的需求，以确保其必要性、充分性和平衡。软件项目的相关干系人可以基于操作概念和场景的说明，分析产品架构中某一特定层次（参见 4.4.2 节）的需求，以决定其是否必要且可满足较高层次的目标。经过分析的需求就变成产品架构中较低层次需求的基础，而较低层次的需求通常更详细且精准。

具体而言，可以从如下角度开展需求的分析工作：

- 需要分析关键人员的需要、期望、限制及待开发系统的外部接口，以移除需求冲突。此外，还要兼顾上述各要素之间的平衡。
- 需要前瞻性地分析衍生需求，以确定是否满足产品架构中更高级需求的目标。
- 需要确保需求是完整、可行、可实现以及可验证的。
- 需要识别对成本、日程、功能、风险或绩效有重大影响的关键需求，并且识别和定义一些技术度量方式，以便在开发阶段进行追踪。例如，性能方面的需求往往需要明确量化的指标，如响应时间、同时在线用户数量等。
- 分析操作概念及场景，以细化客户需要、限制及接口，并发现新需求。此分析可能产生更详细的操作概念及场景，同时也会衍生新需求。
- 执行需求及功能架构的风险评估。
- 检查产品生命周期，以分析生命周期对需求相关的风险的影响。

（3）确认需求

确认需求，以确保将要开发的产品能在预期的用户环境中运行并且工作正常。需求确认并不仅仅是项目各方的签字，而是要求应用各种技术手段来判断按照当前定义的需求所开发的最终产品可以满足客户期望。在开发工作的初期，项目小组应该尽可能与最终用户一起开展需求确认工作，使得需求能够正确引导开发工作，提高项目成功的可能。成熟的项目团队通常会以更复杂的方式，应用多种技术，如建模、原型、示范系统、案例分析等来执行需求确认工作。扩大确认的范围，以尽可能包括关键人员的需要和期望。此外，伴随着需求确认工作的开展，还需要就每项关键需求相关的风险进行考察，从而使得产品最终能够满足客户的期望。

5.1.3　需求规格文档制作

需求开发工作完成的一个基本标志是形成了一份完整的、规范的、经过评审的需求规格文档。需求规格文档的编制是为了使用户和软件开发者双方对该软件的初始规定有一个共同的理解，使之成为整个开发工作的基础。定义适用的需求规格文档模板，可以大大提升需求文档制作的效率。

5.1.4　优秀需求规格文档的特征

一般而言，一份完整的需求规格文档应当满足如下的特征 [SRS 2009]：

1）内聚。需求规格描述应当尽可能内聚，即仅仅用以说明一件"事情"。

2）完整。需求规格描述应当完整，不能遗漏信息。

3）一致。需求规格描述的各个条目和章节不能互相矛盾，而且与所有外部的参考资料之间也应当消除矛盾之处。

4）原子性。在需求规格描述过程中，应当尽可能避免连接词的使用。如果需要描述多项内容，可以分别用简单语句加以描述。

5）可跟踪性。客户需求、产品需求以及产品组件需求必须可以双向跟踪，即客户需求的任何内容，都应当在产品需求和产品组件需求中得到体现。反之，产品组件需求的每一项描述也要可以跟踪到客户需求中的内容。

6）非过期特征。需求描述的内容必须体现相关干系人对于项目的最新认识，即不能包含已经废弃的需求定义。

7）可行性。需求规格描述的各项内容应该在项目所拥有的资源范围内可以实现。

8）非二义性。需求规格描述应当尽可能清晰、客观，不能有含糊不清或者可以有多种理解的情形。

9）强制性。需求规格描述的内容应当体现强制性，即需求规格描述的内容的任何一项缺失，都会导致最终产品不能满足客户期望。因此，可选的需求内容要么不要出现，要么以明确的方式标注。

10）可验证性。需求规格描述应当便于在后期开发过程中进行验证，即实现该需求与否，应该有明确的判断标准。

上述这些特征可以作为需求评审时的检查项，用以帮助发现需求规格文档中的问题。

5.1.5 需求规格文档的表示方法

需求规格文档的组织方式可以参考如表 5-1 所示的模板。在实际项目开发过程中，项目小组可以自行定义合用的需求规格文档模板。对于需求规格文档模板中的功能规格可以用多种方式灵活定义。典型的方式有原型法描述、结构化分析方法描述、用例（user case）描述、可测试需求列表描述等，下面简单介绍它们。

表 5-1　需求规格文档模板

1. 引言
2. 系统定义
3. 应用环境
4. 功能规格
5. 性能需求
6. 实现约束
7. 质量描述
8. 其他要求
9. 参考材料
10. 签字确认

（1）原型法描述

按照用户的需要，快速形成一个操作流程界面，该界面没有具体的功能实现，只体现静态操作流程与操作结果，便于跟用户讨论。根据讨论结果，快速修改、确定需求规格。这种方式适合待开发软件系统包含大量页面与页面跳转的情形。最后描述的需求规格往往以页面为单位，描述页面支持的各项操作和操作结果。大部分基于 Web 的 BS 架构的系统都可以用这种方式描述需求规格。

（2）结构化分析方法描述

结构化分析方法是 20 世纪 70 年发展起来的面向数据流的分析方法和表示方法，是一种自顶向下逐步求精的方法，一般采用上下文图、数据流图、数据字典以及系统流程图等方式描述软件对外的交互和软件内部数据传递、变换的关系。

- 上下文图用以描述系统的用户与系统之间的交互方式。
- 数据流图用事先定义好的描述软件系统逻辑模型的图形符号来描述系统内部的数据流。
- 数据字典描述系统中涉及的每个数据，是数据描述的集合，通常配合数据流图使用，用来描述数据流图中出现的各种数据和加工。
- 系统流程图用图形化符合描述物理系统中的各个元素，表现各个元素之间的信息流动情况，体现系统处理数据的流程。

（3）用例描述

该方法所描述的需求规格适应面向对象分析与设计的要求，展示了外部行为者所观察到的系统将提交的功能。具体内容参见 4.4.1 节中的介绍。

（4）可测试需求列表描述

可测试需求列表描述是采用逐层分解的方式来获得需求的精确定义。一般采用三层来定义，第一层描述系统的状态和数据输入，第二层描述需求相关的条件或者操作，第三层描述明确的操作结果。如图 5-1 所示，其中第三层的明确操作结果是一个不需要继续分解的需求描述。判断是否需要分解的标准就是是否可以据此写出独立的测试用例，这也是"可测试需求"这一说法的来源。

这种描述需求规格的方式除了可以系统定义需求之外，还可以用作软件系统规模估算的依据。此外，简单修改可测试需求的第三层描述，就可以定义测试用例。

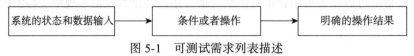

图 5-1　可测试需求列表描述

5.2　团队设计

在需求开发工作完成之后，就需要开展设计工作。关于软件设计的方法和过程在本书第
4 章已经有详细的介绍，此处不再赘述。然而，团队形式的设计工作与个体设计还是有一些
不一样的地方，比如团队智慧的使用、设计标准、设计复用、设计的可测试性支持以及设计
的可用性支持等要求。

5.2.1　团队智慧

每个团队成员都有不同的知识背景和工作经验，因此，如果设计工作中可以充分发挥每
个人的特长，往往会对项目带来极大的帮助。然而，设计工作面临的一个很大挑战是在确定
整体架构之前很难进行分工；而缺乏合理的分工就不可能充分发挥团队智慧。对于该问题的
处理办法视软件系统的规模而定，可以选择适当人数（也可以是全体成员）的团队成员参与
整体架构的开发，而其他人员参与架构的评价和关键技术问题的验证。

发挥团队智慧的另外一个问题是鼓励团队成员在讨论和评审会议中积极参与。由于各种
原因，如掌握项目信息的差异和个人知识背景的差异，在讨论会议中，有些团队成员倾向于
主导会议讨论，而有的团队成员则不愿意发表见解。这就需要会议的协调者，特别是项目组
长或者设计工作的负责人，采取适当的方法来调动整个团队的参与。例如，通过轮流询问的
方式来鼓励所有团队成员的参与等。

5.2.2　设计标准

团队设计当中非常重要的一点就是定义合适的团队设计标准。设计标准有很多类型，典
型标准包括命名规范、接口标准、系统出错信息和设计表示标准等。下面简要介绍它们。

（1）命名规范

项目小组应当设计一个统一的命名规范来命名各个模块并建立系统词典，用以描述各个
模块。系统词典在整个系统的设计、实现以及支持文档的开发过程中要时刻保持可用状态。
此外，还需要通过命名规范来约定系统的架构类型和名称，典型的包括系统、子系统、组件、
模块、程序等。在编码过程中程序的命名、文件的命名、变量的命名以及参数的命名等都需
要通过命名规范加以定义。

（2）接口标准

组件之间的接口标准和格式也需要作为设计标准的内容之一加以定义。事实上，软件工
程的一些设计原则，如高内聚、低耦合等也应当作为接口标准定义的内容，从而约束模块之
间信息交互的方式。

（3）系统出错信息

系统异常信息和出错信息往往也需要通过一个规范加以标准化，从而使得出错信息有个
一致的、便于理解的描述。此外，也便于在设计和开发中复用。

（4）设计表示标准

设计表示标准定义了设计工作的产物应当满足的标准。这有可能是所有设计标准中最为

重要的一项内容。在设计表示标准的定义中，必须明确给出完整而准确地表示设计结果的标准，从而帮助项目团队用一致的方式来表现其设计结果。在 4.3 节中介绍的 PSP 设计模板可以作为设计表示标准的基础，项目小组可以基于 4 个设计模板，再参考设计的层次，合理定义团队设计表示的标准。

5.2.3 复用性考虑

在设计阶段必须充分考虑复用的可能。复用可以显著提升团队生产效率和质量水平。然而，复用的机会并不是偶然发生的，需要设计人员尽可能在项目早期加以考虑。"Design For Reuse"被很多软件工程方法识别为最佳实践，这句话深刻体现了在设计的时候需要为了创造复用机会而有一些特别的考虑。

为了支持复用，软件项目团队需要建立一套复用管理流程，具体而言，包括复用接口标准、复用文档标准和复用质量保证等机制 [Humphrey, 2000]。

（1）复用接口标准

在识别可复用组件的时候，需要以高内聚、低耦合的设计思想来设计可复用组件。另外，为了便于使用，还得定义复用组件的接口标准，比如参数、变量、返回值以及异常消息的格式与命名等。

（2）复用文档标准

软件工程师在识别复用组件时，往往直接研究代码，这相当耗时。因此，大部分软件工程师倾向于使用自己开发的复用组件。在团队开发中，为了尽可能提升复用机会，对于可复用组件必须提供详细支持文档，以便于团队其他人使用。在文档中需明确组件功能、调用方式、返回值类型以及可能的异常信息。此外，项目团队应当为复用文档定义一个统一的模板和标准。

（3）复用质量保证

复用组件由于有可能在整个系统的多处被使用，所以它的质量尤其重要。否则，复用组件中的一个错误会传播到软件系统各处。为了获得较高的组件质量，建议采用高质量过程来开发，如 PSP2.1 过程。另外，还得对待复用组件进行充分的测试，根据过程数据来判断复用组件的质量。

此外，复用组件的质量还体现在接口标准化、代码规范、架构清晰、注释翔实等方面。只有这些要求都达到了，复用才能真正体现其价值。

5.2.4 可测试性考虑

设计的可测试性考虑主要体现在两方面：一是要尽可能减少测试代码的数量；二是要便于制定合理的测试计划。减少测试代码的数量主要通过合理的架构设计来体现；而合理的测试计划对于可测试性的帮助往往容易被忽视。事实上，充分开展测试计划工作，往往可以在计划阶段就发现相当多的缺陷，甚至比真正的测试工作发现的缺陷还要多。完整的设计工作和操作场景定义，有助于更好地开展测试计划工作。

5.2.5　可用性考虑

可用性的问题应当在设计阶段就开始考虑，而不能推迟到实现阶段。为了使实现后的软件产品可用性更强，需要软件设计团队在设计的过程中，针对每一个关键功能定义操作概念和操作场景。然后分析操作场景，以确保软件系统开发完成之后能够让使用者满意。如果不确信这一点，可以邀请最终用户参与场景的评审，使用模拟、原型等技术，更好地把握用户的真实意图。

5.2.6　设计的文档化

设计的文档表示方法可以参考本书第 4 章。此处给出一个设计文档化的模板供参考，如表 5-2 所示。

表 5-2　设计文档化的模板

1. 引言
2. 设计文档目的
3. 问题陈述
4. 团队信息
5. 高层设计
a) 系统架构
b) 组件分配表
c) 功能规格说明
d) 操作场景
e) 各个模块工作方式的伪码描述
f) 用户界面
6. 详细设计
a) 状态机设计
b) 模块内部工作方式的伪码描述
7. 限制条件
a) 标准兼容
b) 硬件限制
c) 开发限制
8. 参考材料

5.3　实现策略

团队实现过程中，应当与设计策略保持一致。具体而言，应当关注如下三点：评审的考虑、复用策略以及可测试性考虑 [Humphrey, 2000]。

5.3.1　评审的考虑

在设计过程中，采取的基本策略是自顶向下、逐层精化，这有利于建立系统的整体观。然而，在实现过程当中，应当更多地考虑是否便于对实现结果进行评审。因此，建议自底向上进行实现。按照这种策略，在实现的过程中优先实现底层的内容，然后评审这些底层的模块，以确保其质量。待实现了有着坚实质量基础的模块之后，再进行高层实现。

此外，这种策略还有利于复用策略的应用。已经实现了的底层模块有着更多被复用的机会。（读者可以想想为什么。）

5.3.2　复用策略

除了上述的自底向上实现策略来支持复用之外，为了更加有效地支持复用，还需要其他的一些实践。例如，编码注释的应用和每天站立式会议的应用。编码注释应当使用统一的格式，在每个源码文件的开头明确提供有利于复用的重要信息，如功能、调用方式、异常信息等。必要时，可以结合一些自动化工具来自动收集这些信息，便于管理和查询。

每天进行站立式会议是有效提升复用机会的手段。在会上，团队成员可以讨论实现计划，识别可复用组件，了解现有的复用组件库中的内容，从而在设计和实现当中抓住复用机会。

5.3.3　可测试性考虑

实现阶段对于可测试性的考虑主要体现在实现的计划必须与测试计划一致，以避免进行集成测试的时候因部分模块没有实现带来不便。

5.4　集成策略选择

产品集成的目的是将开发完成的产品组件拼装成产品，确保已集成的产品能正确地运作。产品集成是依据已定义的集成顺序（通常由测试计划定义）与流程，在某个阶段或渐进的多个阶段，组合产品组件以达成完整的产品集成。产品集成的关键是管理产品与产品组件的内部与外部接口，以确保接口间的兼容性。

此外，根据项目的特点以及各个产品组件的质量状况，产品集成过程也需要一定的策略。典型的策略包括大爆炸集成、逐一添加集成、集簇集成以及扁平化集成等 [Humphrey, 2000]。

5.4.1　大爆炸集成策略

该策略将所有已经完成的组件放在一起，进行一次集成。这是一种看起来非常有吸引力的策略，因为这有可能是需要的测试用例最少、每个用例测试次数最少的一种方式。然而，这需要所有待集成的产品组件都具有较高的质量水平，否则，难以定位缺陷位置的缺点会使得该策略消耗很多测试时间。而且，系统越复杂、规模越大，该问题越突出。

5.4.2　逐一添加集成策略

该策略与上述的大爆炸集成策略完全相反，采取一次添加一个组件的方式进行集成。因此其优点就在于很容易定位缺陷的位置，特别在产品组件质量不高的情况下，每次集成之前都有着坚实的质量基础。但是，该方法的缺点也很突出，因为这可能是需要测试用例最多的一种策略，而且大量的回归测试也会消耗很多时间。

5.4.3　集簇集成策略

集簇集成策略是对逐一添加集成策略的改进。简单地随机选择产品组件进行集成并不合理，为了提升测试效率，往往会把有相似功能或者有关联的模块优先进行集成，形成可以工作的组件，然后以组件为单位继续进行较高层次的集成。此外，这种策略还有一个好处，就是可以尽早获得一些可以工作的组件，有利于其他组件测试工作的开展。但是，这种策略的缺点是过于关注个别组件，缺乏系统的整体观，不能尽早发现系统级的缺陷。

5.4.4　扁平化集成策略

该策略要求尽快构建一个可以工作的扁平化系统。也就是说，优先集成高层的部件，然后逐步将各个组件、模块的真正实现加入系统。这种方式可以尽早发现系统层面的缺陷。然而，该策略的缺陷是，为了确保完成系统，需要大量地打"桩"（stub），即提供一些直接提供返回值的伪实现。这种测试方式往往不能覆盖整个系统应该处理的多种状态。

5.5　验证与确认

验证（verification）和确认（validation）都是为了提升最终产品的质量而采取的措施。

尽管通常是在软件测试中涉及验证和确认（V&V）的概念，然而事实上这两者在整个软件开发过程当中都会涉及。

5.5.1　差别与联系

验证和确认的目的不同。验证的目的是确保选定的工作产品与事先指定给该工作产品的需求一致，这里的需求绝大多数情况下是指产品需求以及产品组件需求；确认的目的则是确保开发完成的产品或者产品组件在即将要使用该产品或者产品组件的环境中正常工作。因此，验证关注的是是否正确地把软件产品开发出来，即与需求规格一致；确认关注的是是否开发了恰当合适的软件产品，即是否能帮用户解决实际问题。

另一方面，验证和确认又是相互依存、关系紧密的两个活动。验证活动的依据来源于确认的目标，即产品组件需求必须与客户需求一致；验证活动为确认活动提供了前提条件，在完成产品和产品组件需求之前，考察客户需求是否得到满足是没有意义的。

5.5.2　验证与确认活动

评审和测试是开展验证与确认活动的主要手段。事实上，尽管两者的目的有着显著差异，但是实际的工作流程往往比较相像。典型活动包括环境准备、对象选择、活动实施以及结果分析等。

（1）环境准备

不管是验证工作还是确认工作，环境非常重要。对于验证工作来说，如果是同行评审，就需要准备文件材料、人员以及会议场所等；如果是测试，则可能需要模拟器、场景生成程序、环境控制以及其他系统接口等。对于确认工作而言，环境的准备往往更加重要，因为确认工作考察的是在真实环境中产品是否工作正常，所以要求尽可能模拟真实环境和场景。如果是模拟环境，则需要开展分析工作，以弄清模拟环境与真实环境的差别以及对测试结果的影响。

（2）对象选择

不是所有的工作产品都需要进行验证和确认。在项目计划阶段就应当建立起相应的验证计划和确认计划。这里需要明确两个不同的概念，即产品和工作产品。产品是面向客户的、需要向客户提交的工作结果；而工作产品则往往是过程的直接结果。并不是所有的工作产品都需要向客户提交，因此，产品一定是工作产品，而反之则不成立。验证活动的对象往往从工作产品中选择，而确认活动的对象则从产品中选择。

（3）活动实施

验证和确认的活动主要就是评审和测试。一般情况下，可以将整个项目生命周期中早期对产品需求的评审工作和最后的验收测试作为确认工作，而其他的评审和测试工作当成是验证工作。当然，严格地区分某个活动是验证活动还是确认活动，还是应该从活动本身的目标出发。

（4）结果分析

对于验证和确认工作的结果需要进行适当分析，以找出潜在问题和改进机会。如对于设计规格说明书，除了评审工作之外，应当分析一下设计过程的有效性，预测设计规格说明书中还隐藏的缺陷。对于验收测试结果的分析，往往可以重点考察那些一直遗留到验收阶段才发现的缺陷，看看这些缺陷在什么阶段引入，分析在上游开发阶段未能发现和消除的原因等。

本章小结

本章从工程技术角度介绍了以团队形式进行工程开发的一些要点，具体包括需求开发、团队设计、实现策略、集成策略和验收与确认工作。

团队形式的需求开发要注意客户需求、产品需求以及产品组件需求三者的区别和联系，要建立起三者之间的双向可跟踪性。

团队形式的设计工作要注意充分发挥团队所有成员的技能。此外，为了支持团队工作，必须制定设计的标准和设计表现形式的标准。此外，在设计过程中，要注意复用、可测试性和可用性的支持。

团队形式的实现也需要注意策略的使用。具体而言，采取自底向上的策略便于对实现结果开展评审；实现时要建立便于复用的机制；此外，还要注意实现计划应当与测试计划相一致。

团队集成测试的策略往往有四种，分别是大爆炸策略、逐一添加策略、集簇策略和扁平化策略。每种集成策略各有优势，项目小组可以根据开发计划、组件质量、客户期望等要素，合理选择集成测试的策略。

验证和确认是相互依存、关系紧密的两个活动，实现的手段往往都是评审和测试，但是它们的目的不同。验证的目的是确保正确地地把软件产品开发出来，即与需求规格一致；确认关注的是是否开发了恰当的软件产品，即是否满足操作的要求。

思考题

1. 请解释客户需求、产品需求和产品组件需求的区别和联系。
2. 简要说明需求获取有哪些方式，需求验证需要验证哪些内容。
3. 以团队的形式进行设计工作有哪些注意事项？
4. 以团队形式进行实现有哪些策略上的考虑？为什么？
5. 产品集成有哪些典型的策略？各有什么优缺点？
6. 请举例说明验证和确认的区别和联系。

参考文献

[CMMI, 2006] CMMI® for Development, Version 1.2, CMU/SEI-2006-TR-008.

[Wiki, 2009] 维基百科 Requirement 词条，http://en.wikipedia.org/wiki/Requirement.

[Humphrey, 2000] Watts S. Humphrey, Introduction to the Team Software Process, Addison-Wesley, 2000.

## 第 6 章

团队项目规划

6.1 工作分解结构与范围管理

工作分解结构（Work Breakdown Structure，WBS）是以可交付成果为导向的对满足项目目标和开发交付产物的项目相关工作进行的分解。它归纳和定义了项目的整个工作范围，每下降一层代表对项目工作的更详细定义 [PMBOK, 2008]。WBS 处于计划过程的中心，是控制项目范围以及制定进度计划、资源需求、成本预算、风险管理计划和采购计划等的重要基础。

WBS 具有如下作用：

- WBS 提供了项目范围基线，是范围变更的重要输入；
- WBS 可以展现项目整体观，使得项目团队成员可以集中注意力在项目的目标上；
- WBS 为开发项目提供了一个整体框架，防止遗漏项目的可交付成果；
- WBS 使得项目中各个角色的责任更明确，帮助项目团队建立和获得项目成员的承诺；
- WBS 为评估和分配任务提供具体的工作包的定义，工作包可以分配给项目某个成员或者另外一个团队；
- WBS 是进行估算和编制项目日程计划的基础；
- WBS 可以帮助项目团队理解工作内容，分析项目的风险。

6.1.1 WBS 表示方式

WBS 是树形结构，其表示方法主要有两类，分别为树形层次结构和清单型层次结构。如图 6-1 所示就是按照项目生命周期的各个开发阶段分解创建的 WBS。

将上述的树形结构层次图简单改写就可以形成类似书本目录结构一样的清单型 WBS。需要注意的是，对于 WBS 中的每个元素都需要建立相应的 WBS 词典。WBS 词典可以提供每个节点更加详细的信息，包括：

- 标志号；
- 工作描述；

- 负责的组织 / 个人;
- 进度里程碑清单;
- 相关的进度活动;
- 所需的资源;
- 成本估算;
- 质量要求;
- 验收标准;
- 技术参考文献;
- 合同信息,等等。

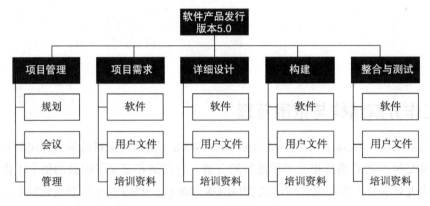

图 6-1   WBS 按照开发阶段划分的树形层次图 [PMBOK, 2008]

6.1.2   创建 WBS 的方法

创建 WBS 是指将复杂的项目逐步分解为一系列明确定义的工作任务并作为随后计划活动的指导文档。分解就是把项目可交付成果划分为更小的、更便于管理的组成部分,直到工作和可交付成果被定义到工作包的层次。对工作分解结构上层的组成部分进行分解,就是要把每个可交付成果或子项目都分解为基本的组成部分,即可核实的产品、服务或成果 [PMBOK, 2008]。分解的方式有多种,如按产品的物理结构分解、按产品的功能分解、按生命周期分解、按项目团队的地域分布分解以及按项目的各个目标分解等。

要把整个项目工作分解成工作包,一般需开展下列活动 [PMBOK, 2008]:

- 识别和分析可交付成果及相关工作;
- 确定工作分解结构的结构与编排方法;
- 自上而下逐层细化分解;
- 为工作分解结构组成部分制定和分配标志编码;
- 核实工作分解的程度是必要且充分的。

创建 WBS 时往往需要参考一定的指导方针。项目管理协会的《工作分解结构实践标准》(第 2 版)[WBS, 2006],是创建、开发和应用工作分解结构的指南。该标准列举了一些具体行业的工作分解结构模板,可对这些模板进行适当"剪裁",以应用于特定应用领域的具体项目。一些其他组织或者机构也提供了一些指南,比如美国国防部就有 MIL-HDBK-881A 之类的指导方针用于创建项目的 WBS。此外，项目团队也可以借鉴现有的 WBS 分解结果，采用类比方法，参考其他项目的 WBS 结构创建新项目的 WBS。这种方法在新项目与原有项目采取类似生命周期模型时效果较好。

创建完成的 WBS 应当满足如下一些基本要求：

- 最底层要素不能重复，即任何一个工作包应该在 WBS 中的一个地方且只应该在 WBS 中的一个地方出现；
- 所有要素必须清晰、完整定义，即相应的数据词典必须完整定义；
- 最底层要素必须有定义清晰的责任人 / 团队，可以支持成本估算和进度安排；
- 最底层的要素是实现目标的充分必要条件，即项目的工作范围得到完整体现。

6.1.3　范围管理

项目范围管理包括确保项目做且只做成功完成项目所需的全部工作的各过程。管理项目范围主要在于定义和控制哪些工作应包括在项目内，哪些工作不应包括在项目内 [PMBOK, 2008]。WBS 为范围管理提供了基准。

项目往往是为完成产品或服务所做的临时性和一次性的努力。相应的，范围概念包含两方面：一个是产品范围，即产品或服务所包含的特征或功能；另一个是项目范围，即为交付具有规定特征和功能的产品或服务所必须完成的工作 [PMBOK, 2008]。范围管理保证项目包含了所有要做的工作，而且只包含要求的工作。范围管理基本内容包括：收集需求、定义范围、创建 WBS、核实范围和控制范围变更等。收集需求、定义范围和创建 WBS 前文已有介绍，此处不再赘述。

（1）核实范围

核实范围是正式验收项目已完成的可交付成果的过程。核实范围包括与客户或干系人一起审查可交付成果，确保可交付成果满足事先定义的完成标准，并获得客户或干系人的正式验收确认。核实范围与质量控制的不同之处在于，核实范围主要关注可交付成果的验收，而质量控制则主要关注可交付成果是否正确以及是否满足质量要求。质量控制通常先于核实范围进行，但二者也可同时进行 [PMBOK, 2008]。

（2）控制范围变更

控制范围变更是监督项目和产品的范围状态、管理范围基准变更的过程。对项目范围进行控制，就必须确保所有请求的变更、推荐的纠正措施或预防措施都经过正式的变更控制过程的处理。在变更实际发生时，也要采用范围控制过程来管理这些变更。控制范围过程需要与其他控制过程整合在一起。未得到控制的变更通常称为项目范围蔓延。变更不可避免，因而必须强制实施某种形式的变更控制 [PMBOK, 2008]。

6.2　开发策略与计划

开发策略是在产品组件需求基础之上，明确每个产品组件的获得方式与顺序，从而在项目团队内部建立起大家都理解的产品开发策略。很明显，开发策略将决定项目的开发计划。在识别开发策略的时候，需要注意如下事项：

- WBS 的使用。WBS 定义了项目的范围。基于该范围定义的工作内容，可以估算项目总的资源需求。项目的开发策略必须与项目总的资源需求以及项目团队可以提供的资源水平相一致。例如有的团队成员暂时在外出差，那么在制定开发策略和开发计划的时候，就应当考虑这种影响。

- 产品组件开发顺序的考虑。产品组件的开发顺序受到多种因素的影响。例如为了演示软件系统，往往需要在一个固定的时间之前完成该系统最为出彩的部分，或者系统客户希望逐步导入完整系统的各个部分，那么开发的顺序就应当与这些要求相一致。此外，从系统本身的特点出发，往往也需要对产品组件的开发顺序有一些考虑，这些都将影响整个项目的开发策略。

- 产品组件获得方式的考虑。产品组件的获得方式有多种。例如可以通过自主开发获得产品组件，也可以通过购买 COTS（现货供应，不需要修改）软件获得产品组件，还可以修改原有的组件获得新的产品组件。此外，如果软件系统规模较大，还可以通过外包方式把其中一部分产品组件交给供应商开发。各种方式都伴随着相应的风险和机会，因此在制定产品开发策略时，应该充分进行分析，找到最为合适的方式。

6.3 生命周期模型选择

项目开发所使用的生命周期模型取决于具体项目，建议尽可能采用与瀑布模型相似的工程阶段划分。下面介绍几种典型模型。

1. 瀑布型（Waterfall）

在软件开发中，从需求分析、定义、设计、实现、测试到运行维护阶段的过程中，前一工程的输出作为后续工程的输入。在任何阶段后期都可以进行回溯，以解决本阶段开发过程中出现的新问题。

2. 螺旋型（Spiral）

这是一种演化软件开发过程模型，它兼顾了快速原型的迭代特征以及瀑布模型的系统化与严格监控。螺旋模型最大的特点在于引入了风险分析，使软件在无法排除重大风险时有机会停止，以减小损失。同时，在每个迭代阶段构建原型是螺旋模型用以减小风险的途径。

3. 原型法（Prototyping）

在正式进行开发之前，建立原型。原型往往是待开发软件的不完整版本，模拟了最终软件的某些方面，借以弄清需求、探索技术路线等。按照类型划分，原型可以区分为抛弃型、演化型、增量型以及极限型等。

事实上，目前在生命周期模型的选择上，增量型开发、小周期多次交付渐渐成为一种趋势。这种方式可以显著降低项目风险，适应软件项目多变的环境。上述的三种典型生命周期模型都可以支持增量型方式。对于瀑布模型而言，大部分增量开发的某个开发周期内，就是一个小型的瀑布型生命周期；对于螺旋型开发而言，本身就是增量模型；而原型法事实上也是一种增量的实现。

6.3.1　生命周期典型阶段描述

典型的生命周期步骤可以划分为项目启动、项目策划、需求开发、技术实现、集成与测试、交付与维护以及项目总结等阶段；同时，贯穿于这些阶段的，还包括需求管理、风险管理、配置管理、验证和确认等开发活动。如图 6-2 所示。

各开发阶段和活动说明如下。

1. 项目启动阶段

本阶段的主要任务如下：

- 组建项目开发团队；
- 定义团队中的角色，明确各个角色的职责；
- 识别和定义项目的开发目标；
- 明确项目的大致内容；
- 定义团队工作方式和制度（例如例会制度、沟通制度等）。

一般情况下，通过项目启动会议来达成上述目标。

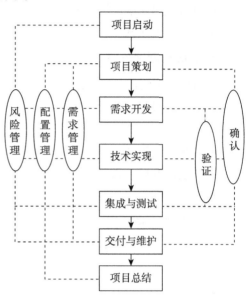

图 6-2　典型的生命周期各个开发阶段

2. 项目策划阶段

本阶段的主要任务如下：

- 制定开发策略；
- 确定开发生命周期模型；
- 在理解客户要求的基础上进行充分估算；
- 基于上述估算结果，制定项目的日程计划；
- 制定项目的质量管理计划；
- 制定项目的风险管理计划；
- 制定项目的配置管理计划；
- 准备项目开发所需的文档模板。

3. 需求开发阶段

本阶段的主要任务如下：

- 与客户沟通，弄清客户意图；
- 在必要情况下开发部分原型系统，并在此基础上与客户进行讨论；
- 整理需求采集报告，形成文档，尤其要注意使用场景的描述；
- 在理解客户需求的基础上，形成项目小组能够理解的需求；
- 按照可测试需求的要求撰写需求分析报告；
- 对需求分析报告进行评审，确保需求本身的一致性，确保与客户要求的一致性。

4. 技术实现阶段

本阶段的主要任务如下：

- 在需求分析报告的基础上，进行设计工作；
- 制作设计文档，注意设计文档的完整性和一致性；
- 开展设计评审工作，确保设计与需求的一致性；
- 依据设计文档进行编码；
- 开展编码评审工作，确保编码与设计一致；
- 进行单元测试。

5. 集成与测试阶段

本阶段的主要任务如下：
- 开展接口测试；
- 开展集成测试；
- 开展系统测试；
- 必要时开展验收测试；
- 制作测试报告。

6. 交付与维护阶段

在产品交付后，必要时对产品的品质、功能、性能等提供维护和更新。这方面的工作以与客户约定为准。

7. 项目总结

本阶段的主要任务如下：
- 整理各人的日志记录；
- 以会议形式讨论项目得失；
- 制作项目总结报告。

6.3.2 裁减约定

上述的阶段中，技术实现阶段和集成与测试阶段包含了若干子阶段，在项目开发过程中可以根据实际情况进行裁减。典型的裁减包括：
- 技术实现中的设计子阶段，在某些场合需要区分高层设计和详细设计，可以依据项目实际情况进行判断，合并成一个设计子阶段；
- 集成与测试阶段包含了若干测试子阶段，某些场合下接口测试可以与集成测试合并；某些场合下系统测试与验收测试也可以合并；
- 其他需要裁减的场景，例如，为了与客户方的开发阶段相兼容而进行的裁减。

6.3.3 V 字形开发阶段对应关系

项目开发阶段之间有对应的参照关系，一般用所谓的 V 字形来体现。因此，V 字形事实上并不是一个新的生命周期模型，而是指 V 字形右边阶段工作的目标是验证产品是否符合相应左边阶段工作的产物。比如集成 & 系统测试就是测试产品是否满足需求开发形成的需求分析报告所描述的要求。图 6-3 以 V 字形描述了开发阶段之间的对应关系。

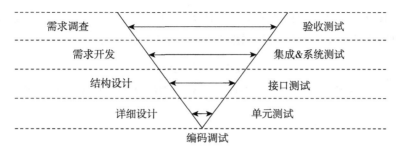

图 6-3　V 字形开发阶段的对应关系图

6.4　日程计划原理和方法

提到项目的计划，需要明确两个概念，任务计划和日程计划。前者描述了项目所有的任务清单、任务之间的先后顺序以及每个任务所需时间资源；后者描述了各个任务在日程上的安排，即各个任务计划哪天开始和哪天结束。这两个计划必须要一致，否则容易导致计划不合理现象。

统一上述两类计划的方法比较简单，只要再制定一个团队成员的资源计划，即描述在未来一段时间内每个团队成员提供的有效工作时间，结合任务计划即可定义日程计划。举例介绍如下。假设有任务 A ～ G，每项任务所需时间也已经确定，就可以建立如表 6-1 所示的任务清单。为了介绍方便，任务之间的顺序即为 A ～ G 排列。

表 6-1　任务清单

任务	需要时间资源（小时）	累计时间资源（小时）
A	2	2
B	3	5
C	3	8
D	4	12
E	6	18
F	2	20
G	7	27

再假设要完成这些任务的某软件工程师在未来数天每天有效时间为 4 小时。那么同样可以列出资源清单，如表 6-2 所示。

表 6-2　资源清单

日期（第 X 天）	时间资源（小时）	累计时间资源（小时）
1	4	4
2	4	8
3	4	12
4	4	16
5	4	20
6	4	24
7	4	28

此时，只需要对比任务清单和资源清单上的累计时间资源，就可以迅速找到每一项任务

完成的日期。其方法就是找到任务清单每个任务后的累计时间资源，然后在资源清单上找到第一个超过的累计时间资源所对应的日期即可，如表6-3所示。

表6-3 日程计划

任务	需要时间资源（小时）	累计时间资源（小时）	开始时间（第X天）	完成时间（第X天）
A	2	2	1	1
B	3	5	1	2
C	3	8	2	2
D	4	12	3	3
E	6	18	4	5
F	2	20	5	5
G	7	27	6	7

如果是团队形式的日程计划安排，那么还需要考虑其他因素，典型的包括资源平衡和资源同步。资源平衡要求项目团队结合每个团队成员的工作效率、工作内容以及资源水平，找到一个时间点，让所有团队成员几乎同时完成工作。这往往涉及任务的划分以及任务负责人的交换等。资源同步要求在安排日程时必须兼顾某些项目任务之间的依赖关系。项目的资源安排与日程安排要能充分体现这种依赖关系。比如在需求开发工作完成之后，项目团队往往需要有一个统一的评审时间，评审之后，才能进行下一阶段的设计工作。因此，在安排日程的时候，要考虑到每个人的资源水平差异，找出合适的时间安排这种多人同时参与的任务。

随着日程计划的确定，其他的计划，如承诺计划、数据收集计划和沟通计划也就可以同时确定。而还有一些计划，如质量计划和风险计划则还需要一些额外的讨论。

6.5 质量计划原理和方法

项目的质量计划中应当确定需要开展的质量保证活动。典型的质量保证活动包括个人评审、团队评审、单元测试、集成测试、系统测试以及验收测试等。在质量计划中需要解决的关键问题是该开展哪些活动，以及这些活动开展的程度，如时间、人数和目标分别是什么。需要将项目总体质量目标细分成若干小的目标，这样便于在过程中进行管理和控制。质量计划可以结合本书第3章中介绍的质量管理指标 Yield、PQI 以及 A/FR 等。

6.6 风险计划

风险管理的目的是在风险发生前识别出潜在的问题，以便在产品或项目的生命周期中规划和实施风险管理活动，从而消除对项目产生的负面影响。风险管理是一个持续的、前瞻性的过程，此过程是项目管理的重要部分。有效的风险管理是通过相关干系人的合作参与，尽早且积极地识别风险，制定项目风险管理计划。风险管理须同时考虑有关成本、进度、绩效及其他风险的内部与外部来源。因为在项目初期进行变更或修正的工作负荷，通常比在项目后期来得容易、代价较低且破坏性较小，所以，早期开展积极的风险识别是十分重要的。风险管理大致分成两部分，即风险识别和风险应对。

6.6.1 风险识别

识别可能会给项目目标的实现带来负面影响的潜在问题等，是成功的风险管理的基础。必须先用简单明了的方式识别与描述风险来源，才可以适当地分析与应对风险。风险识别活动应该有组织地进行。为了有效起见，风险识别不应试图说明每一个可能事件，而应当从风险发生的可能性以及风险演变成问题之后的影响程度综合考虑。

识别风险的方法有很多，典型的识别方法如下：

- 检查 WBS 的每个组件以找出相应的风险；
- 使用定义好的风险分类表来评估风险；
- 访谈相关的领域专家；
- 与类似项目进行比较来审查风险管理；
- 检查以往项目的总结报告或组织级数据库；
- 检查设计规格和协议书需求。

典型的风险识别活动包括 [CMMI, 2006]：

1）识别与成本、进度及绩效相关的风险。检查成本、进度及绩效风险对项目目标的影响程度。也有可能有些潜在风险不在项目当前目标的范围内，但是对客户的利益却非常重要。例如，客户可能并未考虑到产品现场支持或交付服务的所有成本。客户虽然未必需要主动管理那些风险，但应被告知相应的风险。

一般来说，考虑成本风险时应当考察与投资金额、预算分配等有关的议题。考虑进度风险时，应当包括与规划的活动、主要事件及里程碑相关的风险。而绩效方面的风险往往需要考察更多的内容，例如与以下因素相关的各类风险：

- 需求相关，例如需求是否明晰和稳定。
- 分析与设计相关，例如技术是否可行。
- 新技术应用相关，例如新技术是否稳定。
- 生产与制造相关，例如规格、时间以及质量是否满足要求。
- 验证标准。
- 确认标准。
- 其他，例如安全和保密等。

此外，还可能存在其他类型的风险，如：

- 供应来源缩减。
- 科技发展速度加快。
- 竞争对手的影响等。

2）审查可能影响项目的环境因素。这是项目经常疏忽的风险，包含那些被认为在项目范围外的风险（即项目无法控制它们是否发生，但可降低其冲击），例如恶劣天气、影响营运持续性的自然或人为灾害、政策变化及电信故障等。

3）将审查项目工作分解结构中的所有组件作为风险识别的一部分，以确保所有的工作投入均已考虑。

4）将审查项目计划的所有组成部分作为风险识别活动的一部分，应当尽可能多地考虑项目的各方面工作。

5）记录风险的内容、条件及可能的结果。风险说明通常以标准的格式记录，包含风险内容、引发条件及可能产生的结果。风险内容提供额外的信息，从而容易了解风险的意义。在记录风险内容时，要考虑风险出现的相对时间顺序、风险上下文环境和产生条件，以及因风险演变成问题可能带来的影响。

6）识别每一风险相关的干系人。

7）利用已定义的风险参数，评估已识别出的风险。根据事先定义好的风险参数，评估每个风险并指定数值。数值可包括可能性、严重性及转化阈值（即在何等条件下可认定风险已经演变成问题）。可通过这些定义的风险参数值衍生出额外的度量，例如风险（暴露）系数（可能性 × 严重性），它可用于排列风险的优先级。

8）依照定义的风险类别，将风险分类并分组。将风险归类到已定义的风险类别，可提供一个根据风险的来源、分类表或项目组件检查风险的方法。相关或相同的风险可归成一类，以便更为有效地处理。同时，也便于考察相关风险之间的种种关联关系。

9）排列风险的优先级。应用明确和清晰的准则来决定风险的优先级，依据指定的风险参数（风险系数）决定每个风险相对的优先级，从而可以帮助把降低风险的资源用在最有效的场合。

6.6.2 风险应对

识别风险之后，就应当定义相应的风险管理策略，以应对各类风险。典型的策略包括风险转嫁、风险解决以及风险缓解。

（1）风险转嫁

风险转嫁是指通过某种安排，在放弃部分利益的同时，将部分项目风险转嫁到其他的团队或者组织。比如有的公司采取外包的方式，把一部分有技术风险的产品组件交由其他公司开发，在放弃部分收益的同时，也规避了技术风险。

（2）风险解决

风险解决是指采取一些有效措施，使得风险的来源不再存在。这往往是一种预防性的手段。比如针对项目面临的技术风险，采取技术调研或者引进技术专家的手段，使得原有的风险来源不再存在或者存在的可能性极低，从而解决该风险。

（3）风险缓解

风险缓解是指容忍风险的存在，采取一些措施监控风险，不让风险对项目最终目标的实现造成负面影响。一般情况下，对于风险暴露系数较高的风险，都应当制定相应的风险缓解计划。理性对待每个关键性的风险，研究可选择的应对方案，并对每个风险制定相应的行动过程，是风险缓解计划的关键内容。特定风险的风险缓解计划包括规避、降低及控制风险发生的可能性的技术和方法，还包括降低风险发生时遭受的损失的方法。监控风险，当风险超过设定的阈值时，实施风险缓解计划，以使受冲击的部分回归到可接受的风险等级。只有当风险结果评定为高或无法接受时，才相应制定风险缓解计划和紧急应变计划，其他情况只需要适当监控即可。

需要注意的是，不管采取何种措施，都不能真正消除项目的所有风险。例如，在风险转嫁的同时，往往也会引入供应商相关的风险。在解决某个风险的同时，也可能引入与新技术相关的风险。

6.7　TSP 团队项目规划实例

本节将以某项目的启动过程为例，介绍一个典型 TSP 团队项目规划的过程。该项目拟实现一个基于 Web 的个人事务管理系统，需要实现个人事务安排、日程提醒、在线同步等功能。拟定的开发周期为 4 周。

6.7.1　TSP 对自主团队的支持

TSP 作为一个过程框架，为自主团队提供了有效的支持。典型的 TSP 包括两个过程，即团队组建过程和团队工作过程。对于 TSP 小组成员的一个必备要求就是这些人员必须很好地掌握 PSP。PSP 和 TSP 的关系如图 6-4 所示。

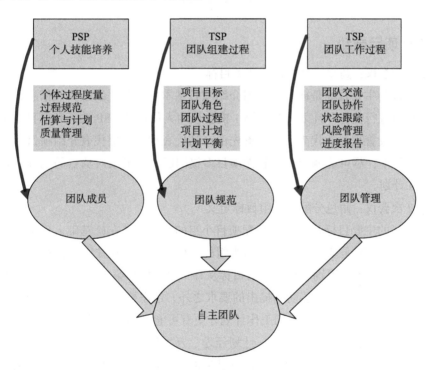

图 6-4　PSP 与 TSP 的关系 [Humphrey, 2005]

TSP 可以加速自主团队的建立。正如本章开始部分介绍的那样，自主团队的建立需要一定的时间来培养团队的自我管理意识和能力。一般情况下，这个时间往往是一个或者若干个项目周期。TSP 采取了完全不同的做法，其团队组建过程一般是由持续四天的连续 9 个会议来实现的。一般情况下，经过这 9 个会议，大部分团队都可以建立起自我管理的一整套机制。这 9 个会议就是所谓的 TSP 启动过程。视项目规模的不同，启动持续时间也有差异，但是最多不要超过一个星期，否则应当将项目适当划分成若干子项目，每个子项目分别进行启动。

图 6-5 给出了 TSP 启动阶段的 9 次会议目标和内容。

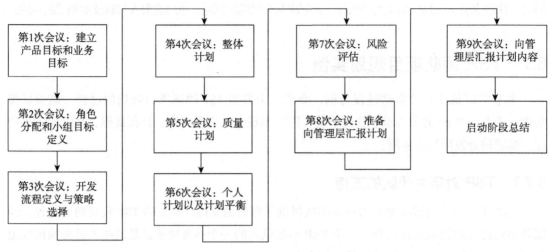

图 6-5　TSP 启动阶段 9 次会议

6.7.2　TSP 项目启动

（1）第 1 次会议：建立产品目标和业务目标

第 1 次会议的主要目标是向开发小组介绍项目基本情况及提供必要的信息，以支持项目小组对软件项目进行估算和计划。参加第 1 次会议的人员除了 TSP 教练和项目小组之外，还有产品的代表以及管理层的代表。一般首先由产品代表和管理层代表介绍项目，项目小组在 TSP 教练的指导下，尽可能就待开发软件项目多提问题，以形成对项目的充分理解，便于接下来做估算和计划。

（2）第 2 次会议：角色分配和小组目标定义

第 2 次会议的主要目标是识别和分配项目小组的目标，并在此基础上确定小组当中各个成员的角色以及相应的职责。在识别项目小组的目标的时候，往往由项目组长带领整个团队讨论确定。一般情况下，识别项目团队的目标从评审管理层在第 1 次会议中提出的要求开始，开展充分讨论。除了识别管理层明确提出的要求之外，还需要尽可能分析和识别隐含的要求。只有这样，基于这些目标建立起来的工作计划才更有可能获得管理层的认同和支持。

TSP 中典型的角色包括项目组长、计划经理、开发经理、质量经理、支持经理以及过程经理等。项目小组也可以根据需要专门设置其他的角色经理，比如若某个软件项目有极高的可靠性要求，可以专门设置一个可靠性经理来负责定义和跟踪可靠性的目标。10.5 节将详细介绍各个角色经理在一个典型软件项目过程中的职责和工作内容。

（3）第 3 次会议：开发流程定义与策略选择

第 3 次会议的主要目标是确定项目开发的方式，包括两方面的内容：一是定义项目的开发流程，二是确定项目开发的策略。

项目开发的流程定义一般是由项目小组当中的过程经理带领小组成员讨论确定。在定义流程的时候，应当结合历史经验，特别是客观的历史数据，定义支持质量目标实现的开发流程。而且，为了使得定义好的开发流程具备指导实践的价值，定义的流程应当足够详细，而且要文档化。

项目开发的策略是由项目小组共同决定的获得最终产品的方式。典型的开发策略包括开发周期的定义以及每个周期的开发内容。有的时候，产品组件该如何获取，比如自主研发还是购买或者复用等，也是开发策略需要确定的内容。

（4）第 4 次会议：整体计划

第 4 次会议的主要目标是自顶向下定义项目的整体计划和紧接着的下一阶段的详细计划。不管项目预订持续时间是 1 个月还是 10 年，定义的整体计划必须覆盖整个项目周期。事实上，项目小组需要这份计划来帮助他们向管理层或者客户做出承诺。当然，理性的开发小组和管理层都清楚，时间越久，计划的不确定性就越高。所以，真正有参考价值的是下一阶段的详细计划，这份计划持续的时间往往不会超过 3 个月，项目小组有足够的信息来制定合理的计划。

在制定计划的时候，需要首先识别产品清单，估算产品规模和工作属性；然后基于已经定义好的过程，制定任务计划；再结合项目团队的资源水平，估算项目的日程计划。在第 4 次会议中，项目小组往往会发现现有资源水平不足以满足管理层的所有期望，这个时候，就需要项目小组合理地给出若干候选的方案，供管理层决策。

按照第 2 次会议以来的既定策略，项目小组完成了估算，并且形成了项目的日程计划，其结果如图 6-6 所示。该项目小组拟通过两个迭代周期来完成，项目从 7 月 19 日开始至 8 月 22 日结束。每个迭代周期的任务也有了清晰的定义。每个任务都安排到指定的团队成员。

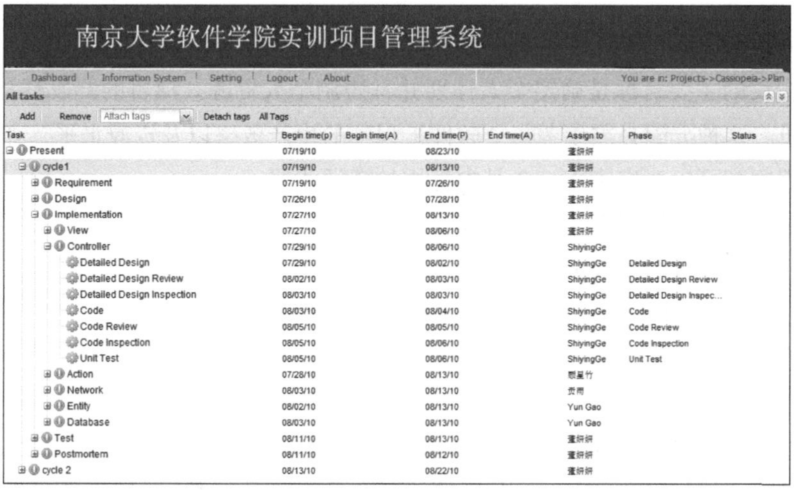

图 6-6　项目整体计划示意图

（5）第 5 次会议：质量计划

第 5 次会议的主要目标是基于项目小组确定的质量目标，制定相应的质量计划。在质量计划中需要明确每个阶段预计注入的缺陷数和预计消除的缺陷数。再根据推荐的 Yield、PQI、A/FR 等质量控制指标，为质量活动分配足够的时间资源。在实际操作中，一般是在 TSP 教练的指导下，确定每个阶段的 Yield 以及每个阶段缺陷注入的速率，即可大致计算出最后产品中的缺陷数。通过调整 Yield 和相应的活动，即可大致定义质量活动。

　　图 6-7 给出了该项目质量管理计划的示例。图中右下角是质量总体目标预测，即整个系统在系统测试之后总的缺陷数应当小于 6.63 个。那么相应需要开展的质量保证活动以及每个活动的 Yield 可以根据历史数据或者一般的行业数据确定。而每个质量管理活动所需时间则由 PQI 指标和 A/FR 指标加以确定。事实上，PQI 和 A/FR 指标也是为了确保 Yield 目标的实现。

图 6-7　质量计划示意图

　　（6）第 6 次会议：个人计划以及计划平衡

　　第 6 次会议的主要目标是确定个人计划并且协调个人资源。项目的开发任务最终得分配给具体的人员。这种分配必须参考每个软件工程师的生产效率以及资源水平，如图 6-8 所示。通常软件工程师都可以对未来 1 ~ 2 月中每周的资源水平进行合理预估。所谓的计划平衡，一方面需要将每个人的资源需求（来自于所分配的任务）和资源水平（预测）相匹配；此外，还需要找到一个时间点，使得所有的软件工程师差不多同时完成工作。这个时间点往往是整个项目可以完成的最早时间。因此，计划的平衡并不是绝对的平均，而是团队成员相互支持的体现。在平衡计划的同时，也要注意控制整个项目的节奏，同步项目主要阶段。例

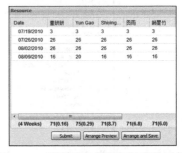

图 6-8　项目团队成员资源安排示例

如，设计阶段和实现阶段适当地重合是可以接受的。但是，如果有极为严重的重合，往往意味着个别软件工程师设计工作完成时间太晚，这就需要平衡大家的工作，使得所有软件工程师尽可能同时完成设计工作。

　　（7）第 7 次会议：风险评估

　　第 7 次会议的主要目标是制定风险计划。需要项目小组成员充分讨论实现计划所面临的风险，并就风险的可能性和影响范围进行评估，制定合适的风险缓解措施。

（8）第 8 次会议：准备向管理层汇报计划

第 8 次会议的主要目标是为第 9 次会议做好准备工作。准备的内容基于前面 7 次会议的结果。

（9）第 9 次会议：向管理层汇报计划内容

第 9 次会议的主要目标就是呼应第 1 次会议，向管理层展现将如何进行项目的开发，并争取获得管理层对项目计划的认可和支持。

6.8　计划评审和各方承诺

项目各项计划完成之后，需要与各类计划影响的相关干系人开展评审工作，解决计划中相互矛盾与不一致的地方，特别是资源水平与项目任务之间的不匹配，从而获得参与项目的各方对项目计划的承诺。例如，配置管理计划涉及所有的开发人员和配置管理人员的工作，而配置项的生成与纳入基线库必须跟项目小组的开发计划一致；项目的采购计划需要和供应商的供货计划或者开发计划一致，而与项目小组的集成计划也必须兼容；沟通计划必须与参与沟通活动的各方的日程计划一致。还有一种更加特殊的情形，即全球化软件开发下的计划协调。在这种形式的项目组织中，软件开发人员往往分布在不同的地区，每个地区都会有各自的团队开发计划，这些开发计划作为项目整体计划的一部分，必须确保彼此兼容。集成的团队计划必须被团队成员、其他接口团队以及其他相关的干系人所接受。

获得各方对于计划的承诺涉及所有项目内部、外部相关干系人之间的沟通。做了承诺的个人及小组应有信心在预定的成本、进度及执行的限制条件下完成工作。通常，需要定义每一项承诺的相关假设前提，以容许后期可能的变更。在工作启动后，可以跟踪这些假设前提的状态进行相关研究，当信心增至适当程度时，就可以进行充分的承诺。获得各方对于承诺的典型实践包括：

- 识别每一项计划所需支持，并与相关干系人协商承诺。可用 WBS 为基础检查表，以确保所有工作都获得承诺。另外，在项目小组的沟通计划中，也可以定义每一项计划所需沟通和承诺的对象。
- 记录所有的承诺，包括完整的承诺和临时的承诺，并确保由适当层次的人员签署。承诺必须文档化，以确保各方一致的理解，并可追踪及维护。临时性的承诺应附有相互关系的风险描述。
- 适时与资深管理人员一起审查各类承诺。待审查的承诺包括内部承诺和外部承诺，关键是识别各个承诺的最新状态，进而判断各个承诺可被满足的程度。必要时，需要采取纠正措施。

本章小结

本章介绍了团队项目计划过程中应当完成的工作，具体包括通过工作分解结构来确定项目范围、选择相应的开发策略、选择合适的生命周期模型、制定日程计划、制定质量计划、制定风险计划以及计划评审。

工作分解结构是以可交付成果为导向的对满足项目目标和开发交付产物的项目相关工作进行的分解。它归纳和定义了项目的整个工作范围，每下降一层代表对项目工作的更详细定义。

开发策略是在产品组件需求基础之上，明确每个产品组件的获得方式与顺序。工作分解结构为明确产品规模提供了参考，也为制定开发策略提供了参考。

项目的生命周期是为了管理的方便而对项目过程的人为划分，目前在生命周期模型的选择上，增量型开发、小周期多次交付渐渐成为一种趋势。

项目日程计划要结合项目的任务计划以及每个团队成员的资源水平而制定。项目日程计划一方面要注意与任务计划和资源水平的一致性，也要注意计划的平衡和同步。

质量计划的要点是确定需要开展的质量活动以及这些活动开展的程度，如时间、人数和目标分别是什么。应当将质量总体目标分解成一系列的子目标，并相应地建立质量管理手段来确保子目标的实现。

风险管理的目的是在风险发生前识别出潜在的问题，以便在产品或项目的生命周期中规划和实施风险管理活动，从而消除可能对项目产生的负面影响。风险管理通常分为风险识别和风险应对两类活动。

项目各项计划完成之后，需要与各类计划的相关干系人开展评审工作，解决计划中相互矛盾与不一致的地方，并获得参与项目的各方对项目计划的承诺。

思考题

1. 某项目小组打算开发一个教务管理系统，实现学生成绩统计和教师课程安排两个功能。请为该项目开发一个 WBS，并定义相应的 WBS 词典。
2. 请解释如何将任务计划映射到日程计划。
3. 请解释如何通过 Yield 制定项目的质量计划。在质量计划制定过程中，PQI、A/FR 的作用是什么？
4. 项目计划阶段需要制定哪些计划？各个计划各自约定了哪些内容？
5. 什么是风险？通常风险应对有几种方法？请分别举例说明。
6. 请解释计划评审的意义。

参考文献

[PMBOK, 2008] 项目管理协会 . 项目管理知识体系指南 [M]. 4 版 . 王勇，张斌，译 . 北京：电子工业出版社，2008.

[WBS, 2006] Practice Standard for Work Breakdown Structure, 2nd Edition, 2006, PMI.

[MIL, 2005] MIL-HDBK-881A. WORK BREAKDOWN STRUCTURES FOR DEFENSE MATERIEL ITEMS. DoD 2005.

[CMMI, 2006] CMMI® for Development, Version 1.2, CMU/SEI-2006-TR-008.

团队项目跟踪与管理

7.1 项目跟踪意义

在项目进展过程中开展跟踪活动的目的在于了解项目进度，以便在项目实际进展与计划产生严重偏离时，可采取适当的纠正措施。正如 Brooks 在《人月神话》一书中指出的那样，项目延迟整整一年是一次延迟一天慢慢积累起来的。因此，开展及时有效的项目跟踪就是期望及时发现和处理项目实际进展与计划之间的偏差，从而消除累计的偏差对项目造成的负面影响。

判断项目进度滞后与否需要参照物。文档化的项目计划就是监控各项项目活动、沟通状态及采取纠正措施的依据。项目进度主要决定于工作产品、工作属性、工作量以及成本的实际值与事先规定的里程碑或项目进度的控制阶段的计划值的比较结果。理想状况下，应当确保项目的实际进展与项目计划一致，既不要滞后，也不要提前。前者容易理解，后者往往在实际项目管理中被忽视。很多时候，项目进度的提前往往是一种假象。例如，有的软件工程师在项目开发过程中不对前期的关键产物开展评审工作，从而使得项目比预定时间更早进入实现阶段。这看起来是进度的提前，然而，前期发现和消除缺陷不足，往往会导致后期测试压力大增，隐藏着巨大的质量风险和进度风险。

项目跟踪除了发现偏差之外，更重要的是管理针对偏差而采取的纠偏措施。对于项目进度的适当的能见度可促使项目团队采取及时的纠正措施。如果重大偏离未解决，则会阻碍项目达成目标。所采取的纠偏措施可能包括调整项目计划、调整人力资源水平以及削减功能等等。

项目小组需要对项目纠偏措施进行跟踪和管理，其目的是确保项目小组所采取的纠偏措施真正有效。例如，在软件工程实践中，有一条流传非常广泛的经验总结，即向一个已经落后的项目中增加人手，往往导致项目更加落后。而在实践中，一旦出现项目落后的情况，往往都会采取增加人手的方法来应对。这看似矛盾的描述中关键之处就在于，必须要对这种纠偏措施进行跟踪，观察其纠偏效果。如果增加人手没能改观进度落后的状况，就需要通过其他方式如延长交付或者削减功能来调整计划；如果确实可以使得进度落后现象得到改善，那就可以继续使用该方式来纠正偏差。

7.2 挣值管理方法

项目的挣值管理（Earned Value Management，EVM）方法是用来客观度量项目进度的一种项目管理方法。EVM 采用与进度计划、成本预算和实际成本相联系的三个独立的变量，进行项目绩效测量。它比较计划工作量、WBS 的实际完成量与实际成本花费，以决定成本和进度绩效是否符合原定计划。相对于其他方法，这种方法可以在项目早期就向项目小组警示进度和成本上的偏差，便于项目小组及时采取纠正措施。

挣值管理方法起源于 20 世纪 60 年代初期，当时作为一种专门的金融分析技术，被应用于美国政府的一些巨型项目中。也正是从那个时候开始，这种方法被广泛应用于项目管理，特别是成本管理领域。EVM 可以适应几乎各种复杂程度和规模的项目。EVM 视项目的环境不同，可以有不同的实现手段，分别为简单实现、中级实现以及高级实现 [EVM, 2006]。

（1）简单实现

这种方式仅仅关注进度信息。在实现时，首先需要建立 WBS，定义工作范围；其次为 WBS 中每一项工作定义一个计划价值（Planned Value, PV）；最后按照一定的规则将某一数值赋给已经完成的工作或者正在进行的工作，该值称为挣值（Earned Value, EV）。常用规则分别为 0-100 规则和 50-50 规则，前者只有当某项任务完成时，该任务的 PV 值将转化成 EV 值；后者只需要开始某项任务，即可以赋原 PV 值的 50% 作为 EV 值，完成时，再加上另外的 50%。而实际完成工作所需成本不对 EV 值产生任何影响。

（2）中级实现

在简单实现的基础上，加入日程偏差的计算。典型计算方式有：

- 日程偏差 $SV = EV - PV$。
- 日程偏差指数 $SPI = EV/PV$。

（3）高级实现

在中级实现的基础上，还需要考察项目的实际成本。

EVM 这种方式也有一定的局限性。首先，EVM 一般不能应用软件项目的质量管理。其次，EVM 需要定量化的管理机制，这就使其在一些探索型项目以及常用的敏捷开发方法中受到限制。此外，EVM 完全依赖项目的准确估算，然而在项目早期，很难对项目进行非常准确的估算。

7.2.1 原理

下面以上述的高级实现为例来解释 EVM 的原理。EVM 以项目计划作为一个基准线来衡量以下三个参数：

- 已经完成的工作价值，即挣值（EV）；
- 工作的计划价值（PV）；

- 实际消耗的成本（AC）。

当项目进展到某个时刻，上述三个数据可能呈现出如图 7-1 所示的变化，基于这些数据，可以进行如下的分析工作。

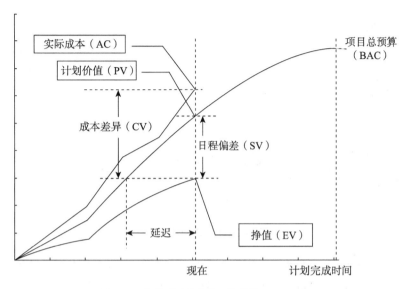

图 7-1　挣值分析图示 [挣值管理 , 2006]

- BAC 表示按照 PV 值的曲线，当项目完成的时候所需预算或者时间。
- 成本差异 CV = EV–AC，表示的是已经完成的工作与所消耗的成本的差异。可以表示为消耗的时间，也可以表示为消耗的资金。
- 成本差异指数 CPI = EV/AC，表示单位成本创造的价值。很显然，CPI<1 说明成本超支；CPI=1 说明成本与预期一致；CPI>1 说明成本低于预期。
- 日程偏差 SV = EV – PV，表示进度偏差。显然，SV<0 表示进度落后；SV=0 表示进度正常；SV>0 表示进度超前。
- 日程偏差指数 SPI = EV/PV。
- 预计完成成本 EAC = AC+（BAC–EV）/CPI = BAC/CPI，表示的是按照目前的进展以及成本消耗情况，整个项目完成的时候所需消耗的成本。

7.2.2　挣值管理的应用

本节将结合具体实例，介绍 EVM 在进度跟踪方面的具体应用。假设项目计划已经制定完成，每项任务所需时间也已经确定。我们可以将每项任务所需的时间占整个项目所有任务所需的总时间的百分比作为每项任务的计划价值（PV）。按照 0-100 规则，一旦某个任务完成，则将相应的 PV 值转变成 EV 值，而不关心该任务所消耗的实际工作时间。图 7-2 给出了某个项目开发过程中 PV 值和 EV 值的统计结果。从该图可以发现，该项目已经明显滞后了。如果还希望按期完成任务，按照 EVM 的定义，相应的处理方法如下：

- 削减功能，使得已经完成的任务的 EV 值增加。
- 通过加班或者加人等手段，有效提升 EV 值的获取速度。

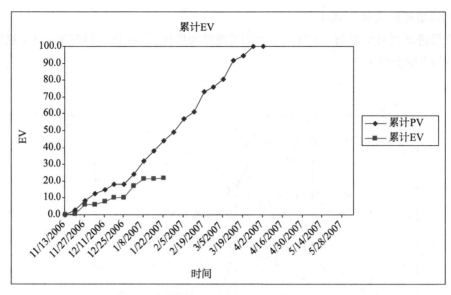

图 7-2 EVM 应用实例

事实上，软件项目实际进展过程中的情况往往比较复杂，直接从 EV 值和 PV 值的对比统计往往并不能完全理解项目的进展情况。这个时候，需要更多的数据来支持决策。比如图 7-2 的例子，EV 值显示的项目落后也有可能是一种假象，因为按照 EV 值计算的 0-100 原则来看，很有可能项目小组成员有相当多的工作是处于进展过程中，只是还没有正式完成，简单地不计算这些工作任务的价值也许会造成对项目进展的错误理解。

在实际项目过程中，可以采用如图 7-3 所示的周报数据的形式来跟踪 EV 值。分析这些详细的数据，就可以对项目的整体状况有一个较为深入的理解。仔细考察各项数据，可以发现如下事实：

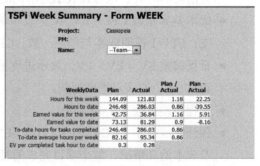

图 7-3 某项目周报数据

- 项目小组在过去的一周实际投入的工作时间为 121.83 小时，小于计划的 144.09 小时。

- 项目小组迄今为止实际投入 286.03 小时，大于计划的 246.48 小时。

- 项目小组本周完成挣值 36.48，小于计划的 42.75。

- 项目小组迄今为止完成挣值 81.29，大于计划的 73.13。

- 项目小组迄今为止完成的工作耗时 286.03 小时，大于计划的 246.48 小时。

- 项目小组每周投入时间 95.34 小时，大于计划的 82.16 小时。

- 项目小组每小时挣值为 0.28，小于计划的 0.3。

基于上述事实，基本可以得出如下结论：

- 项目小组的工作略有提前。

- 从整体看，项目小组的估算略有偏差，低估了工作难度。

- 之所以项目目前进度仍然超前，是由于整个团队投入了比预计更多的资源。
- 按照项目目前的进展情况，整个团队不需要调整，甚至可以相对于以前数周的工作负荷适当减轻负荷。

这样的进度跟踪活动视项目持续时间以天或者周为单位开展，从而可以很好地控制项目进度，防止进度偏差的累积。

7.3　里程碑评审

软件项目的里程碑往往是指某个时间点，用以标记某项工作的完成或者阶段的结束。典型的用以表示里程碑的事件有完成某项工作、获得干系人签字认可、完成某产物的评审和修改或者交付某产物等。里程碑的作用除了表示某项工作的完成并借以体现工作的进度之外，还可用来考察项目其他方面的状态，如质量、性能甚至包括实现策略等。里程碑评审就是为了实现上述目标的活动。

里程碑评审作为重要的项目评审活动，一般情况下在项目计划阶段就需要定义。里程碑评审通常采取正式的审查手段。参与的项目关系人包括项目小组成员、项目经理、高级经理、客户或市场代表以及其他人员（如测试人员、文档人员）等。审查的内容包括：

- 项目相关的承诺，如日期、规格、质量等。
- 项目各项计划的执行状况。
- 项目当前的状态讨论。
- 项目面临的风险讨论等。

对于里程碑评审过程中发现的问题需要进行分析，充分理解这些问题的影响，并且形成相应的解决问题的行动方案。此外，还需要对行动方案进行管理，追踪其实施情况，以确保相应的问题得到解决。

7.4　其他计划跟踪

完整的项目计划包括很多内容，如日程计划、承诺计划、风险计划、数据收集计划、沟通计划、配置计划、培训计划、质量计划等等。这些计划在项目进展过程中都需要进行相应的跟踪和管理，以确保项目目标的实现。此处重点介绍项目团队内部进行的部分计划的跟踪，具体包括日程计划、承诺计划、风险计划、数据收集计划和沟通计划。

7.4.1　日程计划跟踪

对于项目日程计划，除了上述通过挣值管理方法来跟踪进度信息之外，还需要就当初制定计划的假设条件进行跟踪，即跟踪项目计划过程中所用到的参数的变化。具体而言，包含工作产品、工作、成本、工作量、资源水平等属性。工作产品与工作的属性包含如规模大小、复杂程度、功能、性能等。跟踪通常包含度量项目计划参数的实际值、比较实际值与估计值、以及识别其重大偏离情况。

事实上，上述这些参数随着项目的进展往往会发生变化。有些时候，尽管参数本身没有客观发生变化，但是，与项目早期的假设已经产生重大偏差，比如资源水平比预想的要少等。这些都会导致原来的日程计划的相应假设基础不再成立，日程计划自然也就需要进行必要的调整。

典型的日程计划跟踪活动包括：

- 按照日程计划监控项目进度。项目小组应当定期度量开发活动与里程碑的实际完成情况，将活动与里程碑的实际完成度，与项目计划所记载的进度表互相比较，识别与项目计划预估进度表的重大偏差。
- 监控项目的成本与资源消耗。项目小组应当采取适当的方式定期度量实际耗用的人力资源与成本，将实际投入的人力、成本、人员配置与培训等，与项目计划所记载的估计值与预算互相比较。同样的，需要识别与项目计划阶段定义的预算的重大偏差。
- 监控工作产品与工作的属性。监控工作产品及工作的属性是指项目小组定期度量工作产品与工作的实际属性，例如规模大小或复杂度等，将实际工作产品与工作的属性（含属性的变更），与项目计划阶段识别的估计值互相比较，识别与项目计划阶段定义的估计值的重大偏差。
- 监控所提供的与使用的资源。项目的成功实施离不开充足的资源。典型的资源包括计算机设备、外围装置及软件、网络环境、安全环境、项目成员等。需要对这些资源的提供与使用状况进行度量，识别与计划之间的偏差。
- 监控项目人员的知识与技能。监控项目人员的知识与技能是指对培训计划执行状况进行跟踪。项目小组应当定期度量项目人员知识与技能的获得状况和实际获得的培训，并与项目培训计划互相比较，识别两者之间的重大偏差。
- 记录日程计划跟踪的结果。

7.4.2 承诺计划跟踪

成功的项目离不开项目干系人之间积极主动的协作。这种协作关系是通过相互之间开展承诺来体现的。典型的承诺包括：项目的客户应当就解决项目小组关于项目的疑问的工作时限进行承诺；项目的供应商应当就所提供的产品组件的功能、性能、质量以及交付日期进行承诺；每个开发人员应当就所提供的产品组件的功能、性能、质量以及交付日期进行承诺等。

在项目计划阶段，需要识别上述这些承诺，并文档化。在项目进展过程中，需要定期跟踪这些文档化承诺的状态，识别潜在问题，从而消除其可能给项目带来的负面影响。

典型的承诺计划跟踪活动包括：

- 定期审查承诺（包含外部承诺及内部承诺），识别承诺的状态。
- 识别尚未满足或有重大风险而无法满足的承诺。
- 在适当的决策层次上协调解决上述出现问题的承诺。
- 记录承诺计划跟踪的结果。

7.4.3　风险计划跟踪

项目计划阶段制定的风险计划也需要适时跟踪。不管是风险的来源还是风险的属性都会随着项目的进展而变化。例如，项目早期识别出来的人力资源风险，随着项目的进展，进入项目后期可能不再存在；项目需求变更的风险也会随着开发的进展而变化，一般情况下，需求变更风险的影响程度会增加，而其可能性则会下降。另外，随着项目的进展，也可能会出现原先没有识别出来的风险，例如项目小组没有在前期开展有效的工作产品评审工作，有可能带来项目后期需要消耗大量时间进行测试的风险。开展风险计划的跟踪，就是为了更加有效地控制项目风险，从而确保项目目标的实现。

典型的风险计划跟踪活动包括：

- 在项目目前情况及环境下，定期审查文档化的风险计划。
- 一旦有新增信息，修订风险计划。
- 与相关干系人沟通风险状态，如风险的发生几率以及风险计划的优先级等。

7.4.4　数据收集计划跟踪

为了有效支持项目状态监控以及后续的过程改进，必须要在项目进展过程中收集必要的资料。典型的资料包括过程数据和过程产物。为了确保该工作的顺利开展，需要在项目计划阶段制定项目资料管理计划，并在项目过程中监控数据的管理，以确保管理计划的完成。

典型的数据收集计划跟踪活动包括：

- 定期审查数据管理活动是否与计划一致。
- 识别与记录重大问题及其影响。
- 记录数据收集计划跟踪的结果。

7.4.5　沟通计划跟踪

为了有效支持项目干系人对项目的参与，往往需要在计划阶段定义项目沟通计划。在制定项目沟通计划时，要根据项目干系人的角色，指定他们在项目内的参与程度和方式，监控其参与情况，以确保项目沟通渠道的畅通。典型的沟通情况包括：项目小组与客户之间定期组织评审会议；项目小组与高级管理者之间定期交流项目进度信息等。

沟通计划实施时，要求项目小组定期审查干系人参与的情形，识别并记录重大问题及其影响，记录干系人参与情形的跟踪结果。

7.5　纠偏活动的管理

对于项目各类计划进行跟踪的结果无非有两种，一种是项目按照计划在正常开展，另外一种是项目显著偏离了计划。前者不需要项目小组采取特别的措施，而后者则要求项目小组必须采取相应的纠偏措施，而且需要跟踪和管理纠偏措施直到结项。当然，这里的显著偏离计划，往往要求项目小组根据实际情况定义一定的控制阈值。即当偏差超出阈值的时候，才需要采取措施。高级的项目管理技术中，往往需要引入统计过程控制方法来识别阈值。

典型的纠偏活动包括偏差原因分析、纠偏措施定义以及纠偏措施管理 [CMMI, 2006]。下面分别加以介绍。

（1）偏差原因分析

应当收集偏差相关的各种信息，如质量相关的缺陷数据、估算参数的偏离、不能满足的承诺、风险的变更、数据的缺乏以及项目干系人的参与情况等。基于收集到的信息，开展充分的分析工作，找出偏差的根本原因。

（2）纠偏措施定义

一旦确定了偏差的根本原因，就可以有针对性地定义纠偏的措施。项目小组应当决定并记录须采取的适当行动来解决已识别的问题。例如修改工作说明书、修改需求、修订估计值与计划、再协商承诺事项、增加资源、变更过程以及修订项目风险计划等。所有的纠偏措施除了进行文档化，还需要与相关干系人一起审查这些措施，并取得相关干系人的承诺。

（3）纠偏措施管理

管理纠偏措施直到结项。要了解纠偏措施是否确实可以纠正偏差，需要对纠偏措施的实施状况进行跟踪。因此，需要项目小组监控纠偏措施直到完成纠偏。此外，还需要项目小组分析纠偏措施的结果，以决定纠偏措施的有效性。整个纠偏活动的管理和记录一方面可供项目小组学习，另一方面，也可作为项目小组以后进行项目开发时的计划和风险管理的参考。

本章小结

本章介绍了项目跟踪与管理相关的活动。事实上，项目管理的最基本特征就是制定相应的计划，开展计划的跟踪，必要时采取纠偏措施以确保项目实际进展与计划一致。

典型的项目计划包括日程计划、承诺计划、风险计划、数据收集计划、沟通计划、配置计划、质量计划等等。在实际项目管理过程中，需要有针对性地定期或者以事件驱动的方式开展计划的跟踪活动，特别是对日程计划的跟踪。本章详细介绍了一种管理方法，即挣值管理，这是用来客观度量项目进度的一种项目管理方法。它采用与进度计划、成本预算和实际成本相联系的三个独立的变量，进行项目绩效测量。相对其他方法，它可以在项目早期就向项目小组警示进度和成本上的偏差，便于项目小组及时采取纠正措施。

项目跟踪的目的是发现项目实际进展与计划之间的偏差，对于这些偏差，必须及时采取有效的措施来纠正，以免小的偏差累积成大的偏差。项目小组应当管理纠偏措施，以确保纠偏效果。

思考题

1. 请解释挣值管理方法的原理。
2. 某项目预算 1000 万，持续时间为 10 个月，假设每个月的预算都是 100 万。两个月后，项目完成了 5%，而消耗成本为 100 万。根据上述事实，计算 BAC、PV、EV、AC、CV、

SV、CPI、SPI、EAC、ETC。

3. 你被指定负责一个软件项目，其中有 4 部分，项目总预算为 60 000，A 任务为 28 000，B 任务为 12 000，C 任务为 10 000，D 任务为 10 000。截止到某天，A 任务已经全部完成，B 任务完成过半，C 任务刚开始，D 任务还没有开始。采用 50-50 规则计算截至该天的 CV、SV、CPI 和 SPI。如果是 0-100 原则，那么相应的 CV、SV、CPI 和 SPI 应该为多少？

任务	PV	AC	EV
A			
B			
C			
D			
总计			

4. 请简要说明项目跟踪与管理活动应当跟踪项目计划的哪些方面。

5. BROOKS 在《人月神话》一书中指出，往一个已经落后的项目中添加人员，会导致项目进一步落后。而在现实项目管理实践中，出现项目进度落后的问题之后，典型的处理方式就是添加人员，请结合本章内容解释这一现象及其指导意义。

6. 某项目小组的周报数据如下图所示，请给出分析结论。

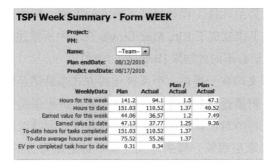

参考文献

[EVM, 2006] 维基百科 EVM 词条 . http://en.wikipedia.org/wiki/Earned_value_management.

[挣值管理，2006] 中文维基百科 http://zh.wikipedia.org/zh-cn/ 挣值管理 .

[CMMI, 2006] CMMI® for Development, Version 1.2, CMU/SEI-2006-TR-008.

第8章

项目总结

8.1 项目总结的意义

软件在社会生活中扮演了越来越重要的角色，软件的时效、经济、质量等因素的影响也越来越大。这样的发展趋势给软件工程师带来了极大的挑战，持续改善应当成为软件工程师的技能之一。否则，开发工作就成了 Rita Mae Brown 在书中所描述的"愚蠢"的行为——反复做同样的事情，但却期望有不同的结果 [Brown，1988]。

项目总结的目的和意义即在于提供一个系统化的方式来总结经验教训、防止犯同样的错误、评估项目团队绩效、积累过程数据等，给项目团队成员提供持续学习和改进的机会。在项目总结过程中，软件工程师对比计划检验实际完成状况，寻找改进机会。其背后的基本思想是鼓励在新的项目中采取更聪明合理的方式，而不是更加努力的方式来做事。也就是说，要改变的是做事的方式，而不是态度。在项目总结中，团队成员评价完成的产品的质量状况、消耗的开发代价以及相应的开发过程，判断计划的准确性和过程的合理性。识别问题和导致问题的根本原因，开发改进的方法以避免类似的错误反复发生。总结项目经验和教训，也会对组织中其他项目以及公司的项目管理体系建设起到重要的作用。

8.2 项目总结过程

项目总结需要系统化地、有条理地进行，以免遗漏重要的内容。因此往往需要事先定义总结过程，然后按部就班地开展总结工作。一般情况下，项目总结都包括准备阶段、总结阶段和报告阶段三个部分。为了体现系统化和完整性，本节将分别从项目管理知识体系（以 PMBOK 为例）和项目团队角色（以 TSP 为例）两个角度描述典型的项目总结过程。

8.2.1 一般项目总结介绍

按照 PMBOK 2008，可以将项目管理的知识域分为范围管理、时间管理、成本管理、质量管理、人力资源管理、沟通管理、风险管理、采购管理和整合管理。那么相应的，项目总结可以从这些角度出发，考察项目实际状况与计划的差异，找到改进的机会。

1. 范围管理

项目范围包括产品范围和项目范围。其中，产品范围定义了产品或服务所包含的特性和功能；项目范围定义了为交付具有规定特性和功能的产品或服务所必须完成的工作 [PMBOK，2008]。对项目范围管理的总结应当主要关注项目的需求开发过程与变更管理中的得失，对需求管理实际执行情况的差距进行原因分析，找到改进的机会。典型的问题包括：

- 是否有未被识别的需求？
- 是否有没有得到响应的需求变更？
- 需求是否出现蔓延现象？

2. 时间管理

项目时间管理所关注的就是项目的日程计划以及对日程计划的跟踪和管理状况。因此，对时间管理的总结，主要考察计划的准确程度以及各个里程碑的偏差情况，找到计划进展与实际进展之间的偏差并进行原因分析，找到改进机会。典型的问题包括：

- 估算偏差有多大？
- 日程计划准确程度如何？
- 里程碑偏差有多大？
- 日程计划有什么变更，为什么？

3. 成本管理

成本管理包括对成本进行估算、预算和控制的各个过程，从而确保项目在批准的预算内完工 [PMBOK，2008]。因此，对成本管理的总结，应当就计划成本、实际成本进行对比，对比成本构成明细的差距和原因等，并对它们进行分析，找到改进机会。对于软件项目而言，成本主要是人力成本，确切地说，当项目团队成员相对稳定时，成本主要就体现为完成每一项任务所消耗的时间资源。因此，典型的问题包括：

- 项目计划投入的总时间是多少，实际是多少？
- 各个阶段计划投入的时间是多少，实际是多少？
- 出现偏差的原因是什么？

4. 质量管理

项目质量管理包括执行组织确定的质量政策、目标与职责的各过程和活动，从而使项目满足其预定的需求。它通过适当的政策和程序，采用持续的过程改进活动来实施质量管理体系 [PMBOK，2008]。质量管理重点考察项目的最终交付物与客户实际需求的符合度。需要注意的是"客户"，他可以是一般意义上的外部客户，也可以指内部的客户。对质量管理的总结，具体可以从质量计划、实施质量保证和实施质量控制等活动结果入手，使用统计分析工具或者其他手段来分析问题原因，得出改进建议。典型的问题包括：

- 项目整体质量状况如何？
- 验收测试缺陷率是多少？

- 缺陷类型分布情况如何？
- 有没有办法在前期消除这些缺陷？

5. 人力资源管理

人力资源管理包括组织、管理与领导项目团队的各个过程，包括制定人力资源计划、组建项目团队、建设和管理项目团队等方面 [PMBOK，2008]。在项目总结时，应当考察项目成员的绩效，对它们进行统计、分析和评价，以便更加有效地开发和利用人力资源。典型的问题包括：

- 项目的生产效率如何？
- 每个人的生产效率如何？
- 每个人对项目的满意程度如何？
- 有没有改进的办法？

6. 沟通管理

项目沟通管理包括为确保项目信息及时且恰当地生成、收集、发布、存储、调用并最终处置所需的各个过程 [PMBOK，2008]。沟通是人员、技术、信息之间的关键纽带，是项目成功的条件。有效的沟通能在各种各样的项目干系人之间架起一座桥梁，把具有不同文化和组织背景、不同技能水平以及对项目执行或结果有不同观点和利益的干系人联系起来。在项目总结时，可以就项目过程中的内外部沟通渠道是否畅通合理、沟通是否充分、沟通效果如何等方面进行总结。典型的问题包括：

- 项目有没有因为沟通不够导致问题？
- 各个项目干系人的沟通手段有哪些？有没有需要总结的经验教训？
- 什么样的沟通方法最为有效？

7. 风险管理

项目风险管理包括风险管理规划、风险识别、风险分析、风险应对规划和风险监控等各个过程。项目总结时，可以就风险识别、风险分析和风险应对中的经验和教训进行总结，包括项目中事先识别的风险和没有预料到而发生的风险等。此外，对风险的应对措施的有效性也可以进行分析和总结。典型的问题包括：

- 哪些问题在前期没有预料到相应的风险？为什么？
- 哪些风险应对措施比较有效？
- 就组织层面考察，哪些风险发生的频率较高？
- 整个风险管理过程有哪些经验教训？

8. 采购管理

项目采购管理包括从项目组织外部采购或获得所需产品、服务或成果的各个过程 [PMBOK，2008]。项目组织既可以是项目产品、服务或成果的买方，也可以是卖方。项目采购管理包括合同管理和变更控制过程。通过这些过程，编制合同或订购单，并由具备相应权限的项目团队成员加以签发，然后再对合同或订购单进行管理。项目采购管理还包括管理外部组织（买方）为从执行组织（卖方）获取项目产品、服务或成果而签发的合同，以及管理该合同所规定的项目团队应承担的合同义务 [PMBOK，2008]。典型的问题包括：

- 项目方案是否合理？
- 采购而得的各类工具是否合用？
- 对供应商服务的评价如何？
- 采购相应的成本和风险考虑？
- 项目合同管理的经验教训有哪些？

9. 整合管理

项目整合管理包括为识别、定义、组合、统一与协调项目管理过程组的各过程及项目管理活动而进行的各种过程和活动 [PMBOK，2008]。在项目管理中，"整合"兼具统一、合并、连接和一体化的性质，对完成项目、成功管理干系人期望和满足项目要求，都至关重要。项目整合管理需要选择资源分配方案，平衡相互竞争的目标和方案，以及管理项目管理知识领域之间的依赖关系。典型的问题包括：

- 各类计划之间是否协调一致？
- 团队章程的执行状况怎样？
- 项目变更的处理流程是否有效？
- 项目完成之后相应的产物是否得到妥善保存？
- 有没有对组织过程资产的更新？

综合上述各个方面的内容，项目小组可以基于讨论的结果撰写项目总结报告，并且将总结报告纳入组织过程资产。

8.2.2　TSP 项目总结介绍

TSP 中也定义了项目总结过程。在每个开发周期的末尾一般都需要开展总结工作，为下个开发周期的改进提供参考。一个 TSP 总结过程大致可以划分成如下一些阶段，即准备阶段、过程数据评价阶段、人员角色评价阶段和总结报告撰写阶段 [Humphrey，2000]。

1. 准备阶段

在准备阶段，TSP 教练将向整个开发团队详细解释总结过程的各个步骤，强调过程数据的重要性，解释总结报告的格式和内容等。

2. 过程数据评价阶段

该阶段往往由过程经理或者质量经理带领整个团队分析过程数据，识别过程改进机会。可以结合典型 TSP 团队角色，逐个讨论改进领域。如团队领导力、计划准确性、过程优劣、质量管理能力、开发环境以及配置管理等。此外，也可以就 TSP 教练的作用进行评价。过程数据评价阶段还要求开发团队的所有成员都整理过程改进提案（PIP）。

PIP 是 TSP 过程中供开发人员在日程工作中记录改进想法的工具，其基本思想是积累小的改进，慢慢形成大的改进。在软件开发过程中，重大的改进机会不多，因此，往往需要从小做起，慢慢积累之后，就会形成对原有过程的显著改进。小的改进机会虽然多，但是容易被遗忘，PIP 的作用就在于提供了一个标准表格工具，允许软件工程师时时记录改进方案。在项目总结阶段，将开发过程中记录的所有 PIP 整理出来，形成整个开发周期的过程改进提案，并对它们进行讨论，以确定下个开发周期要实施的过程改进。

3. 人员角色评价阶段

典型 TSP 团队包括多个角色，如项目组长、计划经理、开发经理、质量经理、过程经理和支持经理 [Humphrey，2000]。详细的角色描述参见本书第 10 章内容。人员角色评价阶段可以就过去一个开发周期中开发团队的各个角色的工作状况进行总结，评价工作表现，找出改进机会。

（1）项目组长

项目组长的角色评价应当从领导力角度来考察在团队中的表现，重点关注团队受激励的水平和团队承诺履行方面的状况。项目会议的组织情况也需要总结，比如，会议效果、讨论技巧等。此外，还应当就如何在下一周期做得更好提出改进建议。

（2）计划经理

计划经理主要关注项目进度，因此，在总结阶段需要就估算、生产效率、里程碑等话题进行总结。例如：

- 项目产品规模的估算值和实际值有多大的偏差？为什么有这些偏差？
- 项目的计划开发时间与实际开发时间有没有偏差？原因是什么？
- 项目整体的生产效率是多少？
- 人均资源水平有多少？
- 项目的 PV 与 EV 趋势是什么？为什么有偏差？
- 跟以前的开发周期相比，生产效率有没有提升？为什么？
- 下一个开发周期需要如何改进？

（3）开发经理

开发经理进行总结的时候，应当从开发内容（从工程化角度，例如需求、设计、实现等）和开发策略角度出发，总结得失。例如：

- 将实际开发结果与计划开发内容进行对比，看看是否完全实现需求？
- 目前的系统架构是否足以支持已经识别的需求？在可以预见的未来，这样的架构是否需要重构？
- 或者从开发策略角度考察，看看事先定义的开发策略是否有效？如何改进？

此外，开发经理也应当就质量话题提出见解。比如：

- 现有的设计和实现步骤是否有助于质量目标的实现？
- 对于可用性、性能以及兼容性等其他高层次质量要求，现有的设计方法和实现平台是否可以支持？
- 现有的质量度量方式效果如何？未来怎样改进？

（4）质量经理

质量经理的总结则应该从项目整体质量状况出发，总结质量目标的实现过程，并找出改进机会。因此，可以就如下一些问题开展讨论：

- 项目整体质量状况如何？质量目标实现了吗？为什么？

- 是否所有预定的质量管理活动都开展了？如果没有，为什么？
- 项目进展过程中，质量趋势是什么？
- 每个阶段的 Yield 分别是什么？为什么有的过低？
- 测试开始之后有多少缺陷？哪些缺陷可以通过什么样的方式在前期排除？
- 现有的质量管理手段的效果如何？有哪些需要改进？

（5）过程经理

过程经理关注团队遵循过程的程度和过程改进方案。因此，在项目总结阶段，过程经理需要总结的问题为：

- 是否所有人都如实记录了数据？
- 团队成员对过程遵循状况如何？为什么？
- 记录的过程数据说明了什么？
- 现有的过程有哪些不足？
- 所有的 PIP 都提交了吗？
- 哪些 PIP 值得在下个周期实现？如果要实现，对现有过程需要做什么样的调整？

（6）支持经理

支持经理主要关注配置管理状况、问题和风险跟踪机制以及复用策略的支持等话题。因此，在项目总结阶段，支持经理需要总结的问题为：

- 项目团队开发环境是否合用？
- 项目过程中，对于配置项出现了几次变更？原因分别是什么？未来如何改进？
- 配置管理活动开展情况如何？是否有未经授权的配置项修改现象出现？
- 风险和问题跟踪机制是否有效？是否所有问题都得到处理？
- 风险有没有导致对项目的负面影响？
- 哪些风险一开始没有被识别出来？
- 复用策略是否有效？
- 对比上一阶段，复用比例是否上升？为什么？怎么改进？

（7）工程师

此外，由于大部分角色经理同时充当着软件工程师的角色，因此，还需要就工程师角色的工作状况进行总结。工程师重点关注的就是个人的绩效（生产效率、质量水平等）。因此，需要总结的问题包括：

- 个人计划的绩效与实际的绩效有没有差别？为什么有偏差？
- 对比上个周期有没有进步？为什么？
- 下个开发周期将如何改进？
- 根据个人总结的 PIP，你觉得最值得改进的有哪些内容？

4. 总结报告撰写阶段

基于上述角色评审的结果，项目团队可以整理一份项目总结报告，如表 8-1 所示。总结报告一般由项目组长带领项

表 8-1 TSP 项目总结报告模板 [Humphrey, 2000]

1. 引言
2. 角色报告
a）项目组长
b）开发经理
c）计划经理
d）过程经理
e）质量经理
f）支持经理
3. 工程师报告
4. 参考材料

目成员一起制作，各个角色经理完成自己角色相应的部分，项目经理进行汇总，并组织项目团队成员进行评审。

本章小结

本章介绍了项目总结的意义和方法。项目总结的意义即在于提供一个系统化的方法来总结经验教训、防止犯同样的错误、评估项目团队绩效、积累过程数据等，给项目团队成员提供持续学习和改进的机会。软件工程师工作的性质就要求他们必须把每一个项目都当成一次学习和提高的机会。

项目总结需要系统化地、有条理地进行，以免遗漏重要的内容。因此往往需要事先定义总结过程，然后按部就班地开展总结工作。一般情况下，项目总结都包括准备阶段、总结阶段和报告阶段三个部分。

在具体操作中，可以参考 PMBOK 中定义的各个项目管理知识领域分别加以总结。如范围管理、时间管理、成本管理、质量管理、人力资源管理、沟通管理、风险管理、采购管理和整合管理等方面。

TSP 也提供了一种项目总结的方式，在这种方式当中，团队成员结合自己的角色，总结自己角色相关工作的得失，提出下一个开发周期的改进建议。典型角色包括项目组长、计划经理、开发经理、质量经理、过程经理和支持经理等。TSP 也支持自定义角色，在定义新的角色经理时，必须明确定义职责、工作内容和评价方式，对于自定义角色经理的工作总结就可以据此开展。

思考题

1. 结合 PMBOK 项目管理知识体系，描述项目总结应当如何开展。
2. TSP 过程的项目总结工作是如何开展的？

参考文献

[Brown, 1988] Rita Mae Brown, Starting from Scratch: A Different Kind of Writer's Manual. New York: Bantam Books, 1988.

[PMBOK, 2008] 项目管理协会 . 项目管理知识体系指南 [M]. 4 版 . 王勇，张斌，译 . 北京：电子工业出版社，2009.

[Humphrey, 2000] Watts S. Humphrey, Introduction to the Team Software Process, Addison-Wesley, 2000.

## 第 9 章

项目管理支持活动

9.1 配置管理

配置管理是指以技术和管理的手段来监督和指导开展如下工作的规程 [CMMI，2006]：

- 识别和记录配置项的物理特性和功能特性；
- 管理和控制上述特性的变更；
- 记录和报告变更过程和相应的配置项状态；
- 验证配置项是否与需求一致。

其中配置项是在配置管理当中作为单独实体进行管理和控制的工作产品的集合。

9.1.1 配置管理简介

配置管理的目的是建立与维护工作产品的完整性。在操作时，主要通过配置项识别、配置项版本控制、配置项状态审计以及配置活动审计等手段来实现上述目标，即保持上述工作产品的"同步"。具体而言，配置管理过程应当包括下列活动：

- 从完整表示某个软件系统的角度出发，识别和选定某些工作产品作为配置项，这些工作产品（配置项）在特定的时间点会形成基线；
- 管理和控制配置项的变更；
- 建立基线发布的标准，适时发布产品的基线；
- 定期或者以事件驱动方式维护基线的完整性和一致性；
- 将配置管理的最新状态提供给项目相关人员，如开发者、最终用户或者客户等。

纳入配置管理的工作产品，包括需要交付给客户的产品、指定的内部工作产品、采购获得的产品组件和工具，以及其他用以产生或描述上述这些工作产品的相关材料。从某种角度上说，所有在开发过程中不应当随意变更的工作产物都应当识别为配置项。

因此，可能作为配置项纳入配置管理的典型的工作产品包括：

- 过程说明文档；

- 项目开发计划文档；
- 需求规格说明书；
- 设计规格说明书；
- 设计图表；
- 产品规格说明书；
- 程序代码；
- 开发环境，如特定版本的编译器等；
- 产品数据文件；
- 产品技术文件；
- 用户支持文档。

工作产品的配置管理可以采用不同的粒度进行，配置项可进一步分解为配置组件和配置单元。以程序代码为例，一般情况下，必须将程序代码按照模块结构划分为不同的配置单元，然后分别施以配置管理（读者可以思考一下为什么）。

基线是配置项持续演进的稳定基础。发布一个基线应当包括该基线所有的配置项以及这些配置项的最新变更，因此，可以将基线作为接下来工作的基础。典型的发布基线时间点为需求分析之后、设计完成之后、单元测试之后以及最终产品发布。

举例来说，一个授权的产品说明基线可能包含需求规格说明、需求跟踪表、设计规格说明、用户帮助文件等，这些工作产品的版本必须兼容。

当基线产品开发完成后，就会将其纳入配置管理系统。基线的变更以及相应工作产品的发布，必须经由配置管理委员会通过变更管理及配置审计等方式，进行系统、有效的管理与监督。

9.1.2 配置管理活动

如前所述，配置管理过程由一系列的活动组成，包括识别配置项、建立配置管理系统、创建和发布基线、跟踪变更请求、控制配置项变更、建立配置管理记录以及配置审计等。如图 9-1 所示，配置管理相关的活动之间有着紧密的依赖关系，部分活动有一些典型的工作产物。这些活动相互配合，实现建立和发布基线、跟踪和控制配置项变更以及进行完整性验证三大管理目标。

1. 识别配置项

配置项是在配置管理当中作为单独实体进行管理和控制的工作产品。因此，识别配置项这一活动就是指根据事先定义的选择标准，识别和选取需纳入配置管理的工作产品。需要纳入配置管理的工作产品，除了工作产品本身之外，也包含用于说明工作产品需求规格的文档。有的时候，依据对于所定义工作产品的重要性，像测试结果等也可以作为配置项，纳入配置管理。

配置项也可能包含组成某基线的数个相关工作产品。这种逻辑上的编组，使得配置项的识别和存取控制变得相对容易。

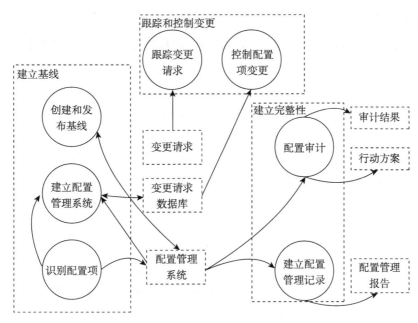

图 9-1 配置管理活动之间的关系 [CMMI, 2006]

典型的识别配置项的步骤如下：

1）根据事先定义的选择标准，识别和选择相应的工作产品作为配置项。

典型的用以参考的选择标准有：

- 可能被两个或两个以上小组共享的工作产品；
- 会随着时间而变更的工作产品，其变更原因可能是发生错误或变更需求；
- 数个相互依存的工作产品，当其中一个改变时，将会影响到其他的工作产品；
- 极重要的工作产品。

在识别配置项时，需要注意工作产品的物理特性对配置项选择的影响。例如，对于文档性质的工作产品，单一的配置项往往足以实现配置管理需要；而对于代码性质的工作产品，往往需要根据模块进行合适粒度的划分，定义多个配置项。

2）为每个选定的配置项指定唯一的标识符号。

3）指定每个配置项的重要特性。

典型的配置项特性包括作者、文件格式或档案格式，以及程序代码所使用的语言等。

4）指定每个配置项目纳入配置管理的时机。

将配置项纳入配置管理的典型时机有：

- 在生命周期的各阶段；
- 当工作产品准备好可进行测试的时候；
- 当工作产品需要某种控制的时候；
- 客户需求中明确要求的时间点。

5）为每个配置项指定负责人 / 拥有者。

2. 建立配置管理系统

建立并维护一个配置管理与变更管理的系统，以便管理工作产品。典型的配置管理系统包含存储媒体、操作程序以及存取配置项的工具。变更管理系统包含存储媒体、操作程序以及记录和存取变更申请的工具。

为了建立配置管理系统，往往需要开展如下的活动：

1）在配置管理系统中，建立不同控制级别的机制来保存配置项。

一般情况下，可以根据项目目标、风险以及资源来选择不同的控制级别。控制级别可能因生命周期、开发时的系统种类及特定项目需求而异，可从简单跟踪开发过程中配置项的变更这样的非正式管理到正式配置管理过程中的变更基线这样的正式配置管理。

例如，不同的控制级别机制的考虑有：

- 配置项刚刚建立时，由作者管理；
- 配置项还处于开发阶段，由低阶配置管理委员会管理；
- 配置项所属基线发布时，由有客户参与的高阶配置管理委员会管理。

2）在配置管理系统中，存取配置项。

实际项目的配置管理实践中，往往视阶段、目的以及控制级别的不同，提供三种不同的存放配置项的"仓库"，分别为工作库、基线库以及产品库。

- 工作库，包含目前正在开发或修订的组件，是开发者的工作场所，而且由作者管理各自的工作产品，通过版本管理系统来控制。
- 基线库，又称为受控库，包含当前的基线和基线的变更，完全由配置管理系统来控制。
- 产品库，包含已发行使用的各种基线的保存档，完全由配置管理系统来控制。

3）在配置管理系统的不同控制级别机制下，共享和移动配置项。

4）存储和复原已归档保存的配置项版本。

5）存储、更新及取出配置管理记录。

6）从配置管理系统中，产生配置管理报告。

7）保存配置管理系统的内容，例如，配置管理档案的保存和复原等。

8）必要时，修订配置管理系统的结构。

3. 创建和发布基线

项目小组在计划的时间点建立或发布供内部使用和/或交付给客户的基线。基线是一个或多个配置项及相关的标识符的代表，是一组经正式审查和同意的规格或工作产品集合，是未来开发工作或交付的基础，而且只能经由严格的变更控制程序才能改变。在产品演化过程中，可能需要多个基线来控制产品的开发与测试。

在系统工程中，基线可能包含系统层需求、系统组件层设计需求，以及开发结束前或者生产开始前的产品定义。在软件工程领域，软件基线可以是已指定唯一标识符的一组需求文档、设计文档、程序代码以及相应的可执行代码和用户支持文档等。

只有来自配置管理系统中配置库的配置项，才能用来建立基线或发布基线。典型的建立和发布基线的活动包括：

1）在建立或发布配置项的基线之前，配置管理委员会必须进行授权。

2）记录基线所含的所有配置项。

3）维护基线，使目前最新的基线随时可用。

4. 跟踪变更请求

为了控制配置项变更，首先必须跟踪配置项的变更请求。在项目开发中，不仅仅新的需求或现有需求的变更会导致配置项的变更，很多时候纳入配置管理系统的工作产品的故障或缺陷的修正也需要变更配置项。

一旦出现配置项的变更请求，项目小组负责配置管理的人员需要分析变更请求，以决定此变更对工作产品、相关工作产品、进度及成本的影响。并且基于分析的结果，确定如何处理变更请求。

典型的跟踪变更请求的活动包括：

1）启动变更请求处理程序，将变更情况保存在变更请求数据库中。

2）分析变更建议和所需进行的修改将对工作产品、进度、日程等造成的影响。评估变更所造成的影响，也应考虑当前项目或合约之外的需求。例如，某个配置项被数个产品所使用，则该配置项的改变或许可以解决目前的问题，但也可能造成其他应用上的新问题。因此，往往需要开展正式的变更评估，以确保此配置项的变更与其所有的技术需求和产品需求保持一致。

3）如果变更请求影响到其他基线，则应与相关的干系人一起审查这些变更请求，并取得他们的同意。执行变更请求审查时，让合适的相关干系人参与决策，并记录每个变更请求的处理方法和决策理由，包含成功的准则、简单的行动计划及变更是否符合需求的审核等。在执行完变更处理方法所涉及的各项操作后，将结果告知相关的干系人。

4）跟踪变更申请的状态直到结项。项目小组需要及时、有效地处理配置管理系统的变更请求。一旦开始处理变更请求，重要的是，当已核准的变更操作已产生作用，应尽快将变更请求结项。若一直不结项，结果将不只是更长的待处理状态清单，还可能导致成本和管理混乱程度的增加。

5. 控制配置项变更

控制配置项变更是指跟踪每一配置项的配置状态，必要时核准新的配置项变更，并更新基线。

典型的控制配置项变更的活动包括：

1）在整个产品生命周期，管理配置项的变更。

2）变更后的新配置项，在纳入配置管理系统之前，必须得到适当的授权。一般来说，这种授权可来自配置管理委员会、项目经理或客户。

3）通过受控的检入（Check In）和检出（Check Out）机制来从配置管理系统中获得配置项或者实施配置项变更，从而维护这些配置项的正确性和完整性。

一般来说，受控的检入和检出机制包括如下的内容：

● 确认这些修订已取得授权；

- 更新配置项；
- 将旧基线归档保存，并获取新基线。

4）执行审查，以确保该变更没有对基线造成意料外的影响。

5）适当记录配置项的变更内容和变更理由。

如果接受对工作产品的变更建议，则须识别完成修改工作产品及其他受影响部分的进度表。配置管理机制可以定义成多种变更类别。例如：有些不影响其他组件的组件变更，其核准过程可以简化。已变更的配置项，须经审查和核准后才能发行。若未经发行，变更并不算正式生效。

6. 建立配置管理记录

在项目开发过程中建立并维护描述配置项的记录是确保基线的完整性和一致性的基础。基于这些记录，审核人员可以很方便地了解配置项变更历史，从而发现并消除对配置项和基线的错误变更。

典型的建立配置管理记录的活动有：

1）详细记录配置管理活动，使其他项目干系人知道每个配置项的内容和状态，并能复原配置项的先前版本。

2）确保相关的干系人能存取配置项，了解配置项的配置状态。

3）标注基线的最新版本。

4）识别组成某基线的配置项的版本。

5）描述前后版本基线间的差异。

6）必要时修订配置的状态和历史记录（指变更及其他行动）。

7. 配置审计

实施配置审计活动是维护配置基线的完整性和一致性的有效手段。配置审计确认最终的基线和相应的文档说明与事先确定的标准或需求一致。审计结果需要记录。

具体而言，配置审计包含三方面的审计，即功能配置审计、物理配置审计以及配置管理审计，分别介绍如下：

- 功能配置审计。审计的执行是验证配置项的可测试功能特性与事先在相应的功能规格文件所指定的功能性需求一致，并且相关的操作手册和其他支持文件完整。即待审计的工作产物是否可以追溯到功能需求。
- 物理配置审计。审计的执行是验证配置项与相应的技术文件的定义一致。即待审计的工作产物本身是否正确，如描述为设计规格说明书的配置项本身是否就是设计规格说明书而不是需求规格说明书。
- 配置管理审计。审计的执行是验证配置管理过程没有问题，主要是确认配置管理记录及配置项的完整性、一致性及正确性。

典型的配置审计活动有：

1）评估基线的完整性。

2）确认配置管理记录正确标识出配置项变更历史。

3）审查配置管理系统中配置项的结构一致性。

4）确定配置管理系统中配置项的完整性和正确性。

5）确认配置管理活动符合适用的配置管理标准和流程。

6）跟踪审计之后的纠正行动直到结项。

9.2　度量和分析

在软件项目管理决策过程中，基于客观的数据很重要，这种客观决策可以显著消除错误决策的风险。而这些客观数据，必须依照一定的流程以正确的方式获得和使用。度量和分析活动就定义了上述客观数据的获取与使用方式。

9.2.1　度量和分析简介

度量和分析的目的在于建立与维持度量能力，以支持管理的信息需要。具体而言，度量和分析活动包括：

- 指定度量和分析活动的目标，并使其配合已识别的管理的信息需求与业务目标；
- 指定度量、分析技术、数据收集、数据存储流程以及报告与反馈机制；
- 实施数据的收集、存储、分析及报告；
- 提供客观的度量结果以便有根据地做出客观决策和采取矫正措施。

作为项目管理支持类的活动，度量和分析活动可以支持如下的项目管理活动：

- 客观地估计与计划；
- 根据建立的计划和目标，跟踪实际进展；
- 识别与解决过程改进相关议题；
- 提供将度量结果纳入未来其他过程的基础。

软件组织可以选择是否需要专门设置实施度量和分析活动的人员。度量与分析活动可以集成到各个项目中，也可以由软件组织中其他专设部门开展（例如质量保证部门）。

度量活动最初关注的是项目级数据，而这种度量能力在处理组织级信息需求方面也被证明确实有用。因此，为支持上述度量能力，度量活动应支持多层面的信息需求，包括业务层面、组织层面以及项目小组层面，从而有效减少伴随着软件组织成熟时重新定义度量而造成的返工。

度量结果的保存有多种方式，项目小组可选择在本项目特定资产库中保存数据与分析结果。而如果要在更广泛的范围内分享数据时，可将这些数据存放于组织级度量库中。

有些时候，需要对供应商所提供的产品组件进行适当度量分析，这对于有效地管理质量与成本是非常有必要的。这些数据可以帮助评价供应商的能力。

9.2.2　度量和分析活动

度量与分析过程由一系列活动组成，包括建立度量目标、指定度量方式、指定数据收集和保存的流程、指定分析流程、收集度量数据、分析度量数据、保存数据和结果以及交流度量结果等。如图 9-2 所示，度量和分析相关的活动之间有着紧密的依赖关系。这些活动相互配合，实现度量和分析的目标，即为决策提供客观的数据依据。

1. 建立度量目标

项目小组从信息需求和管理目标出发，建立并维护一组度量目标。度量目标记录完成度量分析活动的目的，并识别基于数据分析的结果，以及需要采取何种行动。度量目标的来源可能是管理、技术、产品或过程实施的需要。

建立度量目标时，经常需要先考量识别度量和分析程序的必要准则，同时也要考量资料收集与存储程序的限制。

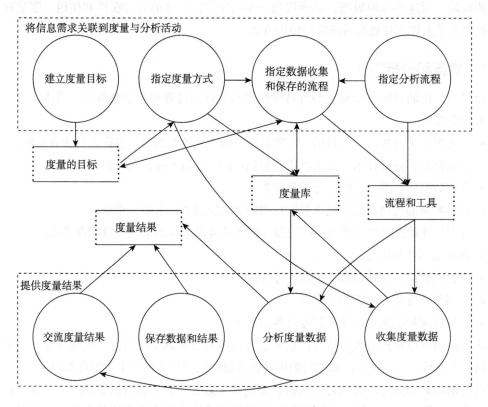

图 9-2　度量和分析活动之间的关系 [CMMI, 2006]

度量目标的定义可能受限于现行的开发过程、可用的资源或其他的度量关注点。因此，在实际工作中，需要进行必要的投资效益分析，即需要判断投入度量工作的资源与度量结果的价值是否相当。

度量和分析活动本身也是一个需要持续改进的过程。很多时候，度量与分析的结果将影响已识别的信息需求与目标的修改，进而导致度量分析活动也需要相应调整。

典型的信息需求与目标的来源有：

- 项目计划；
- 绩效的监控；
- 与管理人员和其他具有信息需求的人员进行访谈；

- 已建立的管理目标；
- 策略计划；
- 经营计划；
- 正式需求或合约义务；
- 其他棘手的管理或技术问题；
- 其他或组织的经验；
- 外部的产业可参照基准；
- 过程改进计划。

基于上述信息需求定义的典型度量目标如下：

- 减少交付时间；
- 减少生命周期总成本；
- 完整交付指定功能；
- 改进产品质量；
- 改进优先客户满意度评价等；
- 维护与改进采购 / 供货商的关系。

典型的建立度量目标的活动包括：

1）将管理的信息需求与目标文档化。以文档形式记录管理的信息需求与目标，以保证后续度量分析活动可以追溯到这份文档。

2）确定管理的信息需求与目标的优先级。并非所有最初识别的信息需求都需要度量分析，在度量活动可用资源有限的情况下，必须排定优先级。

3）记录、审查及更新度量目标。仔细考察度量分析的目的与预期的用途很重要。因此，在实施度量与分析活动的时候，需要记录度量目标，并交由管理人员（信息的需求方）和其他相关的干系人审查，必要时予以更新，使得相应的度量分析活动可以追溯，并确保分析活动可以解决管理的信息需求与目标。

让度量与分析结果的使用者参与设定度量目标与决定行动计划也很重要。有些时候让提供度量资料的人员参与也是必要的。

4）必要时提供度量与分析活动的回馈信息，以调整和理清信息需求与目标。信息需求的初始描述可能不清楚或存在二义性，现有的信息需求和目标之间也可能产生抵触。而对一个已经存在的度量，要求立刻有精确的目标可能也不切实际。因此，设定度量目标后可能需根据度量和分析活动开展后的反馈信息，修订和理清已识别的信息需求与目标。

5）维持度量目标和指定的信息需求与目标之间的可溯性。对于"为何要做这项度量"这样的问题，必须要有好的答案。当然，也可以改变度量目标，以反映不断发展的信息需求与目标。

2. 指定度量方式

指定度量方式以满足度量的目标。为了使得度量和分析活动可操作，在实施过程中需要将上一个活动识别出来的度量目标调整为精确的、可量化的度量值。

一般而言，度量包括基础度量与衍生度量，基础度量数据得自于直接度量，是对一个实体以及相应度量方法的明确的属性特性的刻画。衍生度量数据通常结合多个基础度量而得，一般情况下，都是对基础度量进行适当的数学（大部分情况下是除法）操作而得。

典型的基础度量如下：

- 工作产品规模大小的估计及实际度量（例如页数）；
- 人力与成本的估计及实际度量（例如人时）；
- 质量度量（例如缺陷数、依严重程度区分的缺陷数）。

一般使用的衍生度量举例如下：

- 挣值；
- 进度绩效指标；
- 缺陷密度；
- 同行审查覆盖度；
- 测试或验证覆盖度；
- 可靠性度量（例如平均失效时间）；
- 质量度量（例如依严重程度区分的缺陷数 / 总缺陷数）。

衍生度量通常以比例、混合指标或其他合计度量来表示。衍生度量由基础度量产生，通常比基础度量更具数据可信度和说明意义。

指定度量方式典型的活动包括：

1）依据文档化的度量目标，识别可能的度量方式。度量目标被调整为具体的度量方式，在实际操作中根据度量名称和单位，将这些可能的度量予以分类。GQM（Goal-Question-Metrics）[Basili，1994]方法有助于识别和定义合适的度量方式以满足度量目标，9.2.3 节有GQM方法的详细介绍。

2）识别已经存在且可以满足度量目标的度量。度量的方式不一定需要全新定义，现有的度量方式或许是针对其他目的而建立的，但如果仍然可以支持识别出的度量目标，那么也可以采用。

3）指定度量方式的操作定义。确定了度量方式之后，必须就该方式的度量结果进行精确和明确的操作定义，以便于度量活动的实施者顺利开展度量活动。进行操作定义有两个重要的参考准则：

- 可沟通：度量什么？如何度量？度量的单位是什么？包括或排除什么？
- 可重复：在相同的定义下，度量是否可以重复执行，且获得相同的结果？

4）将度量方式按照优先级进行排序，并定期进行审查及更新。请度量结果可能的最终使用者和其他相关的干系人对所建议的度量方式的适用性进行评审。可设定或改变排序，必要时可更新度量方式说明。

3. 指定数据收集和保存的流程

该工作流程指定度量数据如何获得和如何存储。明确规范数据收集的方法可确保以适当的方式收集正确的资料，而且还能帮助更进一步厘清信息需求和度量目标。此外，对于收集到的数据，应当注意存储和获取的流程，正确的流程有助于确保数据将来的可用性及可存取性。

指定数据收集和保存的流程的典型活动包括：

1）识别由目前工作产品和开发过程产生的数据来源。在指定度量时，可能已有现行的数据来源，尽管没有正式收集相关的数据，但是仍然可能存在适当的数据资料收集机制。

2）识别目前明确定义而相应的数据又是管理所必需的度量方式。

3）为每一项需要的度量指定数据收集与存储的方法。明确描述资料如何收集、从何处收集及什么时机进行收集，并描述收集有效数据的流程，有助于实施人员顺利开展工作。数据必须以容易获取的方式存储以便于分析。此外，还需要决定数据是否需要存储，以作为再分析或定义规范之用。

在确定数据收集与保存的方式的时候，通常需要考虑以下问题：

- 是否已经决定数据收集的频率，以及在过程中执行度量的时点？
- 是否已经建立将度量结果自资料收集处转移到数据存储库、其他数据库或最终使用者处的顺序？
- 谁负责取得资料？
- 谁负责数据存储、取得及安全维护？
- 是否已开发或取得必要的支持工具？

4）建立数据收集的机制与收集过程指南。数据收集机制需与其他一般工作过程整合。数据收集的机制可以包括人工方式和自动表格与模板等。需要向负责这项工作的人员提供清楚、简明的指南以确保数据收集工作正确执行。此外，还需要向这些人员提供相应的培训，明确收集数据的过程，以便收集完整的、正确的资料，并减轻相关工作人员的工作负担。

5）如果可能，尽量采用自动化手段来进行数据资料的收集。人工方式收集数据，一方面工作量大，另外一方面也容易出错。而自动化手段可以有效解决上述问题。一般的自动化手段都需要相应的工具支持。当然，有些数据是不可能完全自动化收集的，比如客户满意度或者软件产品功能点等。在指定数据收集方式的时候，这些方面应该进行充分考虑。

6）对数据收集与保存流程排定优先级，并定期进行审查及更新。收集与保存流程的妥当性与可行性，必须经过负责收集、保存与提供数据资料人员的审查，这些人员对于如何改进现行的过程或建议其他有用的度量和分析方法，往往具备一定的洞察力，他们的建议往往可以显著改进数据收集与保存流程，提升效率。

7）必要时更新度量方式与度量目标。度量方式与度量目标有的时候由于重要程度或者所需数据的代价等因素，需要重新排定其优先顺序。此外，取得这个数据是否需要新的表格、工具或培训等也是考虑因素之一。

4. 指定分析流程

确定了数据的收集与保存方式之后，就应当解决如何使用数据的问题。

事先指定度量数据的分析流程，可确保执行正确、合理的分析活动与结果报告，以满足已记录的度量目标。此方法也提供了对必须收集的数据资料的一种审核。

指定分析流程的典型活动包括：

1）指定将要执行的分析工作以及将要准备的结果报告，并排定优先顺序。度量和分析相关的工作人员应当及早关注所需执行的数据分析，以及分析报告呈现的方式。它们应符合下列准则：

- 分析活动可以清晰地关联到度量目标；
- 分析结果的呈现方式应当能让需处理此结果的人员清楚地了解。

而优先顺序的排定则往往需要参考可取得的资源。

2）选择适当的数据分析方法与工具。一般情况下，需要使用统计过程控制方法和相关的统计工具来分析过程数据。

在选择分析方法和工具的时候，通常需要考虑如下因素：

- 选择直观的显示方法和其他分析结果呈现技术（例如饼图、柱状图、雷达图、线条图、散点图等）；
- 选择适合的描述统计学方法（例如算数平均数、中数或众数）；
- 当无法或不必要检验每一数据元素时，按照定义好的采样准则选择样本数据；
- 当出现缺少数据元素的情况时，应当决定如何处理更合理；
- 选择适当的分析工具。

描述统计学方法是数据资料分析的典型方法，该方法在下列情况中应用较多：

- 检验指定度量的分布（例如集中趋势、变化程度、数据点呈现异常变异）；
- 检验指定度量之间的相互关系（例如以产品生命周期的不同阶段或产品组件来比较缺陷）；
- 显示随着时间的变化的数据变化情况。

3）指定分析数据和沟通结果的管理流程。

典型的注意事项如下：

- 指定合适的人员和团体负责分析数据和简报结果；
- 确定分析数据和简报结果的时间表；
- 确定沟通数据分析结果的方式（例如进度报告、传送备忘录、书面报告或工作人员会议）。

4）审查并更新分析与报告的内容和形式。所有提出的分析与报告的内容和形式应定期审查和修正，包括分析方法和工具、管理流程及优先顺序等。要咨询的相关干系人应该包括预期的最终使用者、度量分析活动的支持者、数据分析人员及数据提供人员。

5）在必要时，应当更新度量与度量目标。正如同度量需求会引导数据分析，清晰的数据分析准则反过来也会影响度量。基于现有的数据分析流程，某些度量规格说明可能会进一步调整。某些度量可能随着管理目标的变化不再需要了，而某些新的度量也可能被识别和实施。

6）指定评价准则来评估分析结果的有用性及度量分析活动的开展状况。评估分析结果有用性的参考准则可参考下述指标：

- 分析结果是否适时提供、容易了解，以及可用来制定决策；
- 分析工作的执行成本不应比它提供的效益高。

度量分析活动开展状况的评价准则可参考下列指标：

- 数据资料的缺少与不一致的数量是否超出阈值；

- 数据资料取样是否有偏差（例如，仅调查满意的使用者以评估最终使用者满意度，或只评估不成功的项目以决定整体生产力）；
- 度量数据资料是否可重复（例如，统计上的可靠性）；
- 统计的假设是否满足（例如，关于数据资料的分布等）。

5. 收集度量数据

这是指获取需分析的数据，并检查其完整性和一致性，以确保分析结果有效。

典型的收集度量数据活动包括：

1）获得基础度量数据。视需要收集数据，包括已使用的和全新指定的基础度量。现有数据可从项目历史记录或从组织其他地方获取。但是需注意，以前收集的数据可能与当前组织的环境有显著差异，从而无法再使用这些数据。例如，现在的开发过程与原有的开发过程有显著差异的时候，以前的生产效率和质量水平数据可能就不适合在当前的项目中参考。

2）根据需要，产生衍生度量数据。

3）检查数据一致性，使其尽可能接近原始数据。

所有度量在说明或记录数据的过程中可能发生错误，最好能在度量分析的初期识别这些错误，并能指出所缺数据资料的来源。检查应包括详查缺少的数据及超出预定范围的数据值，以及不寻常的度量数据间的相关性等。

6. 分析度量数据

依照计划与已定义的流程分析度量数据，必要时，可以定义新的额外分析。数据分析结果需由相关的干系人审查，并记录数据分析过程的改进措施。

分析度量数据的典型活动如下：

1）进行初步分析并就分析结果进行解释，并给出初步结论。

2）必要时，执行额外的度量分析工作，并准备给出报告。

3）与相关的干系人审查初步分析结果。

4）为未来的分析调整准则。

那些可改进未来度量分析工作的有价值的经验，经常来自于现有的数据资料的分析和报告。类似的，当调整指定的信息需求与目标时，改进度量规格说明及资料收集流程的方式可能会变得显而易见了。

7. 保存数据和结果

度量数据、度量规格说明和数据分析结果都应该妥善保存，这有助于未来更及时和经济地使用历史数据资料与分析结果。另外，这些信息也为诠释数据、度量准则及分析结果提供了充分的上下文。

需要保存的信息通常包括：

- 度量计划；
- 度量规格说明；
- 已收集的资料；
- 分析报告和简报数据。

保存的信息应当包含解释度量所需的信息以及评价其合理性及适用性所需的信息。衍生度量由于通常可以由基础度量重新计算而得，所以其数据集合一般不需要保存，但是衍生度量的摘要（例如图表、结果表格或报告等）必要时也可以进行保存。此外，一些中间分析结果也不需要个别保存。

保存数据和结果的典型活动包括：

1）审查数据以确保完整性、一致性、正确性与及时性。

2）根据数据保存的标准流程来保存数据。

3）确定保存的内容仅提供适当的团体与人员使用。

4）防止数据不当使用。

8. 交流度量结果

用实时、有效的方式，向所有相关的干系人报告度量分析的结果，以支持决策制定以及协助纠偏措施的开展等。

典型的交流度量结果的活动包括：

1）及时将度量结果告知相关的干系人。度量结果因为有预期目的，即支持管理的信息需要，所以需及时将度量结果传达给相关干系人。分析报告也需要及时分发给相关干系人，如果未能分送给所有需要知道结果的人，则报告不太可能会被使用。

此外，在可能的情况下，度量结果的使用者应亲自参与设定目标以及决定度量分析行动的计划。度量分析活动的进度和中间结果也需要定期向使用者报告。

2）协助相关的干系人了解结果。以清楚、简明的方式，向相关的干系人报告度量和分析结果。报告必须易于了解和诠释，并且与指定的信息需求及目标有明晰的关联关系。

9.2.3　GQM 方法原理和应用

GQM 是一种应用非常广泛的建立软件度量体系的方法，它由美国马里兰大学的 Victor Basili 教授和 NASA 软件工程实验室的 David M. Weiss 等人提出，是一种面向目标的度量软件产品和过程的方法。GQM 从管理的目标出发，将目标归纳、分解为可度量的指标，并把这些指标提炼成可以测量的值，是一种科学的、系统的思考问题的方式。

GQM 方法有效地帮助管理者从管理的目标出发，定义一整套合理的软件度量体系，运用系统的方法来对软件过程和产品模型中的各个管理目标进行考核。GQM 方法具备较强的灵活性和可操作性。实施过程是从上到下的分析过程和从下到上的执行过程。首先提出度量目标 G（Goal）；然后将该目标细化为关于过程或产品的特定问题 Q（Question）；这些问题以度量 M（Metric）的方式得到回答。GQM 方法将一个个模糊的、抽象的目标，分解成具体的、可测量的问题。

如图 9-3 所示，GQM 方法在三个层次上定义度量模型：

- 概念层（目标）：目标是为某个特定的对象而定义的，这里的对象是指软件产品、软件过程以及相关的资源等。定义目标基于不同的原因和不同的质量模型，也要参考不同的角色视图与特定的环境。

- 操作层（问题）：基于一定的刻画上述目标是否达成或者目标达成的进展情况的模型，使用一系列的问题来定义所研究的对象，然后得出评价或评估特定的目标达成的进展情况。所选择的问题应当尽量体现质量相关的话题。
- 量化层（度量）：试图以量化的方式回答上述操作层识别出来的问题。

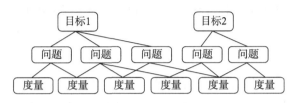

图 9-3 GQM 方法的三个层次

下文将结合一个实际的应用 GQM 的案例来描述这种方法，例子译自 IBM 网站 [Roger，2008]，并做了适当修改。该例子结合多个不同的角色，如 IT 执行管理层、项目经理和软件质量经理等，通过这些角色的管理视图，解释 GQM 方法的应用。

1. IT 执行管理层

典型的 IT 执行管理层往往是 CIO，他需要向一个业务部门的负责人汇报。这个层面的目标集中于找到吸引和维持产品客户的方法，增强产品竞争能力以及在不牺牲产品基本应用功能的前提下降低成本的方法。这里有 3 个识别的目标以及相应的 GQM 分析示例。

- G_1：增强对客户交付新产物的能力。
- Q_1：在业务重点从软件维护到新的开发转移的前提之下，需要进行资源与预算的重新分配吗？
- M_{11}：度量维护成本。快速增长的代码量导致了维护成本的急剧上升。这将消耗更多的人来处理和解决现有应用的问题和新特性开发。度量维护成本，并通过跟踪逻辑代码增量来度量维护成本的变化（相关性）。
- M_{12}：度量代码复杂度。随着时间的推移，修改缺陷和添加新功能将会增加代码复杂度。执行管理层在复杂度上的关注将影响团队的行为，通过优化设计，提升可维护（复用）的代码比例。这将导致更低的总体拥有成本，为创新开发节约了预算和人力。
- G_2：通过改进交付成果和交付过程的透明度，改进与业务部门的关系。
- Q_2：如何能改进交付成果和增加透明度，提升与业务部门在目标上的共同理解？
- M_{21}：度量生产环境的代码量。通过度量和沟通应用软件的逻辑规模，以及分析这些规模的增长速度和当前的维护活动的关系，IT 执行管理层将能够基于客观事实与客户进行沟通，而业务部门将了解到 IT 部门对于他们业务扩展工作的支持和结果。
- M_{22}：度量软件开发活动的进展。通过软件开发活动在支持业务逻辑上的可视化展示，将体现出 IT 执行管理层正在对业务部门的需求（功能增强和维护工作）做着积极的响应，也进一步增加前述的透明性。
- G_3：获得更精确的成本预算。
- Q_3：实际完成项目所需的工作成本，将如何用于评估未来的工作？

- M_{31}：软件开发活动的规模和浮动范围。与过去工作相关联的规模度量和浮动范围，以及相应的实际成本，可以参考用以评估未来类似工作所需成本。这里有一些假设，即开发参与人员的技能和领域知识保持相对稳定，开发所用技术也没有巨大的变化。通过软件配置管理系统中的一些信息，进行适当加工，即可被用来生成对未来工作的清晰的一致的估算依据。类似的信息越多，管理层也能看见某些工作（如培训、测试自动化、持续集成、敏捷方法、降低需求误解、动态语言的使用等）所带来的一些可度量的改进。

2. 项目经理

典型的项目经理经常面临的问题是他往往需要从项目的日常细节脱离出来，而与此同时，项目经理又得为质量目标的达成以及满足众多的计划时间点而担忧。这些问题由于新出现的生产模式而更加突出，比如，敏捷开发方法与全球化分布式团队的结合，这些现状加速导致了更加痛苦的场景。项目经理需要的是一致的管理模型、积极的团队授权模式，以及支持引入新目标的度量模型。

- G_1：确保稳定的、可预测的开发过程来满足计划的各个里程碑。
- Q_1：项目是否按照计划的轨迹前进，计划的里程碑都能实现吗？
- M_{11}：软件项目开发成本的消耗情况（分支、流水线、变更管理活动）。项目经理的工作往往通过在项目的关键点上转化的成果进行度量。例如，从设计到编码阶段，所谓一个项目与计划一致是指项目开发成本的消耗状况与计划工作结果一致。如果项目背离了计划，这种不一致将会很容易被发现，这将警示项目经理应用纠偏活动来确保项目回到应有的轨迹上。
- G_2：维持适当的人力资源分配以满足计划的里程碑。
- Q_2：全球化团队配额适合项目要求吗？这些团队成员能够高效地工作以实现项目目标吗？
- M_{21}：度量软件项目开发成本的消耗（分支、流水线、变更管理活动）。为了满足项目的进度要求，项目经理必须维持在团队成员之间的开放和有效的沟通，理解何时需要进行人员调整。这在一个小的团队中可能很容易，但对于一个全球化分布的团队来说就会比较困难。项目经理能够根据配置管理系统评估每个个体、工作组的贡献，并决定现在的人员分配和任务分配是否合理。这种评估理想情况下是根据项目计划和开发方法进行的（轻量级还是重量级）。
- G_3：在项目完成时，交付到生产环境的代码要满足组织的质量目标。
- Q_3：开发的每个阶段的工作都符合这个目标吗？
- M_{31}：复杂度和编码指南执行情况。通过监控这些因素，项目经理能够建立起在质量经理与项目经理之间的更有效的工作关系。这种关系在开发过程中尽早识别上游质量问题是至关重要的，这使得修改问题更加容易并且节省质量成本，使得项目的整体质量符合生产环境的质量标准。

3. 软件质量经理

经过证明，第一个可以从 GQM 方法获益的是质量保证（QA）团队。作为软件开发生命周期中其他角色的伙伴，QA 人员可以基于 GQM 定义度量模型，从而提高 QA 活动的效率。GQM 能够使得质量目标成为每一个开发阶段的目标的一部分，而不仅仅形成在开发的末期。基于 GQM 的问题和答案能够引入新的管理体系以支持质量目标，从而获得更少的缺陷和更加流畅的开发过程。

- G_1：为 QA 报告建立和维护一致的基线。
- Q_1：给定的发布有多大规模（计算缺陷密度）？
- M_1：代码规模。QA 在定义一个发布的规模的时候越有辨识能力，将越使得缺陷密度变得有用。规模典型地用代码行（LOC）表示，可以考虑使用逻辑代码行，因为这种方式的度量能够更好地表达真实的逻辑规模量级。当使用 LOC 时，重要的是应当关注实现了业务逻辑的哪些部分。当然，考虑不同的测试策略（例如，Java 对比 Java Server Pages（JSP）），也可以区别不同类型的工作产品。其他的规模计算方法包括程序个数、声明数量和功能点数量等等。
- G_2：在维护开发工作管理上成为开发团队更有效的伙伴。
- Q_2：提交的用于测试的发布符合事先建立的开发标准吗？
- M_2：复杂度、语言规则、编码指南。QA 应当在开发管理工作中扮演着重要角色。由他来把关一个发布是否符合开发标准。QA 在开发上的责任非常清楚，就是要将质量构建到软件系统中。

9.3　决策分析

软件项目开发过程中往往需要做出很多决策，例如架构、平台的选择、风险的应对等。尽管并不是所有的问题都需要一个严格的决策过程，但是，错误的决策往往会给项目带来灾难性后果。为了降低这种错误决策的风险，往往需要尽可能基于客观事实和正确的流程来开展决策与分析活动。

9.3.1　决策分析简介

决策分析与解决方案过程的目的就在于使用正式评估过程，依据已建立的准则评估各种已识别的备选方案，以获得可能的决策。决策分析需要建立操作指南，以决定何种情形下需要正式评估过程，然后应用正式评估过程解决议题。正式评估过程通过结构化的方法，依据已建立的准则，客观地评估备选解决方案，并决定推荐的方案来解决议题。

一个正式评估过程往往包含下列活动：
- 建立评估备选方案的准则；
- 识别备选解决方案；
- 选择评估备选方案的方法；
- 使用已建立的准则与方法，评估备选解决方案；
- 依据评估准则，从备选方案中选择建议方案。

正式评估过程可以减少决策的主观性，从而更有可能选择出符合相关干系人多种需求的解决方案。在项目计划阶段，就需要识别哪些特定议题需要正式评估过程。典型的议题包括：选择架构或设计的备选方案，使用复用或现成组件，选择供应商，选择工程支持环境或相关工具、测试环境，确定交付的备选方案以及后勤和生产等。此外，正式评估过程也可用于解决自行开发或采购的决策。

正式评估过程有不同的形式、准则类型及使用方法，例如：较不正式的决策，其分析可能花费几小时，只使用几条准则（如有效性和成本），以及产生一两页报告；而较正式的决策可能需要单独的执行计划，数月的工作量，研讨与核准准则的会议，模拟，原型，试用及大量的文件等工作。

正式评估过程可使用量化或非量化的准则。量化准则使用权重反映准则的相对重要性；非量化准则使用较主观的等级划分（如高、中、低）。较正式的决策可能要求完整的替代方案研究以及伴随着每种替代方案的相关风险分析。

正式评估过程识别与评估各种备选解决方案。选定最后方案的过程，可能包括反复的识别与评估活动。在评估期间，已识别的备选方案，可能部分地被组合，新出现的技术也可能改变备选方案，而供应商的经营情况在评估期间也可能改变。

所建议的备选方案伴随选定的方法、准则、备选方案建议理由等文件分送给相关干系人，并提供正式评估过程的记录及理由。这些信息对未来遇到相似议题时做决策会有帮助。

建立操作指南，以决定何时使用正式评估过程来解决事先无法预料的议题。一般情况下，当议题涉及中高风险或议题会影响达成目标的能力时，应当使用正式评估过程。

9.3.2 决策分析活动

决策分析相关的活动之间也有着密切的关系。如图 9-4 所示，典型的决策分析活动包括建立决策分析指南、建立评价标准、识别候选方案、选择评价方法、评价候选方案以及选择解决方案等。

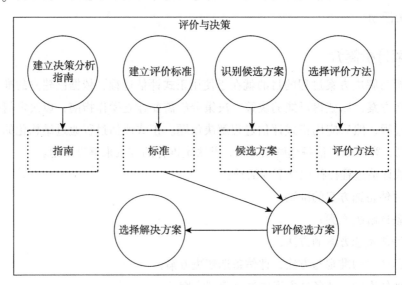

图 9-4 决策分析相关活动之间的关系 [CMMI，2006]

1. 建立决策分析指南

正式的决策分析过程往往需要很高的实施代价，因此不是每个决策都足够重要到需要正式评估过程。但是，如果没有明确的选择指南，就会导致重要问题与不重要问题之间的选择标准不一致。从而使得没有就重要问题进行评估决策，造成项目的损失；反之，在一些非关键问题上开展正式评估过程，也会造成资源的浪费。一般来说，一个决策重要与否，与项目上下文环境相关，需要应用已经建立的指南加以决定。

典型的用来决定何时需要正式评估过程的指南包含如下内容：

- 当某项决策与已识别的中等程度或者高等的风险主题有直接关系时；
- 当某项决策与已经处在配置管理下的工作产品的变更有关时；
- 当某项决策会导致进度延误超过某一比例或预先设定的时间范围时；
- 当某项决策影响项目目标的达成时；
- 当正式评估过程的成本与错误决策的后果相比较是合理的时。

在实际项目当中，往往应当从项目本身利益出发，在项目的早期就定义并且文档化决策分析指南，用以指导实践。

2. 建立评价标准

建立并维护用来评估备选方案的评价标准及其相对优先顺序（相对重要性）。评价标准提供评估备选解决方案的基础。对评价标准进行排序（一般通过权重来体现），使得排序最高的评价标准对评估有最大的影响，从而体现该标准对于整个项目小组利益的作用。

在建立评价标准的时候，应当尽量避免评价标准受到已有方案的限制。因此，在考虑评价标准的时候，不应当结合具体的方案，而应当从项目的上下文出发，制定最有利于该项目的评价标准。

评价标准需要记录成文档，以避免后续决策时产生猜疑或忘掉制定该决策的原因，依据已明确定义及建立的客观评价标准所做的决策，可排除决策干系人的认同障碍。

典型的建立评价标准的实践活动包括：

1）定义评估备选解决方案的评价标准。评价标准应可追溯到项目需求、操作场景、业务案例假设、业务目标或其他文档化的来源。典型的评价标准类型包括：

- 技术限制；
- 环境影响；
- 风险；
- 生命周期成本。

2）定义评价标准分级的范围与等级。可使用非数字化的值或将评估参数和权重数值相结合的方式，建立评价标准相对重要性的等级。

3）将评价标准进行排序。依据定义的范围与等级将评价标准排序，以反映需求、目标及相关干系人的优先级。

4）评估评价标准及其相对重要性。

5）演化式开发评价标准以改进其有效性。

6）记录选用及舍弃评价标准的理由。记录选用的评价标准及理由，以证明方案的妥当性，同时也可作为未来的参考。

3. 识别候选方案

尽可能要求项目的相关干系人提出广泛的备选方案。干系人的技能和背景皆不相同，其建议有助于识别和解决各种假设、限制及偏见。通常组织头脑风暴形式的会议，召集相关干系人识别候选方案。在决策分析及决议过程初期，尽可能识别出多种候选方案，从而增加获得合理决策的可能性。

典型的识别候选方案的实践活动包括：

1）执行文献搜寻。文献查询可发觉组织内外曾做过的类似事情，可提供对问题、考虑的备选方案、执行障碍、既有的替代方案研究及类似决策的学习心得等更加深入的了解。

2）除了已经纳入议题的解决方案之外，还需充分识别其他的备选解决方案。组合既有方案的关键属性，即对项目结果有利的元素，往往能产生新的方案，很多时候，这是更具说服力的方案。此外，还应当鼓励相关干系人提出备选方案。可有效地使用头脑风暴、访谈及专设工作小组等方式发现多种备选方案。

3）记录提议的方案。

4. 选择评价方法

依据已建立的评价标准，选择或定义用以评价候选方案的具体方法。方法的详细程度应与成本、进度、绩效及风险的影响相称。

典型的选择评价方法的实践活动包括：

1）以决策的目的与可用的信息为基础选择合理的评价方法。

评价方法要与可以获得的支持决策的信息相适应。例如，在需求定义不明确的情况下，用来评价技术解决方案的方法，可能会与需求定义明确的情况有所不同。

典型的评价方法包括：

- 建模与仿真；
- 工程研究；
- 制造研究；
- 成本研究；
- 商业机会研究；
- 调查；
- 依据经验与原型加以推断；
- 使用者审查与评论；
- 测试；
- 一个或一组专家的判断。

2）专注于手边的议题，避免受无关议题的影响，选择恰当的评价方法。

3）决定支持评价方法所需的度量。选择度量方案时要考虑对成本、进度、绩效及风险的影响。

5. 评价候选方案

使用已建立的准则与方法评价候选方案。在评估时，需要开展充分的分析、讨论及审查。为了支持评价与分析，需要开展实验、原型、演练或模拟等活动。

评价标准的相对重要性经常是不精确的，且解决方案的整体效果往往在执行相关分析工作之后才会逐渐明显。若各候选方案的评分结果差距不大，则可能无法从备选解决方案中明确选出最佳者。因此，应当鼓励对评价标准及假设条件持质疑态度，根据实际情况合理修正评价标准。

典型的评价候选方案的实践活动包括：

1）使用已建立的评价标准与选定的评价方法，评估提议的备选解决方案。

2）评估各种评价标准的假设条件，以及支持该假设条件的各种证据。

3）评估是否有不确定性的评分影响候选解决方案的评估，并给予适当的解决。例如，假若分数可在两数值中改变，该差异是否足以区分最后方案？分数的差异是否代表高风险？为克服这些疑虑，可进行一些模拟、执行进一步的研究或修改评价标准。

4）必要时，执行模拟、建模、原型及演练，测试评价标准、方法及候选方案。未经试验的标准，其相对重要性以及支持数据和影响程度，可能影响对解决方案的评估。实际操作中，可以尝试用一些备选方案来测试标准及其相对优先级与范围设置的合理性。若试用显现问题，则应考虑不同的标准或方案，以避免偏差。

5）若建议的候选方案无法通过测试，考虑新的备选解决方案、准则及方法，并重复评估活动，直到备选方案能通过测试。

6）记录评估结果。记录增加新备选方案或方法、准则变动的理由，以及中间评估的结果。

6. 选择解决方案

评估结果，从备选方案中选择解决方案。选定的解决方案应当包含对于备选方案的评估结果以及该解决方案有关的风险分析。

典型的选择解决方案的实践活动包括：

1）评估执行建议解决方案的相关风险。决策经常在信息不完备的情况下进行，因信息不完备而制定的决策可能有实质的风险。当决策必须依照特定的进度、时间及资源进行时，可能无法收集支持决策的完备信息。因此，日后可能需要重新分析在信息不完备时所制定的决策。评估每一项决策的风险，有利于提前建立预防机制。

2）记录建议解决方案的结果及理由。记录选择某解决方案与拒绝另一解决方案的理由是很重要的，在项目回顾的时候，可以据此来判断决策的正确性以及获得该决策的过程的正确性。

本章小结

本章介绍了软件项目开发过程中需要开展的支持类活动，包括配置管理、度量和分析以及决策分析。

配置管理是以技术和管理的手段来监督和指导如下工作的规程：

- 识别和记录配置项的物理特性和功能特性；
- 控制上述特性的变更；
- 记录和报告变更过程和相应的配置项状态；
- 验证配置项是否与需求一致。

配置管理的目的是建立与维护工作产品的完整性。在操作时，主要通过配置项识别、配置项版本控制、配置项状态审计以及配置活动审计等手段来实现上述目标。具体而言，配置管理包括下列活动：

- 识别所选定的工作产品作为配置项，这些工作产品（配置项）在特定的时间点会形成基线；
- 管理配置项的变更；
- 建立基线发布的标准，适时发布产品的基线；
- 维护基线的完整性和一致性；
- 将配置管理的最新状态提供给项目相关人员，如开发者、最终用户或者客户等。

度量和分析活动定义了客观数据（产品和过程的数据）的获取与使用方式。在软件项目管理决策的过程中，基于客观的数据可以显著消除错误决策的风险。度量和分析的目的在于建立与维持度量能力，以支持管理的信息需要。具体而言，度量和分析活动包括：

- 指定度量和分析活动的目标，并使其配合已识别的管理的信息需求与业务目标；
- 指定度量、分析技术、数据收集、数据存储流程以及报告与反馈机制；
- 实施数据的收集、存储、分析及报告；
- 提供客观的度量结果以方便有根据地做出客观决策和采取矫正措施。

软件项目开发过程中面临很多需要决策的地方。尽管并不是所有的问题都需要一个严格的决策过程，但是，错误的决策往往会给项目带来灾难性后果。为了降低这种错误决策的风险，往往需要尽可能基于客观事实和正确的流程来开展决策与分析活动。

决策分析的目的，在于使用正式评估过程，依据已建立的评价标准评估各种已识别的备选方案，以分析可能的决策。一个正式评估过程往往包含下列活动：

- 建立评估备选方案的准则；
- 识别备选解决方案；
- 选择评估备选方案的方法；
- 使用已建立的准则与方法，评估备选解决方案；
- 依据评价准则，从备选方案中选择建议方案。

思考题

1. 请解释如下概念：配置项、基线、物理配置审计、功能配置审计。
2. 考虑如下场景，软件系统研发已经完成单元测试，并且已将所有程序代码纳入基线，然而在集成过程中，发现原有代码的一些缺陷，必须进行修改。请应用配置管理过程来描述该如何完成代码配置项的修改。

3. 就如下两个管理目标设计相应的度量和分析方案，该方案要说明：度量目标、度量方式、度量时机、参与人员以及可以进行的分析内容。

   a）提升待开发软件产品的规模与时间估算准确性。

   b）提升软件产品最终的质量水平。

4. 假设你是一个项目小组的项目经理，该项目小组即将进行一个基于 B/S 架构的软件系统的研发，考虑到技术选型对于整个项目的重要影响，你打算带领整个开发小组实施一次正式的决策与分析过程。请模拟该决策与分析过程，要求定义评价标准和评价方法。

参考文献

[CMMI, 2006] CMMI® for Development, Version 1.2, CMU/SEI-2006-TR-008.

[Basili, 1994] Basili, Victor, Gianluigi Caldiera, H. Dieter Rombach, The Goal Questionmetric Approach Encyclopedia of Software Engineering. Wiley, 1994.

[Roger, 2008] Roger Dunn, Achieving Governance Goals with GQM. http://www.ibm.com/developerworks/rational/library/edge/08/mar08/dunn/index.html.

## 第 10 章

团队动力学

10.1 自主团队的特点

Dyer 在文献 [Dyer, 1984] 中就团队给出了如下得到广泛认同的定义：一个团队必须包括至少两个成员，他们为了共同的目标和愿景而努力工作，他们每个人都有明确的角色和相应的职责定义，任务的完成需要团队成员互相依赖和支持。

软件工程师所从事的工作一般称之为复杂的知识工作。在这种性质的工作中，实现软件工程师的自我管理往往可以获得最好的工作效率和质量水平。如果整个团队的所有成员都实现了自我管理，也就形成了所谓的自主团队。自主团队具备如下的特点：

- 自行定义项目的目标；
- 自行决定团队组成形式以及每个成员的角色和职责；
- 自行决定项目的开发策略；
- 自行定义项目的开发过程；
- 自行制定项目的开发计划；
- 自行度量、管理和控制项目的工作。

自主团队对于团队成员有着严格的要求。这种要求不仅仅体现在软件开发技能上，更多地体现在团队成员的自我管理能力上。这就要求团队成员必须遵守软件工程规范，必须充分理解自身的能力，并在此基础上进行可靠的承诺。

自主团队可以形成 Demarco 等在《人件》一书中定义的 Jelled Team [Demarco, 1987]（一般译为"胶冻状团队"）。在这样的团队中存在一种神奇的力量，这种神奇力量弥漫于该团队做的所有工作；团队成员互相支持，更为重要的是，团队成员在任何时刻都知道应该以怎样的方式去帮助别人；团队成员相互信任，有强烈的归属感；团队在适当的时刻知道会聚集在一起，研究现状，讨论策略。

自主团队不是偶然形成的。大部分情况下，在团队建立之初，团队成员往往有着不同的目标；缺乏清晰的角色定义和职责安排；对于待开发的产品只有模糊的概念；团队成员也有着完全不同的工作习惯和工作方法。

经过一段时间的协同工作，团队成员可以慢慢培养团队协作方式，从而逐渐演化成自主团队。关键问题是，为了追求更好的项目结果，应当将形成配合默契和有协作精神的团队的时间尽可能缩短。本章接下来将介绍 TSP 如何有效缩短团队形成时间。

10.2 自主团队的外部环境

自主团队的外部环境中，最为重要的就是获得管理层的支持。这种支持主要体现在两个方面，即在项目启动阶段获得管理层的支持以及在项目进展过程中获得管理层的支持。

10.2.1 在项目启动阶段获得管理层的支持

在项目启动阶段，项目小组最主要的任务是制定一份合理的可工作的计划，并且说服管理层支持项目小组的工作计划。这就需要项目小组充分理解管理层和客户的意图，并在此基础上满足如下的要求：

（1）项目小组应当体现出已经尽最大的可能在满足管理层需求的工作态度

在实际的项目当中，经常会出现现有资源不足以满足所有项目目标的情况。因此，项目小组应当向管理层展现如下的信息：尽管实际上并没有完全实现管理层的期望，但是，在现有的时间资源、人力资源以及预算范围内，项目小组已经尽最大可能来满足管理层的期望。

有些时候，当现有资源和项目目标出现冲突时，项目小组应当在充分分析资源水平和待开发软件系统对客户的价值的基础上，给出若干候选方案供决策。

（2）项目小组应当在计划中体现定期需要向管理层报告的内容

软件项目开发比较忌讳的就是"黑盒"式开发。在这种方式中，项目小组在开发过程中不向管理层或者客户提供必要信息，管理层或者客户只在项目开始和结束阶段才能了解项目的状况。而事实是，由于软件项目的成功率一直保持在较低的水准 [Chaos Report, 2001]，这种方式很难让管理层和客户对软件项目持有信心。

（3）项目小组应当向管理层证明他们所制定的工作计划是合理的

工作计划是管理的依据和基础，合理的计划更容易获得管理层的信任。而这种合理性需要建立在一些估算和假设的基础之上。在项目小组的工作计划并没有完全支持管理层的期望的前提下，说服管理层接受项目小组的计划需要一些有说服力的证据。典型的证据包括本小组历史数据、组织内其他小组的数据以及行业数据等，也包括其他在项目计划制定过程中的合理假设。

（4）项目小组应当在计划中体现为了追求高质量而开展的工作

在项目的工作计划中，需要体现出为了确保最终产品质量而开展的具体工作。典型的质量相关任务包括个人评审、团队评审以及充分的测试。项目计划中要为这些任务预留足够的时间，以体现出项目小组对产品质量的重视。同样的，追求高质量产品的计划更加容易得到管理层的支持。

（5）项目小组应当在工作计划中允许必要的项目变更

在项目进展过程中，项目变更是不可能完全避免的。因此，如果提供的工作计划不允许变更往往不容易获得支持。但是，从另外一方面来讲，也应当向管理层传递一种信息，即任何变更都是有代价的，需要客观地评价变更的范围和影响，制定合理的接受变更的标准。

（6）项目小组应当向管理层寻求必要的帮助

实际状况是，管理层并不是不愿意帮助项目小组成功完成项目，更多情况是管理层并不知道该如何帮助项目小组。因此，对于项目小组来说，他们必须有效识别这样的需求，然后向管理层寻求必要的帮助。事实上，这也更加容易让管理层相信，开发团队具备自我管理的能力。

10.2.2　在项目进展过程中获得管理层的支持

这种支持事实上是项目启动阶段管理层对项目小组支持的保持和延续。项目小组在项目进展过程中应当向管理层展现出其能够胜任自我管理的能力和工作状况。具体而言，这项工作包括如下内容：

（1）项目小组应当严格遵循定义好的开发过程开展项目开发工作

定义开发过程和遵守开发过程是两件完全不同的事情。严格遵守开发过程需要相应的过程规范。项目小组成员必须严格按照过程规范开展项目开发工作。比如，对于过程管理和改进有重要参考价值的过程数据，软件工程师非常容易忘记记录。而如果缺少这些必要的过程数据，准确合理地进行项目管理就会变得非常困难。事实也证明，一旦不能开展准确合理的管理，项目失败的可能性非常高。管理层也很清楚这样的事实。因此，一旦项目小组不能向管理层展现出对项目过程的遵循，管理层非常容易失去对项目小组的信任。

遵循开发过程除了可以继续获得管理层的信任之外，对项目小组自身表现的提升也有帮助。这体现在工作的自豪感、工作产品的质量、管理层的信任等方面。

（2）项目小组应当维护和更新项目成员的个人计划和团队计划

软件开发是一项充满挑战的工作。在该领域，变更是不可避免的。这些变更不仅仅来源于客户或者管理层想法的改变，也来源于软件工程师自己。随着项目向前进展，软件工程师对项目的理解会逐步加深，对产品的设计有了更好的想法，对开发过程有了改进的意愿。这些都会导致原有的计划（个人的、小组的）逐渐失去对项目工作的指导意义。这个时候，就需要及时更新计划，以体现项目的新状况。

（3）项目小组应当对产品质量进行管理

项目小组应当向管理层展现其对质量的重视。主要方式就是对产品的质量目标加以跟踪和管理。在前面的第 3 章中介绍的一些质量管理指标，如 Yield、PQI、A/FR 等，可以有效地支持质量目标的实现。因此，项目小组应当向管理层报告这些质量指标数据，并且解释清楚这些数据的含义，从而让管理层相信项目小组正在进行高质量的开发工作。

（4）项目小组应当跟踪项目进展，并定期向管理层报告

管理层对于项目经常需要关注一些问题，比如：

- 项目进展如何？提前了还是落后了？
- 所有的开发人员工作是否努力？

- 下个里程碑会不会有问题？
- 项目小组需要管理层提供什么样的帮助？
- 该如何向高层或者客户报告项目状况？

实际状况是，管理层对上述问题的答案越不清楚，他们就越要过问项目小组的工作。这样下去容易导致的结果就是，管理层会逐渐接管项目，从而不再支持自主团队。因此，为了维持管理层对自主团队的支持，项目小组需要定期向管理层就工作进展尽心汇报，提供充足的信息帮助管理层回答上述问题。图 10-1 和图 10-2 分别以挣值图和周报统计数据的形式向管理层展现了应当让管理层了解的信息。管理层根据这些数据可以很清楚地了解项目小组目前的工作状态。

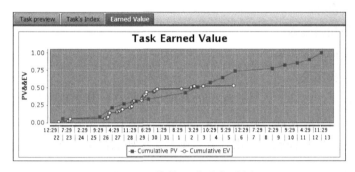

图 10-1　挣值跟踪进度示例

TSPi Week Summary - Form WEEK

Project:　Cassiopeia
PM:　董妍妍
Name:　--Team--　　　　　　　　　　　　　　　Week date:　08/02/2010
Plan endDate:　08/13/2010　　　　　　　　　　　Current Date:　08/07/2010
Predict endDate:　08/28/2010

WeeklyData	Plan	Actual	Plan / Actual	Plan - Actual
Hours for this week	146.26	77.38	1.89	68.88
Hours to date	248.66	235.37	1.06	13.29
Earned value for this week	42.13	7.04	5.99	35.09
Earned value to date	71.62	47.74	1.5	23.88
To-date hours for tasks completed	149.56	149.97	1.0	
To-date average hours per week	82.89	78.46	1.06	
EV per completed task hour to date	0.29	0.2		

图 10-2　某项目小组周报数据

（5）项目小组应当持续地向管理层展现优异的项目表现

项目小组的良好表现往往不容易被发现。特别是在盛行危机管理的软件组织中，那些处于危机中的项目往往容易引起管理层的关注。而自主团队的良好表现往往使得项目的进展几乎不会出现日程等方面的意外和偏差，因此管理层容易忽视这些团队的表现。时间久了，开发小组会慢慢失去管理层的支持。因此，项目小组应当适当地宣传和展现项目小组在项目开发过程中的优异表现。

10.3　承诺文化的建立与团队激励

高效的团队需要对团队成员进行充分的激励。通常用以激励团队成员的方式有三种："威逼"、"利诱"以及鼓励承诺。

- "威逼"的方式完全依靠不同角色的等级关系，通常是上级强制要求下属必须完成某些工作；
- "利诱"的方式通过许诺一定的好处来吸引下属努力工作；
- 鼓励承诺的方式通过建立承诺文化，利用软件工程师希望得到别人尊重的心理，鼓励他们合理承诺并努力满足承诺，从而得到别人的尊重。

这三种方式激励的效果是不一样的。按照马斯洛关于人的需求层次的理论 [Maslow, 1943]，人的需求大致分成五个不同的层次：

- 第一层：生理需求；
- 第二次：安全感；
- 第三层：爱和归属感；
- 第四层：获得尊敬；
- 第五层：自我实现。

在这五层中，层次越高，人员被激励的程度也就越高，其表现往往越优异。分析三种不同的激励方式，我们可以发现"威逼"和"利诱"方式往往是处于较低的需求层次，团队成员会担忧职位是否安全；而鼓励承诺的方式则处于第四层甚至第五层的需求水平，其激励效果往往好于另外两种方式。

在建立承诺文化的过程当中，应当尽量以团队形式进行。每个团队成员对待个人承诺的态度不尽相同，有人会严肃对待，而有些人并不会非常看重。团队形式的承诺往往有着更强的激励作用。在这种形式下，所有团队成员共同参与承诺，共同履行承诺。为了实现团队承诺，必须要求团队成员自愿而非强迫地做承诺，承诺必须公开并且承诺必须现实可行。

除了以团队形式做承诺之外，承诺文化的建立还要求在项目进行过程中维持承诺。及时提供各种反馈信息是维持承诺的有效手段。反馈信息包括项目进度、更新后的项目计划以及里程碑实现情况等。

10.4 团队领导者与角色经理的区别

尽管一般情况下我们称呼项目负责人为项目经理，但事实上，这是两个不同的角色。项目负责人一般称为团队领导者（team leader），而项目经理就其工作内容而言，应当是项目的角色经理（role manager）。他们的工作方式也有显著差异，如表 10-1 所示。

表 10-1 角色经理与团队领导者工作方式对比

角色经理	团队领导者
告知	倾听
指导	询问
说服	激励 / 挑战
决定	促进达成一致
控制	教练
监控	授权
设定目标	挑战

表 10-1 说明了角色经理与团队领导者的工作方式是不一样的：

- 经理倾向于告知团队成员该做什么以及该怎么做；领导者则善于倾听团队成员的想法，并加以分析和改进。
- 经理倾向于指导团队成员的工作方式；而领导者则善于通过询问来诱导团队成员向着正确的方向前进。
- 经理倾向于说服团队成员；而领导者则善于通过激励以及设定挑战目标等方式吸引团队成员努力表现。
- 当出现不一致意见的时候，经理倾向于做出决定；而领导者则善于提供各种沟通方式，促成团队达成一致意见。
- 经理倾向于控制团队成员；而领导者则培养团队成员技能。
- 经理倾向于监督团队成员；而领导者则鼓励建立起合理的授权机制。
- 经理倾向于设定目标；而领导者则通过挑战建立目标，确定团队努力方向。

经理与领导者工作方式的不同并不意味着不能共存。事实上，在一个实际的软件项目小组中，团队领导者和角色经理需要协同工作。团队领导者确定团队方向，激励团队努力工作；而各个角色经理则安排具体工作内容，以实现团队的目标。

10.5 典型 TSP 角色

TSP 中也区分团队领导者和角色经理。一般情况下，团队领导者不从事实际的开发工作，而角色经理除了各个角色相关的工作之外，还必须从事具体的开发工作。事实上，实施 TSP 的团队中，所有成员都必须充当一个或者若干的角色经理。TSP 中团队领导者即项目组长，典型的角色经理包括计划经理、开发经理、质量经理、支持经理以及过程经理。下文将详细介绍各个典型角色经理的目标和衡量指标，以及有助于该角色的技能和他们的主要工作内容。

10.5.1 项目组长

1. 项目组长的目标和衡量指标 [Humphrey, 2000]

1）项目组长应当建设和维持高效率的团队。这是项目组长的主要目标。衡量该目标的一些指标可以是项目小组是否满足其日程、成本以及质量的目标，项目小组成员是否完成任务，项目进展是否顺利等方面。

2）项目组长应当激励团队成员积极工作。这个目标要求项目组长和团队成员一起工作，确保团队成员投入必要的时间，完成计划的工作，努力实现高质量开发。衡量该目标是否达成的指标可以设置成团队成员每周平均工作时间以及每周完成任务的挣值等。

3）项目组长应当合理地处理团队成员的问题。这个目标要求项目组长及时识别和处理团队成员以及成员之间的问题。衡量该目标的指标可以设置成团队成员对项目组长在项目过程中的表现的评价是否合格。

4）项目组长应当向管理层提供项目进度相关的完整信息。向管理层及时报告项目进展相关的完整信息是项目小组是否运行正常的重要标志。因此，这个目标要求项目组长定期准确地跟踪项目进度信息，并将之告知管理层。同样的，项目组长也应将项目存在的问题以及需要管理层的帮助等信号及时传递给管理层。这个目标的衡量指标可以设定成管理层是否定期获知项目进展信息以及项目是否带给管理层非预期的"意外"等。

5）项目组长应当充当合格的会议组织者和协调者。作为项目组长，组织会议特别是周例会是其重要的工作内容。因此，这个目标要求项目组长可以有效地组织项目会议，并且充当合格的协调者，充分调动团队成员积极参与讨论和决策。这个目标的衡量指标可以设置成团队成员对于项目过程的体验评价。

2. 有助于成长为项目组长的技能 [Humphrey, 2000]

有一些技能有助于项目组长更好地充当该角色，实现该角色的职能。这些技能包括：

1）天生的领导者。项目组长应当乐于接受领导者的地位。在团队中，项目组长会很自然地假定自己是领导者，愿意带领团队追求卓越和成功。天生的领导者并不一定是现有的领导者。这方面已经有相当多的例子，看似普通一员，但是最后可以发展成极其优秀的领导者。因此，只要有这样的意愿、计划和勇气，不妨尝试成为项目组长。

2）有能力识别问题的关键并且做出客观的决策。在项目的日常运作中，项目小组经常会碰到各种各样的问题。项目团队成员对于这些问题也往往会有不同的处理意见，容易引起争执。项目组长应当具备从复杂的现象中迅速识别问题的本质和关键的能力。在此基础之上，作为项目组长，还应当具备客观决策的能力。尽管项目回顾的时候这些问题的决策将相当明显，然而作为项目组长的挑战之一就是要在面临这些问题的时候做出恰当的客观决策。这些决策应当和事后回顾中的决策结果一致。

3）不介意偶尔充当"恶人"。作为项目组长经常会面临一些尴尬的局面。比如团队成员不愿意按照规范做事，省略必要的质量保障活动；或者团队中的资深成员反对已经确定的系统架构；或者团队成员中的好友没能及时完成工作等。在这种情况下，项目组长应当不介意扮演"恶人"的角色去要求其他团队成员按照规范和计划工作。

4）尊敬团队成员。这可能是作为项目组长最为重要的一个技能。项目组长必须清楚地了解团队成员的优势和劣势，愿意倾听和尊重他们的意见，愿意尽力帮助他们实现最好的表现。对于项目组长而言，充分发挥团队成员的优势，才可能和团队一起成功。

3. 项目组长的主要工作内容 [Humphrey, 2000]

项目组长在项目过程中的主要工作内容如下：

1）激励团队成员努力工作。这是项目组长最为重要的工作内容。作为项目组长，应当激励团队成员努力工作，表现出他们最好的能力。在实际项目当中，难以完全避免诸如团队成员不遵守过程规范、不愿意提供足够的时间资源以及不按照日程计划工作等现象，项目组长应当合理地处置此类问题，维持团队的良好工作状态。

2）主持项目周例会。项目周例会是有效跟踪项目进度、了解项目状态的手段。项目组长应当定期主持项目周例会。一个典型的周例会需要跟踪如下问题：

● 项目当前进度如何？

● 团队成员是否投入了足够多的时间？有没有加班？

- 项目的目标有没有变化？下一周的具体目标是什么？
- 项目已经识别出来的风险目前是什么状态？有没有新的风险？
- 项目有没有出现需要管理层协助解决的问题？

3）每周汇报项目状态。项目周例会之后，项目组长需要整理一份项目周报提交给管理层，让管理层及时了解项目进展和需要解决的问题。

4）分配工作任务。项目组长要协助其他角色经理分配具体的工作。在分配工作的时候，要结合团队成员的时间资源、角色和能力等合理分配工作。比如协助开发经理分配设计任务和实现任务；协助质量经理安排测试活动和评审活动；协助过程经理定义过程规范等。

5）维护项目资料。整个项目需要有一份完整的资料，包括项目合同、需求分析报告、设计报告、开发计划、人员角色定义和职责、历史数据等。这份资料必须适时更新，时刻保持可用状态。项目组长应当在支持经理的配合下，对这份资料进行维护。

6）组织项目总结。项目组长在项目结束的时候，还需要组织项目小组开展项目总结工作，就已经完成的项目的过程和产品开展总结工作，总结经验教训和改进提案。项目组长往往提供项目总结报告的提纲，然后将具体内容分配给不同的角色经理进行丰富和补充，最后组织整个项目团队一起评审项目总结报告。

10.5.2　计划经理

1. 计划经理的目标和衡量指标 [Humphrey, 2000]

1）开发完整的、准确的团队计划和个人计划。计划经理最重要的目标就是带领整个开发团队制定完整合理的团队工作计划和个人工作计划。该目标的衡量指标包括如下这些：

- 项目计划完整，包含了所有项目开发需要的任务，并且将之文档化；
- 每一个团队成员都有相应的工作计划，团队成员的工作计划的整体就是团队工作计划；
- 团队计划足够详细，每一个任务的平均时间都在 5 小时左右，个人任务的时间最多不超过 10 小时；
- 整个开发周期的时间偏差较小；
- 每周的资源水平估算偏差较小。

2）每周准确地报告项目小组状态。计划经理应当帮助和支持整个项目小组的进度状态跟踪。这种跟踪的粒度一般以周为单位，每周汇总过程数据，确定项目当前的状况。该目标的衡量指标包括如下这些：

- 每周提供翔实的项目状态数据，包括团队和个人的开发时间（计划、实际）以及挣值；
- 督促团队成员及时更新其过程数据，并且汇总到计划经理处；
- 及时更新计划以体现项目最新的状况。

2. 有助于计划经理的技能 [Humphrey, 2000]

有一些技能有助于计划经理更好地充当该角色，履行该角色的职能。这些技能包括：

1）计划经理做事应当有条理和逻辑。这是最为重要的一点，不管做什么工作，都尽量事先制定合理的工作计划，然后按照计划行事。

2）计划经理应当对于过程数据非常感兴趣，期待通过每周输入的数据来了解项目当前状况。基于客观数据决策已经成为计划经理的工作习惯，判断项目进展到底是提前还是滞后是基于项目团队成员输入的过程数据。

3）计划经理充分认识计划的重要性，愿意要求团队成员跟踪和度量他们的工作。

3. 计划经理的主要工作内容 [Humphrey, 2000]

计划经理在项目过程中的主要工作如下：

1）带领项目小组开发项目计划。这是计划经理最为重要的工作内容。项目计划往往分成两阶段开发，第一阶段开发任务计划，第二阶段开发日程计划。任务计划的开发往往按照如下步骤进行：

- 识别工作产品清单；
- 估算工作产品规模；
- 为每个工作产品估算所需时间资源；
- 将上述时间资源需求按照过程定义划分成阶段时间；
- 整合成任务清单。

完成任务计划的制定之后，就需要结合项目小组成员的资源水平，将上述任务计划映射到具体的日程表上，形成日程计划。

2）带领项目小组平衡计划。刚刚完成的日程计划已经将任务安排到具体的开发人员了。但是，这种安排往往有一些问题，最为典型的就是，由于每个人的生产效率和所能提供的资源水平不一致，往往导致团队成员完成项目的时间不完全一致。因此，需要采取一定的措施，使得团队成员尽可能同时完成项目主要阶段（里程碑）。具体的措施包括调整任务安排，将大任务进一步细分等。

3）跟踪项目进度。计划经理在项目过程中要做的另外一件重要的工作就是对项目进度进行跟踪。具体而言，包括如下一些活动：

- 要求项目成员每周必须及时提交相关的数据，包括时间、缺陷和规模等；
- 制作团队的挣值统计表；
- 制作项目每周状态的报表；
- 就每周状态报表上的数据进行分析，对比计划，识别项目当前状态，必要时建议采取相应措施纠正偏差。

4）参与项目总结。计划经理作为项目团队成员之一，应当在项目总结阶段就该角色的工作状况进行总结，并协助项目组长完成项目总结报告。

10.5.3 开发经理

1. 开发经理的目标和衡量指标 [Humphrey, 2000]

1）开发优秀的软件产品。这是开发经理最为重要的目标。作为开发经理，应当带领整个项目小组以开发优秀的软件产品为目标。其衡量指标可以从如下一些评价内容中进行选择：

- 项目小组是否开发出一个有用的软件产品，而且该软件产品被充分地文档化，可以基于文档验证软件产品与需求是否一致？
- 软件产品的需求是否可以从客户需求开始一直跟踪到产品需求、设计文档以及后期的实现？
- 软件产品的设计有没有文档化，并且是否与设计标准一致？
- 软件产品的实现是否遵循编码规范，并且忠实地体现了设计意图？
- 软件产品是否满足所有的质量标准？
- 软件产品是否满足功能和操作的需求？

2）充分利用团队成员的技能。开发经理在设计和开发软件产品的时候，必须充分利用团队成员的技能。这是开发经理需要实现的第二个目标。对于这个目标的衡量往往通过团队成员对于开发过程是否满意和有无收获的评价来体现。

2. 有助于开发经理的技能 [Humphrey, 2000]

有一些技能有助于开发经理更好地充当该角色，履行该角色的职能。这些技能包括：

1）喜欢创造事物。软件开发本来就是一个极具创造性的工作。软件工程师工作的本质就是不停地创造新事物，并且从中获得成就感和满足感。因此，开发经理应当尤其喜欢这种从创造事物中得到的成就感。

2）愿意成为软件工程师，并且喜欢带领团队开展设计和开发工作。从课本上学习获得软件设计方面的知识与实际运用这些知识来解决具体问题是完全不一样的。开发经理将直接面临实际的问题，特别是大型项目当中，所面临的问题具有极大的挑战，他应该愿意带领一个团队来直面挑战。

3）具备足够的背景可以胜任设计师的工作，并且可以领导设计团队开展工作。软件系统的设计需要软件工程师有极强的抽象、归纳和整理能力，能够就纷繁复杂的问题给出精巧的解决方案。开发经理应当具备这样的能力。此外，对于复杂系统而言，几乎很难找出最为完美的设计。因此，开发经理应当领导设计团队，确定可行的方案。

4）熟悉主流的设计工具。开发经理应当熟悉主流的先进设计工具。设计不应该完全从头开始，现有的设计模式、设计思想以及设计工具都应当作为开发经理必须掌握的知识。

5）愿意倾听和接受其他人的设计思想。尽管有可能是项目团队中设计能力最强的人，但是，开发经理仍然应该充分听取别人对于产品的理解和设计，并且愿意采用其他人方案中的优点。总之，开发经理应当充分利用团队成员的各种技能来获得更好的设计结果。

3. 开发经理的主要工作内容 [Humphrey, 2000]

开发经理在项目过程中的主要工作内容如下：

1）带领团队制定开发策略。开发经理带领整个项目小组开发概要设计，划分开发周期以及每个周期的工作目标。

2）带领团队开展产品规模估算和所需时间资源的估算。开发经理带领团队在概要设计的基础上，结合项目小组的历史数据，开展合理估算。估算对象为待开发产品清单以及相应的规模和基于历史生产效率而估算的时间资源需求。

3）带领团队开发需求规格说明。开发经理带领项目小组分析客户需求，设计产品功能，并加以文档化。此外，还需要带领项目小组对需求规格说明文档开展评审工作。

4）带领团队开发高层设计。开发经理带领项目小组对软件产品进行高层设计，同样需要将设计文档化，并加以评审。

5）带领团队开发设计规格说明。开发经理带领团队持续开展设计工作，将设计的各个层次进行文档化，形成设计规格说明文档，并对该文档开展评审工作。

6）带领团队实现软件产品。开发经理在项目小组中合理安排实现任务，带领整个小组将设计的意图变成真正的软件产品组件。

7）带领团队开展集成测试和系统测试。开发经理带领项目小组制定软件产品的集成测试计划和系统测试计划，并开展测试活动。

8）带领团队开发用户支持文档。典型的用户支持文档包括操作手册、安装手册、维护手册以及在线帮助等。这些支持文档也是在开发经理带领之下开发完成，并且经过项目小组的评审。

9）参与项目总结。开发经理作为项目团队成员之一，应当在项目总结阶段就该角色的工作状况进行总结，并协助项目组长完成项目总结报告。

10.5.4 质量经理

1. 质量经理的目标和衡量指标 [Humphrey, 2000]

1）项目团队严格按照质量计划开展工作，开发出高质量的软件产品。这是质量经理最为重要的目标，即指导和带领整个项目团队开发出可行的质量计划，帮助并且督促所有团队成员制定质量计划、度量与跟踪质量计划的执行。该目标的衡量指标可以通过如下方式确定：

- 团队成员在多大程度上严格按照质量计划开展工作；
- 团队成员达成预先确定的质量目标的程度，包括缺陷密度、过程 Yield、系统测试阶段之前的 Yield 等。

2）所有的小组评审工作都正常开展，并且形成了评审报告。开展小组评审是有效提升过程质量和最终产品的质量的手段。因此，这个目标的实质是指质量经理必须协调和组织小组评审活动。该目标的衡量指标有如下这些：

- 对于关键工作产品如计划、需求、设计、代码和用户手册等开展小组评审的程度；
- 评审活动相应的评审报告是否完整；
- 评审活动支持质量目标的实现程度。

2. 有助于质量经理的技能 [Humphrey, 2000]

有一些技能有助于质量经理更好地充当该角色，履行该角色的职能。这些技能包括：

1）关注软件产品的质量。质量经理应当了解质量的重要性，清楚质量管理的意义，清楚高质量的过程是达成质量目标的唯一手段。基于这样的策略，质量经理知道在整个开发过程中应该在哪些时机安排质量保障活动以及这些质量保障活动应该实现怎样的效果和目标。

2）有评审方面的经验，熟悉各种评审方法。质量经理了解不同的工作产品应当采取怎样的评审方法最合适，也清楚在评审不同工作产品的时候，应该怎样从质量目标出发，定义明确的评审目标，以及应该从哪些角度去评审工作产品。也可以从评审结果中判断工作产品的质量状况，必要时安排更多的评审。

3）有协调组织有效评审的能力。质量经理应当清楚评审活动的具体步骤，知道怎样引导项目团队开展有效的评审活动。知道怎样消除评审过程中的不良现象。坚持一个基本的态度：每个人都会犯错误，我们不希望把这些错误遗留到最终的产品中。

3. 质量经理的主要工作内容 [Humphrey, 2000]

质量经理在项目开发过程中的主要工作内容如下：

1）带领团队开发和跟踪质量计划。在计划阶段，质量经理应该从质量目标出发，带领整个项目小组制定合理的质量计划。向团队成员灌输质量意识，培养他们制定质量计划的工作习惯。更加重要的是，在项目开发过程中，要及时跟踪质量计划的执行状况，识别质量风险，确保最终质量目标的实现。

2）向项目组长警示质量问题。一旦发现目前项目小组采集的过程数据隐含了质量风险，质量经理必须及时将这类问题向项目组长以及项目小组成员进行警示。要明确当前质量方面的欠缺会给最终产品的质量以及项目本身带来什么样的影响，并将之明确告知项目成员。必要时，要协调项目小组成员一起找到解决方案，消除这种质量方面的风险。

3）软件产品提交配置管理之前，对其进行评审，消除质量问题。配合支持经理做好配置管理工作。配置管理工作的重要内容之一就是审核变更情况，实施工作产品的变更。作为质量经理，在允许对配置项的某个变更真正操作之前，要对变更内容进行审核，以确保不会产生质量问题。典型的审核内容包括测试报告、评审记录等。

4）充当项目小组评审的组织者和协调者。对项目计划中识别出来的重要工作产品开展小组评审活动。质量经理作为评审活动的组织者和协调者，带领整个项目小组高质量完成评审。

5）参与项目总结。质量经理作为项目团队成员之一，应当在项目总结阶段就该角色的工作状况进行总结，并协助项目组长完成项目总结报告。

10.5.5 过程经理

1. 过程经理的目标和衡量指标 [Humphrey, 2000]

1）所有团队成员准确地记录、报告和跟踪过程数据。过程经理的主要目标就是确保项目小组按照事先定义的过程开展工作。因此，过程数据尤其重要，通过过程数据，可以清晰展现团队成员遵循工程的情况。衡量该目标的指标可以定义如下：

- 所有团队成员记录数据的程度；
- 所有团队成员记录并且提交的过程改进提案的程度；
- 所有团队成员记录并且使用的过程规范的程度。

2）所有的团队会议都有相应的会议记录。过程经理要维护整个项目团队开发过程中开的各种会议的会议记录。对于该目标的衡量方式可以通过会议记录的内容和形式以及会议有记录的程度来体现。

2. 有助于过程经理的技能 [Humphrey, 2000]

有一些技能有助于过程经理更好地充当该角色，履行该角色的职能。这些技能包括：

1）对过程定义、过程度量非常感兴趣。过程经理喜欢从事过程定义和度量方面的工作，对于软件开发过程与软件最终产品质量之间的关系有着深刻的理解，知道怎么定义有指导意义的过程脚本以及怎么设计对过程的度量方式。

2）对过程改进非常感兴趣。过程经理对于过程改进有着深刻的理解，知道怎么从过程数据中找寻过程改进机会，并且知道如何开始过程改进活动。

3. 过程经理的主要工作内容 [Humphrey, 2000]

过程经理在项目开发过程中的主要工作内容如下：

1）带领团队定义和记录开发过程并且支持过程改进。过程经理在项目早期要带领项目小组定义开发过程和开发策略。在项目进展过程中，记录过程数据和过程改进提案。基于过程改进提案和客观的过程数据，在项目总结阶段，过程经理带领项目小组找寻过程改进计划，并在后续开发中实施过程改进。

2）建立和维护团队的开发标准。过程经理带领项目小组定义团队开发标准。典型的标准包括各种文档格式、设计完整性标准、编码标准、度量标准等等。

3）记录和维护项目的会议记录。过程经理记录和保持项目所有的会议记录。一般情况下，这项工作需要支持经理的配合才能顺利完成。

4）参与项目总结。过程经理作为项目团队成员之一，应当在项目总结阶段就该角色的工作状况进行总结，并协助项目组长完成项目总结报告。

10.5.6　支持经理

1. 支持经理的目标和衡量指标 [Humphrey, 2000]

1）项目小组在整个开发过程中都有合适的工具和环境。支持经理应该识别项目小组在开发过程中对工具和环境的需求，尽可能向开发团队成员提供称手的工具。同时，支持经理还应当帮忙团队成员熟练掌握工具的使用。衡量该目标的指标可以考虑如下方面：

- 开发团队是否有合适的工具和环境；
- 是否评审工具方面的变更要求，并且合理决策是否要进行工具的变更；
- 项目小组是否在使用工具的过程中没有障碍。

2）对于基线产品，不存在非授权的变更。为了实现该目标，支持经理必须建立起配置管理基线，并且在开发过程中维持该基线。所有属于基线的工作产品（也就是配置项）都必须置于配置管理之下，不允许出现未经授权的变更。衡量该目标的指标可以考虑如下方面：

- 最终产品是否得到有效的配置管理；
- 所有对于配置项的变更是否都经过配置管理委员会的审核；
- 代码的变更有没有相应地导致设计的变更。

3）项目小组的风险和问题得到跟踪。支持经理必须记录风险和问题，并保证它们的可跟踪性。衡量该目标的指标为项目小组中风险和问题被记录和跟踪的比例。

4）项目小组在开发过程中满足复用目标。项目小组要合理制定复用目标，作为支持经理应该确保该复用目标得以实现。此外，支持经理还应该维护可复用组件的正式版本。衡量该目标的指标可以考虑如下方面：

- 是否配合过程经理和计划经理制定复用的标准和指南；
- 是否建立和维护可复用组件的清单；
- 项目小组在开发过程中的代码复用比例是否了解；
- 在第一个开发周期中有没有复用部分代码的现象；
- 在后续的开发周期中，复用的比例是否增加。

2. 有助于支持经理的技能 [Humphrey, 2000]

有一些技能有助于支持经理更好地充当该角色，履行该角色的职能。这些技能包括：

1）支持经理对于各种开发工具很感兴趣，熟悉各类工具的适用场合。

2）支持经理对版本控制工具很熟悉，也熟悉配置管理流程。

3）对于某个项目所用工具而言，支持经理都是专家。

3. 支持经理的主要工作内容 [Humphrey, 2000]

支持经理在项目开发过程中的主要工作内容如下：

1）带领团队识别开发过程中所需要的各类工具和设施。支持经理应当发挥整个团队的力量，充分讨论和识别对于本项目有用的各类开发工具和环境，并且带领整个团队定义项目所需的工具和设施。

2）主持配置管理委员会，管理配置管理系统。支持经理一般应当作为配置管理委员会的负责人，总体负责配置管理系统，控制版本变更，维护产品的完整性和一致性。

3）维护软件项目的词汇表。支持经理应当建立和维护软件项目的词汇表，特别是术语解释以及各个子系统、部件以及模块的命名和定义。

4）维护项目风险和问题跟踪系统。支持经理应当建立一个主题跟踪系统，用以跟踪项目过程中的各类风险以及问题。

5）支持软件开发过程中复用策略的应用。支持经理应当提供各种方式，有效地支持开发过程中复用策略的应用。要建立起明确的复用目标和复用标准，维护可复用产品组件，尽力提升项目复用比例。

6）参与项目总结。支持经理作为项目团队成员之一，应当在项目总结阶段就该角色的工作状况进行总结，并协助项目组长完成项目总结报告。

本章小结

本章介绍了自主团队的特点和外部环境。软件项目开发的特点决定了必须实现自我管理，因此，自主团队往往在项目中有着最好的表现。

自主团队离不开管理层的支持。这种支持体现在两个方面：在项目开始阶段，项目小组应当制定合理的、可行的项目计划，并获得管理层的认可；在项目进展过程中，项目小组应当定期向管理层汇报工作进展，必要时向管理层寻求帮助。

　　TSP 中典型的角色包括项目组长、计划经理、开发经理、质量经理、支持经理以及过程经理等。软件项目小组可以根据实际需要，自行定义其他的角色经理。

思考题

1. 请描述领导者与经理的区别和联系？
2. TSP 中如何支持自主型团队？
3. TSP 中典型的角色经理有哪些？相应的职责分别是什么？
4. 请简要描述质量经理、过程经理以及计划经理三个角色工作内容的差别。

参考文献

[Dyer, 1984] Jean L. Dyer, Team Research and Team Training: A State-Of-Art Review. Human Factors Review, The Human Factors Society, Inc. , 1984.

[Demarco, 1987] Tom Demarco and Timothy Lister, Peopleware, Productive Projects and Teams New York: Dorset House Publishing, 1987.

[Chaos Report, 2001]Extreme Chaos, The Standish Group International, 2001.

[Humphrey, 2005]Watts S. Humphrey, PSP A self-Improvement Process for Software Engineers.

[Maslow, 1943]A.H. Maslow, A Theory of Human Motivation, Psychological Review 50（4）（1943）:370-96.

[Humphrey, 2000] Watts S. Humphrey, Introduction to the Team Software Process, Addison-Wesley, 2000.

## 第三部分

组织级软件过程改进

　　本部分基于软件过程改进基本模型 IDEAL 的各个阶段来组织内容。通过一个案例介绍如何通过组织级过程改进来实现商业目标。要解释这样的内容安排，必须要指出如下几点：首先，"改进"一词有广义和狭义之分，严格来讲，改进不能只是"拨乱反正"，即把混乱过程变得有序和规范，从这个意义上讲，所有旨在实现重复历史成功的做法（ISO 系列模型、CMMI 5 级以下的部分等）都不应当归入改进模型之列；其次，过程改进不应当仅仅发生在组织级，个体级和小组（或者称团队）级过程都需要进行改进。因此，本部分并不打算简单地将某些过程标准、规范和模型直接列为组织级过程规范，而是试图将一个软件过程改进的通用模型阐述清楚。而这样的一个过程改进方法可以应用于上述三个层次（个体、小组和组织）的软件过程改进之中。当然，由于在组织级更加容易协调资源和共享经验，IDEAL 在大部分情况下都发生在组织级。

## 第 11 章

IDEAL 模型之初始阶段

11.1　IDEAL 模型概述

　　本书前面已经介绍了个体软件过程与小组软件过程的基本理论和方法，个体软件过程是软件工程师日常工作的指南，小组软件过程是领导小组工作的指导方针。对于一个规模较大的软件系统的开发来讲，其开发组可能不止一个，这种由多个小组构成的机构称为组织（organization）。软件工程的困难在于当软件组织的规模随着软件项目的规模增长时，组织内和组织间的管理和交流复杂度及成本随之增长，甚至达到难以有效控制的程度。

　　一个软件企业要提高自身的软件研发能力，必须从组织级的能力着手，在组织级改进过程能力。一个基本的思想是从组织的角度出发，软件开发组织必须从过去成功和失败的经历中总结经验和教训。因此，从本章开始，本书将介绍组织级的过程改进理论和方法，这里，以 CMU SEI 提出的 IDEAL 模型为主要内容进行介绍。IDEAL 模型的设计在很大程度上受到 PDCA 模型的影响，可以看作是 PDCA 模型结合了软件工程的专业特点，在软件工程领域的推广应用。一般的工作思路是：首先启动组织级的软件过程改进，然后诊断并列出目前存在的问题，给出改进的计划，建立实施改进的基础设施，执行改进计划，分析这一轮改进的结果，将失败的教训记录下来，并分析失败的原因，使得失败不再重演；将成功的经验总结和记录下来，使得成功不是偶然的，即保证同样的成功能够延续；将没有解决的遗留问题列入下一轮改进计划，转入下一轮软件过程改进的循环。

　　软件过程改进（Software Process Improvement，SPI）在任何一个组织内都是一个具有挑战性的工作。从本章开始，将详细介绍 SEI 开发的一个基本的软件过程改进模型——IDEAL。通过对 IDEAL 模型的学习，能够给从事 SPI 的管理者提供一些帮助。

　　图 1-17 所示的模型描绘了一个软件过程改进方案的五个阶段。这五个阶段提供了贯穿软件过程改进所需步骤的连续的循环。值得注意的是，完成 IDEAL 模型一个完整的周期所需的时间对于各个机构而言是不同的。组织将发现许多活动可以根据投入到软件过程改进程序中的资源情况以并行的方式执行。也有可能组织的某些部分在执行模型的一个阶段的某个活动

时，组织的其他部分在不同的阶段执行该活动。在实践中，IDEAL 模型各个阶段的界线并不像模型中定义得那么清晰。

同样要注意的是，为了完成软件过程改进而建立的基础设施对软件过程改进方案实施的成功与否起着极其重要的作用。基础设施，尤其是对它所扮演的角色和职责的理解，给软件过程改进方案带来的价值不可低估。

1）初始阶段（Initiating Phase）。初始阶段是整个模型的开始点。在初始阶段，构建了软件过程改进的基础设施，定义了基础设施的角色和职责，同时指定了最初的资源。在这个阶段将会创建一个 SPI 计划用来指导组织顺利完成初始阶段、诊断阶段和建立阶段。SPI 程序的正式开始获得批准，并附加为后续工作所需的资源方面的承诺。

SPI 程序的大致目标在初始阶段定义。总目标根据组织的商业需求建立，并且会在 IDEAL 模型的建立阶段得以精炼和明确。在初始阶段，用来支持和促进 SPI 的基础设施将会被建立，并建立两个关键的组件——管理层指导组（Management Steering Group，MSG）和软件工程过程组（Software Engineering Process Group，SEPG）。同时，在初始阶段，需要确立 SPI 程序正式开始的通信，建议通过组织内评估来确定组织是否对 SPI 的正式开始准备就绪。

2）诊断阶段（Diagnosing Phase）。在诊断阶段，组织已经踏上持续软件过程改进之路，这为后续阶段奠定基础。在该阶段，SPI 活动计划依照组织的愿景、战略性商业计划、之前改进活动的经验、组织面临的关键业务问题和长远目标进行初始化，通过评估活动来建立组织目前状态的基线。评估活动和其他任何与基线有关的活动的结果都将与已存在的或计划中的改进活动协调一致，最终列入 SPI 执行计划中。

3）建立阶段（Establishing Phase）。在建立阶段，对于要处理的改进活动的议题，组织已经确定和划分了优先级，并制定解决方案的战略。SPI 执行计划的草案会考虑组织的愿景、战略性商业计划、过去改进活动中得到的经验教训、组织面临的关键业务问题和长远目标。在建立阶段，可度量的目标会在初始阶段定义的大致目标中提炼出来，它们将会包括在 SPI 活动计划的最终版本里。

在建立阶段，需要给技术工作组（Technical Working Group，TWG）承诺必要的资源，并提供相关的培训。被开发出来的活动计划将会根据划分好的优先级和诊断阶段的建议来指导 SPI 活动。同时，在这个阶段，战略执行计划模板需要创建，并且可以被技术工作组完成和遵循。

4）执行阶段（Acting Phase）。在执行阶段，在诊断阶段发现的用来针对改进的解决方案将被创建和试用，并部署到整个组织。通过开发计划来进行试用，从而测试和演化新的或者改进过的过程。在成功地测试了新的过程，并且确定过程被整个组织采用，部署和安装准备就绪后，用来完成转出的计划将被指定和执行。

5）调整阶段（Leveraging Phase）。调整阶段的目的是使 IDEAL 模型下一个循环周期更加有效。这时候已经提出了解决方案，同时也学习了经验教训，收集了在性能和目标成就上的度量数据。这些工作成果将会添加到过程数据库中，该过程数据将会成为员工在下一个循环周期中的信息源。使用这些过程数据，利用演化策略，对方法和基础设施进行适当的调整，实施 SPI 程序。

　　其中可能遇到一些问题,包括:1)基础设施(MSG,SEPG,TWG 等)的运行是否适当?2)TWG 在他们的解决方案的开发活动中引进的方法是否令人满意?3)SPI 的交流活动是否充足?4)SPI 的资助是否需要再次确认?5)是否实施另一个基线活动?6)再次进入下一个 IDEAL 模型循环的进入点在很大程度上与这些问题的答案有关。

　　在应用 IDEAL 模型的时候需要注意,有两个关键过程改进活动的组件——战略性组件和战术性组件。

　　基于组织的商业需求和驱动的战略性组件将会提供技术活动的指导和优化。图 11-1 显示了一个 IDEAL 模型应用的二维视图。

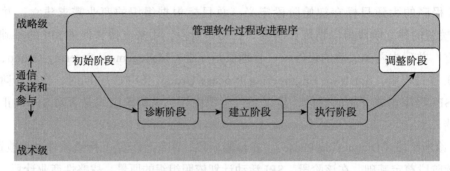

图 11-1　过程改进活动二维视图 [McFeeley, 1996]

　　1)战略级:在战略级里包含对高级管理负责的过程。

　　2)战术级:在战术级里包含一线经理、参与者所修改、创建和执行的过程。

　　图 11-1 中描述的流程应该看作一个持续的流程。当改进活动完成后,战略级和战术级的活动都返回到调整阶段,在调整阶段会重新确认管理任务,计划新的基线,策略也可能会有新的调整。

11.2　初始阶段概述

　　在 IDEAL 模型的初始阶段,组织的高层管理者首先理解了 SPI 的需求,为 SPI 程序做出承诺,定义 SPI 的工作环境。这个步骤类似于定义一个系统,需要开发一个初始的高层 SPI 计划和初始 SPI 任务日程安排,包括主要的功能元素、关键接口和需求。该高层计划会指导组织一直到建立阶段的完成,在那时,SPI 执行计划已经确定。通常会组建一个发现小组来探索议题,并向高层管理者递交 SPI 提案。在同意了 SPI 提案后,将确立为启动 SPI 程序需要的基础设施。

　　组织需要在参与者和管理层决定如何组织它的改进活动,包括确定哪些人参与、投入多少时间等。基于这些初始决定和章程,组建管理层指导组(MSG)和软件工程过程组(SEPG)。这些实体将开发过程改进的工作过程、计划和进度表,并管理过程改进程序。附录 A 定义了 SPI 组织的基础设施。

　　计划在这一步骤非常重要。一旦在诊断阶段的基线工作开始进行,MSG 和 SEPG 会面临越来越大的压力。通常在组织这些工作时非常难分配到足够的时间。在基线活动前，MSG 和 SEPG 需明确要做什么、如何做以及何时去做等，这些对于后续工作设置非常必要。

为了更好地理解 IDEAL 模型的理论，我们引入一个案例分析，该案例将贯穿 IDEAL 模型的 5 个阶段。

案例分析

某软件企业 C 公司有软件研发工程师 300 名，拥有两个产品线：旧产品线和新产品线，分别是该公司的第二代产品（G2）和第三代产品（G3）。目前在人员配置方面，G2 产品有 270 人，G3 产品有 30 人。G2 产品线是公司长期以来的主营业务，是目前 C 公司主要的营业收入来源。G2 产品线已经积累了丰富经验和数量庞大的客户群。考虑到市场竞争的趋势和公司发展的战略需要，公司高层管理者在 1 年前决定开始研发新产品 G3。经过 1 年的探索和市场培育，新产品 G3 已经逐渐成为众多客户期待的产品，且市场增长趋势明显，未来前景看好。如果不加大 G3 产品线的投入，预计需要 36 个月的时间才能将 G3 产品正式推向市场，如果扩大 G3 产品线的投入，有希望在 12 个月后正式发布 G3 产品，这将有利于扩大 C 公司的 G3 产品的市场份额，其投资与收益比较好。但是，目前 C 公司的 G2 产品由于早年开发时仓促上线，质量问题比较多，软件架构不尽合理，面临多变的客户需求时，修改调整困难。上述因素导致公司绝大多数人力资源都拖在该产品线上。因此，C 公司目前陷入两难境地：一方面，随着产品更新周期的到来，必须积极开发新产品线（G3），否则公司将面临错失产品更新期，并失去原有的客户群的风险；另一方面，G2 产品线的维护和定制又牵制了公司大量人力资源。

在初始阶段：C 公司市场部总监 Mike 认识到公司目前遇到的问题，为此他组织了一个发现小组（discovery team），在公司内部收集了相关数据，包括旧产品线（G2）的产品质量评测、产品满意度、人员配置、研发投入、营销收益，以及新产品线（G3）的人员配置、研发投入和未来的商业愿景。

经过对相关数据的详细分析和论证，撰写软件过程改进提案：公司必须对 G2 产品研发现状进行改进，想方设法腾出资源。这样既可以以 G2 产品的改版质量稳住 C 公司的市场份额，又可以尝试将 G2 产品线的过程改进成果推广应用于 G3 产品的研发，以期在未来提高 G3 产品的质量。Mike 将该提案提交给 C 公司的董事会决策，经过激烈的讨论和论证之后，董事会投票决定通过 Mike 的提案，并同意为该提案构建相应的基础设施，包括成立特别工作组：MSG（管理层指导组）和 SEPG（软件工程过程组）。MSG 本质上是 SPI 程序的管理者，承诺为该提案提供必要的资源和时间。然后 MSG 与 SEPG 共同工作，评估在目前形势下在公司内组织 SPI 的风气，调查支持 SPI 的理由和促进因素以及反对 SPI 的理由和阻力，并定义 SPI 总体目标，定义 SPI 程序指导原则。等这些准备工作做好之后，正式启动 SPI 程序。

下面，我们将详细介绍初始阶段需要做的工作。

初始阶段的目的包括：1）识别和理解改进的促进因素。2）设置工作环境，并为 SPI 程序建立资助关系。3）通过成本与收益分析，建立对 SPI 程序的理解和认识，并启动之。4）承诺与 SPI 程序相关的必需资源。5）建立实施和管理项目的初始基础设施。

初始阶段的目标包括：1）为启动 SPI 建立初始的意识、技巧和知识。2）深入理解哪些是确保 SPI 成功的必要的承诺。3）为后续工作做好准备。4）撰写 SPI 程序的提案，描述 SPI 的范围和资源的需求。5）为管理 SPI 程序建立日程表和基础设施。6）为下一步制定计划并做出承诺。

在初始阶段，需要开发的培训和技能如表 11-1 所示。由于组织可能刚开始学习 SPI 和如何启动 SPI 程序，这一步需要重点培训。

表 11-1 初始阶段需要的培训和技能

培训／技能	MSG	SEPG	发现小组	一线经理	实践者
计划	√	√	√		
团队开发	√	√			
管理技术变更	√	√		√	
SPI 收益	√	√	√	√	√
愿景设置	√	√	√		
咨询技能	√	√			
SW-CMM	√	√	√	√	√
SPI 过程	√	√		√	

初始阶段的承诺和资助是关键，没有高层管理者强大而稳定的承诺和资助，工作就可能半途而废。因此在正式启动 SPI 程序之前，必须获得承诺和资助。高层管理者的初始承诺包括：1）允许成立发现小组来探索议题，并撰写 SPI 提案。2）为发现小组提供过程改进的商业需求。3）为发现小组撰写 SPI 提案提供必要资源。

在这之后，需要确保承诺的 SPI 程序的实施，为 SEPG 分配资源，包括 SPI 基础设施的必要资源。一线经理还必须做到：1）为 SPI 承诺时间和工作。2）为 MSG 承诺时间。3）为 SEPG 承诺资源。4）为管理 SPI 程序制定计划，并且为后续步骤开发战略。5）为技术工作组的参与者承诺时间。

预期的 SEPG 成员也必须确保在 SEPG 的工作时间，并且意识到这些承诺对组织内的任务有着巨大的影响。

关于初始阶段的交流，发现小组会经常与组织内的核心干系人和特定的高层管理人员交流工作成果，陈述发现小组学到了什么以及发生了什么。除此之外还会在发现小组会议讨论特定的需求和高层管理者的承诺。高层管理者必须了解业务目的、目标和 SPI 程序的根本原因及这些工作的迫切性，必须向组织做出积极的承诺。一旦基础设施形成，MSG 和 SEPG 必须维持和组织稳定的交流，并讨论各项进展。信息交流中的疏忽将会给组织带来重大的恐惧感和不确定性，经常而有效的交流可以缓解这些顾虑。

初始阶段的进入标准为：对于可能发生的困境，组织初始化 SPI 程序，通过维持和改进软件过程的质量来改善组织的竞争优势，通常会有一个或多个 SPI 拥护者发起议题，从而使 SPI 程序获得投资，并开始 SPI 程序。关键的进入标准为：1）存在重要的改进软件开发过程的商业需求并且被完全理解。2）已产生 SPI 的组织拥护者。

经验表明，对于成功的 SPI 程序，有一些关键的因素。例如，SPI 程序需要获得合理等级的资助，建立由受尊敬的员工组成的基本设施，开发交流计划和实现一个激励性的程序，并明确 SPI 程序会产生大量的效益。

初始阶段的退出标准包括：1）建立 SPI 初始化的基础设施，获得充足的资助，并且提出了 SPI 概念和活动。2）已经将 SPI 初始活动与组织的业务战略联系起来。3）完成 SPI 初始化阶段的初始的组织交流计划。4）建立识别程序，以公开展现 SPI 的预期结果。5）创建 SPI 计划来指导 SPI 程序通过 IDEAL 模型的初始阶段、诊断阶段和建立阶段。

初始阶段的任务包括：

1）准备开始。

2）识别商业需求和改进的驱动力。

3）撰写 SPI 提案。

4）培训和构建支持。

5）使 SPI 提案获得批准并初始化资源。

6）构建 SPI 基础设施。

7）评估 SPI 风气。

8）定义 SPI 总体目标。

9）定义 SPI 程序指导原则。

10）启动程序。

图 11-2 展示了 IDEAL 模型初始阶段的各任务（步骤）之间的关系。

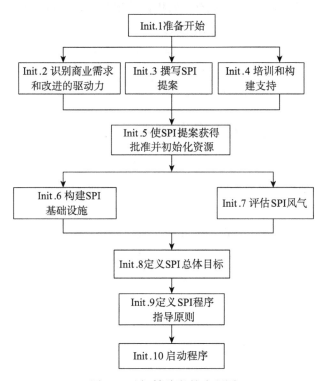

图 11-2　初始阶段的流程图

11.3　准备开始

这个步骤的目的在于组织一个发现小组，为开始 SPI 程序收集材料，并撰写提案。发现小组收集如下信息：1）可能会影响 SPI 程序的当前商业需求、组织的政策和规章。2）组织内已经存在或者将来计划的其他变更程序或者相似的初始活动。3）执行 SPI 程序的方式。然后发现小组会选择特定的方案。

准备开始活动的目标包括：1）识别 SPI 程序相关干系人的所在部门。2）识别 SPI 的方法。3）识别商业需求。4）评估并选择引导 SPI 程序的方法。

准备开始活动的进入标准包括：1）识别过程改进的关键业务问题。2）存在改进软件开发过程的愿望。3）存在一个或多个 SPI 拥护者，拥护者可以来自组织的任何部门，包括员工、中层或高层管理组。

准备开始活动的退出标准包括：1）成立 SPI 发现小组。2）已识别出会影响 SPI 程序的现有的或者未来的方案、政策和规章，并且分析它们的影响，完成了障碍点或者调整点。3）已经选出启动和引导 SPI 程序的一个方案，并建立支持协议。

准备开始活动的任务包括：

1）成立发现小组，包括：选择有领导才能的 SPI 拥护者来领导发现小组并执行早期计划和建立资助；选择干系人代表参与 SPI 计划的制定工作。

2）识别 SPI 风气，即识别当前支持或妨碍启动 SPI 程序的政策、规章。例如，一个公司可能有重视年度管理培训的政策，可能有政府机构的规章（如食品、药品管理），或者可能有一个实现 ISO 9001 证书的方案，这些都可能影响 SPI 程序。

3）获取如何实施 SPI 的信息，包括：识别不同的方案和支持组，选择适合需要和组织环境的最佳方案，为方案的选择提供咨询和培训支持。

11.4　识别商业需求和改进的驱动力

这个步骤的目的在于：从管理角度识别商业需求和 SPI 程序的驱动力。SPI 拥护者通常会提出众多理由来解释组织为何需要开展 SPI 程序，但是如果这些理由很少以商业条款的形式表达或者很少与组织的商业需求联系起来，那么 SPI 提案将很难打动组织的高层管理者，也很难为启动 SPI 程序获得有效的资助。因此初始阶段的第二个步骤需要将 SPI 程序与商业条款和组织的商业需求紧密联系起来，以期获得高层管理者的支持。

这个步骤的目标包括：1）识别驱动 SPI 需求的关键商业需求。2）将 SPI 程序与商业需求挂钩。

这个步骤的进入标准包括：1）已经成立 SPI 发现小组。2）高层管理者已经清晰表达了组织的业务战略。

这个步骤的退出标准包括：1）识别关键商业需求作为 SPI 程序的驱动力。2）将渴望过程改进的组织意愿写入文档。

这个步骤的任务包括：

1）收集商业需求，包括：审阅当前业务情况和 SPI 业务焦点，识别并收集反映当前需求的所有文档，采访管理层的核心干系人。

2）审阅那些能够在 SPI 程序中得到部分或者全部满足的需求。

3）明确解释 SPI 程序如何满足这些商业需求。

11.5　撰写 SPI 提案

这个步骤的目的是向高层管理者撰写 SPI 提案，在提案中会解释 SPI 程序是什么、为什么需要启动 SPI 程序、需要花多少钱、多长时间才能看到效果、有哪些方案可供选择等。提案需要回答如下问题：我们想要做什么？为什么我们要做这些？这一步骤会引导一个管理决策，即决定是否继续 SPI 程序。

这个步骤的目标为：撰写和发布 SPI 提案。

这个步骤的进入标准包括：1）SPI 发现小组已经成立并已经开展工作。2）已经识别会影响 SPI 程序的政策和规章。3）已经选择启动和引导 SPI 程序的方案，并确立 SPI 询问支持协议。4）明确定义了组织的商业需求和 SPI 程序的驱动力之间的关系。

这个步骤的退出标准包括：1）完成 SPI 提案并准备发布。2）已经撰写组织交流计划的草稿。

这个步骤的任务包括：

1）识别管理层的核心干系人，包括：获得 SPI 提案的输入，提交提案草稿给核心干系人并进行评审。

2）在 SPI 提案的一些问题上，与高层管理人员的意见达成一致。

3）为改进程序建立目标，确保业务目标的连贯性，并确保重点商业需求提前识别。

4）开始开发组织过程成熟度的期望状态的愿景。

5）识别预期的 SPI 资源并进行交流。

6）确定范围，包括：涉及哪些参与部门（R&D，市场，制造，质量等），涉及哪些软件（产品，嵌入式，任务，支持等）。

7）为管理和协调 SPI 程序确定组织结构的角色和责任，涉及高层管理者、组织支持组、合作支持组、SEPG（基于改进程序的范围确定成员）、MSG（基于改进程序的范围、资助来源和管理控制需求确定成员范围）。

8）制定高层计划，包括：开发贯穿建立阶段的初始的高层活动和日程表，为 SEPG、核心经理、一线组织的员工和预期的基线团队确定基本的资源需求（人力，培训需求，旅行费用，设备，顾问），确定组织的收益，如商业价值（包括投资回报率（ROI））、已经改进的能力和士气。为高层管理者撰写 SPI 提案，与核心干系人一起审阅和提炼 SPI 提案的草稿，建立组织的 SPI 交流计划。

11.6 培训和构建支持

这个步骤的目的在于：尽量在组织内达成共识，确立期望，构建支持。这个活动将启动 SPI 程序的初始阶段并持续贯穿整个程序。本活动的意图在于回答如下问题：会发生什么？我们为什么要做这个？

这个步骤的目标为：1）与组织交流 SPI 商业需求。2）与组织交流在 SPI 初始阶段可以采用的方案。3）向核心干系人引荐 SPI 程序。

这个步骤的进入标准包括：1）成立 SPI 发现小组，并已经开展工作。2）已经识别会影响 SPI 程序的政策和规章。3）已经选择启动和引导 SPI 程序的方案，并确立 SPI 询问支持协议。

这个步骤的退出标准包括：1）完成组织 SPI 程序交流计划。2）完成交流会话的简易套件。3）关于 SPI 程序的交流会议的消息已经成功传达给相关与会者。

这个步骤的任务包括：

1）构建一系列可以裁剪的适用于多个组织部门的简报用以回答以下问题：需要做什么？它为什么被初始化？它如何影响听众？期望的结果是什么？

2）构建简报并覆盖以下服务对象：高层经理和他们的员工，软件经理和他们的员工，软件参与者，其他感兴趣的部门，公司高层管理者（若可能）。

3）尽可能让核心干系人支持 SPI 程序，并递交简报。

4）充分利用各种研讨会的机会，做简要的组织工作，包括：在简报中与核心干系人建立交流，帮助构建 SPI 程序，争取得到核心干系人的反馈和支持。

11.7 使 SPI 提案获得批准并初始化资源

这个步骤的目的在于：向高层管理者展示 SPI 提案并得到他们的批准，并且为启动 SPI 程序分配必需的时间和资源。在初始阶段的第 1 ~ 5 步，可能存在迭代，直到提案达成共识，然后继续 SPI 初始阶段的后续步骤，或者也有可能否决 SPI 提案，放弃该 SPI 程序的初始阶段。

这个步骤的目标包括：1）从高层管理者那里获得批准和资源，从其他的核心干系人那里获得支持。2）获得建立 MSG 的批准。3）获得建立 SEPG 所需资源的批准。4）在后续活动中获得高层管理者的参与（MSG，评估风气，启动 SPI 等）。

这个步骤的进入标准包括：1）明晰 SPI 程序与业务的关系。2）完成并提交 SPI 提案。

这个步骤的退出标准包括：1）提案获得批准。2）已经分配资源。3）组织交流已升级。4）提案被拒绝，SPI 程序被取消。

这个步骤的任务包括：

1）向核心干系人和高层管理者展示提案。

2）提案获得批准。

3）为 MSG 和 SEPG 开展工作分派初始资源。

4）建立资助战略（识别哪些人负责提供和管理哪些资源）。

5）预算所需资源。

6）找到、获取、分配资源，包括高层管理者参与到后续活动的时间。

7）更新组织交流计划。

11.8　构建 SPI 基础设施

要想有效地管理 SPI 程序，必须构建一个基础设施。基础设施必须明确地定义职责和义务以及权力，以确保 SPI 程序的成功实施。附录 A 更详细地描述了过程改进基础设施。

构建 SPI 基础设施的主要目的在于：构建必需的机制来帮助组织做持续的过程改进，形成制度化。构建基础设施对于 SPI 程序的成功与否至关重要，稳定而有效的基础设施有利于 SPI 程序的实施，不被支持的 SPI 程序会被孤立并在组织中消退。因此，SPI 程序的成功与良好的基础设施密不可分。

基础设施的概念可应用在本地 SPI 程序，也可以应用在由许多不同的场所组成的共同合作的项目中，每个场所运行它们自己的本地 SPI 程序。独立的本地 SPI 程序成为一个大组织的 SPI 程序的一部分时，可以通过进行许多活动、建立许多机制来确立独立的程序，包括：通过减少场所减少经费开支，加强跨越多个场所之间的经验学习和交流。

基础设施可以保障 SPI 程序成功和有效，指导和监视 SPI 程序并且使资源分配更加容易。基础设施同时也会与外部的小组进行交互，以便保证过程改进实践的状态被感知。当建立 SPI 基础设施时，需要考虑组织的规模、结构和文化等因素。SEPG 是 SPI 程序的基础设施的核心力量，一般由本地的 MSG 指导和监督 SEPG 工作。对于更大的组织来说，它们可能跨越多个结点，各个结点的 SEPG 和 MSG 需要协商和协调过程改进活动。

在一个规模较大的组织中，需要成立执行委员会，处理组织的 SPI 程序的战略和发展方向。SPI 程序基础设施的其他组件如 TWG 有时被理解为过程执行小组（Process Action Team, PAT），它们将存在一个有限的周期，完成其特定目标，这些实体将在附录 A 中进一步详述。

SPI 对任何组织来说都是有意义的，但如果没有强有力的基础设施，几乎无法完成任何事情。从管理的角度来看，基础设施需要为处在过程改进前线的 SEPG 和 TWG 做许多事情，其作用在于：

1）在需要时提供资源。

2）为 SPI 程序提供关于方向、范围和工作速度的咨询。

3）扫除障碍，确保 SPI 程序可以顺利地进行。

这个步骤的目的为：1）保持 SPI 程序的可见性。2）促进和鼓励信息共享。3）捕获并维持过程改进中获得的经验。图 11-3 显示了如何支持 SPI 的元素。

这个步骤的目标为：1）建立基础设施。2）开始持续进行基础设施活动，包括促进 SPI 程序，建议并监视 SEPG 的工作，协调过程改进活动，为 SPI 程序提供可见的、有效的资助。

这个步骤的进入标准为：SPI 提案获准，且分配资源。

这个步骤的退出标准为：1）基础设施以特定的人、组织实体、规章、责任和接口的方式定义。2）基础设施纲领被创建。3）基础设施准备就绪，并开始运行。

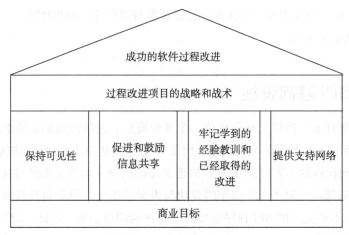

图 11-3 成功的过程改进

尽管建立基础设施的任务中已经定义了退出标准，但许多在这个任务中开始的活动都会持续到 SPI 程序的最后。

这个步骤的任务包括：1）建立管理层指导组。2）建立软件工程过程组。3）保持可见性。4）促进和鼓励信息共享。5）牢记学到的经验教训和已经取得的改进。6）提供支持网络。

1. 建立管理层指导组

建立管理层指导组的目的在于为 SPI 程序分派项目责任。MSG 本质上是 SPI 程序的管理者。它为工作提供资助，管理工作所需的必要资源。它同时也监控 SPI 程序的进展，提供必要的指导和校正活动，以确保 SPI 程序与组织愿景和商业需求紧密联系。

如果已经存在类似于 MSG 的组，则修改和扩展其章程以反映它们的职责。MSG 的成员遴选来自组织的一线经理（见附录 A，可以获得更多基础设施实体及其定义的信息）。

建立管理层指导组的目标是为 SPI 程序创建可以提供管理监督和指导的基础设施组件。

建立管理层指导组的进入标准是 SPI 提案已经被批准。

建立管理层指导组的任务包括：

1）遴选 MSG 的成员，选举 MSG 的主席。

2）定义角色和职责。

3）定义与 SEPG、TWG 和组织其他部门的关系，包括报告需求。

4）撰写和修改 MSG 的章程。

5）为 MSG 引导团队建设（在 MSG 和定义的其他实体之间）。

6）为提供后继者和人员调整开发过程。

建立管理层指导组的退出标准包括：1）已经完成 MSG 成员的遴选。2）已经完成 MSG 章程并获得批准。3）已经任命 MSG 领导人（主席）。

2. 建立软件工程过程组

建立 SEPG 的目的在于为促进和协调 SPI 程序分配职责。SEPG 不是 SPI 的实现者，而是起到指导过程改进活动的促进者的作用。

如果已经存在类似于 SEPG 的小组，则修改和扩展其章程以反映它们的职责。SEPG 的成员从组织参与者中选拔（见附录 A，可以获得更多基础设施实体及其定义的信息）。

建立 SEPG 的目标包括：1）创建可以促进和指导 SPI 活动的基础设施组件。2）选择有资格的员工作为成员。

建立 SEPG 的进入标准为 SPI 提案已经被批准。

建立 SEPG 的任务包括：

1）确定 SEPG 成员的资质。

2）采访并挑选 SEPG 成员。

3）定义 SEPG 角色与职责。

4）定义与 MSG 的关系。

5）定义与 TWG 和组织其他部门的关系，包括报告、跟踪和支持需求。

6）选择 SEPG 领导人（如果没有分配，推荐 SPI 拥护者）。

7）撰写 SEPG 章程。

8）为 SEPG 引导团队建设（在 SEPG 和定义的其他实体之间）。

9）为提供后继者和人员调整开发过程。

建立 SEPG 的退出标准包括：1）已选择 SEPG 成员。2）SEPG 许可已被开发和允许。3）SEPG 领导人已指派。

3. 保持可见性

保持 SPI 程序的可见性的目的在于：1）确保高层管理者能够长期关注 SPI 程序。2）向整个组织提供信息以显示 SPI 程序的工作效果和进展。3）在 SPI 程序不断演进的过程中提供持续的项目信息。

SPI 程序由执行管理层启动和发起，但是他们通常在初始化结束后就被遗忘或者变得不可见。定期地向不同层级的管理者呈现 SPI 程序的工作效果和进展，可以继续吸引管理层的关注，并获得管理层长期的支持，这对于 SPI 程序的成功实施是至关重要的。

在 SPI 程序的早期阶段，SPI 程序不会提供可见性明显的结果。特别在组织变动和发生危机时，存在迷失 SPI 程序的目标和长期性支持的趋势。SPI 程序经常是因为疏忽而不是蓄意终止而导致失败的，如项目成员变得越来越关注当前短期的危机而失去了对长期获益的关注和信心，那么 SPI 程序很可能会失败。

保持可见性活动在组织一旦决定实施 SPI 程序时就应该开始，并在整个 SPI 程序中持续。在 SPI 程序的早期，这个活动的主要任务是构建共识和为 SPI 程序获得支持。当改进程序步入正轨的，这个活动的任务是持续地展现 SPI 程序的获益。

可以通过调查组织成员来判断 SPI 程序的共识是否已经被传达和理解，从而确定交流的影响力。

保持可见性的目标包括：1）确保将 SPI 程序的问题、进展和结果告知所有层级的管理者。2）确保将 SPI 程序的进展和结果告知整个组织。3）公开识别个体和小组在 SPI 程序中的工作和贡献。

保持可见性的进入标准为 SPI 提案已经被批准并正在执行。

保持可见性的任务包括：

1）向管理者和参与者递交 SPI 程序的简报，并组织评审。

2）通过组织范围内的交流媒介（如内部简报、大型会议或者午餐会议），将 SPI 程序的进展和结果通报整个组织。

3）建立一个识别程序，公开展示和奖励 SPI 工作和结果。

保持可见性的退出标准包括：1）SPI 程序必须在整个生命周期内保持可见性，除非整个程序终止，否则需要交流 SPI 程序的进展和结果。2）关于 SPI 程序的特定消息必须被有效交流。

必须向组织内的成员定期通报 SPI 程序的进展和结果，并确保这些消息被成功传递。

4. 促进和鼓励信息共享

促进和鼓励信息共享的目的在于：SPI 程序越繁忙，SEPG 和组织其他部分（尤其是那些不直接参与 SPI 程序的其他 SEPG）之间信息交流会越少。有时这些组织可能在解决同样或相关的问题，定期而有规律的信息共享可以提高效率。

在信息共享中主要有两个维度：本地（站点信息共享）和全局（组织间信息共享）。本地信息通过一系列诸如每月简报、午餐会议和各种由 SEPG 参加的员工会议等进行信息共享。通过将不同组织内的 SEPG 组织起来召开定期会议（至少是季度性的）获得全局信息，召开会议的地点最好远离他们的工作环境，采用结构化的日程安排来分享学习到的经验、遇到的问题和取得的成效。当某些 SEPG 的办公地点较为接近时，可以建立本地软件过程改进网络（SPIN）作为信息共享的媒介，通常每月都需要开会。

可以通过调查得知哪些信息被共享以及这些共享的价值是什么来验证信息共享活动的影响。

促进和鼓励信息共享的目标包括：1）建立定期的、有计划的 SPI 程序会议来在本地分享有效的实践和其他人的工作经验。2）建立定期的、有计划的、跨组织的 SEPG 会议在全局分享有效的实践、过程和其他组织的经验。

促进和鼓励信息共享的进入标准包括：1）SPI 程序正在进行。2）为了实现多个组织之间的共享，至少一个组织必须正在进行 SPI 程序。

促进和鼓励信息共享的任务包括：

1）本地 SEPG 建立定期（可能是季度性的）会议，会议的核心参与者为 MSG 成员、TWG 领导者、过程拥有者，以及引导项目领导者。

2）从全局来讲，SEPG 建立定期会议（可能是年度性的），将各个本地的 SEPG 联合起来。

3）为本地和全局会议的参与者提供激励和薪酬。

4）跟踪长期的实际使用情况，检查该过程的采用情况。

促进和鼓励信息共享的退出标准包括：1）只要 SPI 程序正在组织内运行，信息就需要在不同的参与者之间进行共享。2）需要定期召开足够多的会议以便分享已经获得的经验。

5. 牢记学到的经验教训和已经取得的改进

该活动的目的在于：尽管信息共享活动可以促进分享学到的经验教训、成功案例和典型问题以及解决方案，然而这只能产生即时效果。当 SEPG 不断演进、人事发生调整和轮换时，这些经验教训有可能被丢失和遗忘。SEPG 发现，当他们遇到相同或相似的问题时，有可能浪费时间重复做曾经做过的工作，因此，学到的经验必须被写入正式文档并永久保存以作参考。在 SPI 活动中需要考虑如何收集学到的经验。

SPI 程序必须建立或者长期记录这些经验教训，以促使组织持续的成长和成熟。要实现这个目标，创建知识库或者过程数据库至关重要。通过这样的机制，从 SPI 程序中学到的经验教训、成功案例和工作产品得以保存和分发。要经常捕获的信息包括：1）SPI 过程信息。2）产出的过程和产品。3）在 SPI 程序中生成的工作产品（如活动计划）。4）开发的解决方案以及解决方案如何被应用。

另外，如果想要使用收集的信息，则需要将其转换成通用的模板。持续收集学到的经验教训，并传播到整个 SPI 实践的方法中。这种活动可以在本地基础的 SEPG 和 TWG 中执行，或者请求一些公司资源从而进一步提高效率。对于大多数公司范围内的有效学习，所有的站点需要对集体的知识库做出贡献并得到信息。当缺少公司范围的努力时，本地的 SEPG 和 TWG 可以为组织提供这项职能。这些学到的经验可以在调整阶段运用。在为 IDEAL 模型的下一个循环做准备时，它们将会被用来评审和分析。

该活动的目标包括：1）制定信息收集和保存的工作准则和流程；2）收集和传播学到的经验教训；3）为 SPI 程序开发通用的、可复用的组件。

该活动的进入标准包括：1）SPI 程序正在进行。2）本地的 SEPG 已经建立。3）SPI 程序已经有共享的信息。

该活动的任务包括：

1）制定信息收集和保存的工作准则。

2）制定信息收集和保存的工作流程。

3）创建 SPI 知识库。

4）对学到的经验教训进行收集和分类。

5）周期性地发布知识库的资料索引。

6）导出可供其他 SPI 程序复用的通用组件（模板、工具、方法等）。

7）向所有 SPI 参与者传播学到的经验教训和通用组件。

8）通过成功的事迹和识别程序等发布使用知识库的条目。

9）跟踪组件的使用、特定类型信息的请求、信息的进入流和输出流，以及其他度量方式来表征知识库影响力和效用。

10）最后，评估知识库是否被使用，持续流行，以及变成组织标准运行环境的一部分。

该活动的退出标准是持续收集和宣传在过去改进工作中学到的知识和 SPI 信息。

6. 提供支持网络

提供支持网络的目的在于：对大多数组织来说，SPI 是一个新活动。因此，必须学习新知识、新技巧和新行为，同时停止使用一些旧方法。这需要个人和组织做出改变，同时参与的人员需要继续学习做事的新方法。

通过建立一个非正式的、同行之间互通的支持网络，SEPG 和其他 SPI 参与者可以直接连接到组织内或者其他组织的站点来得到建议和支持。他们可以求助经验丰富的资深专家来帮助解决工作中遇到的无法解决的问题，也可以求助同行来获得建议并进行尝试。

要想使之有效，他们必须知道并信任同行。可以构建一个横跨所有站点的由 SEPG 组成的"超级"团队，为 SPI 程序建立一个非正式的网络。这仅仅通过信息共享机制是无法实现的，应该计划和协调团队构建活动。一些已经被有效应用的机制包括：1）共同培训。2）协作评估。3）创建贯穿整个组织的过程改进项目。

通过 SPI 基础设施的协作，可以创造更多规模效益和相互学习、促进的机会。如果单个站点的 SEPG 的主要成员由于某些原因离开，新的小组成员通常必须外出进行培训。新的小组甚至可能需要回退若干步骤，等到所有的支持都开始后再重新启动。

提供支持网络的目标是：1）建立广泛的、非正式的、公司范围内的 SEPG 网络。2）建立 SEPG 协同工作程序和机制。

提供支持网络的进入标准包括：1）SPI 程序正在进行。2）本地 SEPG 已经建立。

提供支持网络的退出标准是：只要各种 SEPG 成员需要，这个活动必须一直持续。

提供支持网络的任务包括：

1）为所有的 SEPG 提供通用培训。

2）制定在 SEPG 之间支持活动的计划（如协作评估或者是联合的跨组织的改进项目）。

3）在公司范围内创建 SEPG 成员的电话簿，并登记他们在特定领域的专业技能。

4）SEPG 成员外出帮助其他 SEPG。

11.9 评估 SPI 风气

评估 SPI 风气的目的在于：识别出组织中可能影响 SPI 程序的障碍和调整点，同时开发出有效的计划来确保 SPI 程序能持续、持久。该任务的本质是管理技术变更。

评估 SPI 风气的目标包括：1）识别 SPI 程序中组织级的关键障碍。2）为减少这些障碍制定战略。3）为与其他相关程序和方案交互制定战略。4）为加强和维持 SPI 资助制定战略。5）更新组织级的 SPI 交流计划。6）开发一个程序以加强变更管理能力。

评估 SPI 风气的进入标准包括：1）MSG 和 SEPG 已经遇到了管理技术变更的问题。2）已经根据特定的人、组织实体、角色和职责以及接口明确基础设施。3）基础设施准备就绪并开始运行。

评估 SPI 风气的退出标准包括：1）已经完成组织级诊断。2）已经完成资助战略和组织交流计划。3）已经明确与其他程序和方案的接口和交互关系。4）已经开发变更管理战略。5）已经更新组织级 SPI 交流计划以及增强和维持资助的战略。

评估 SPI 风气的任务包括：

1）通过组织级的诊断，评估过去遇到的障碍，并实现类似的变更程序。

2）评估组织级的文化，识别相关的障碍和调整点。

3）评估 SPI 资助并且明确哪些需要改善。

4）评估新的 SPI 程序的当前阻力，并识别相关的障碍和调整点。

5）识别其他改进活动和主要开发活动已经发生并确定如何与它们交互。

6）开发变更管理战略以减少或移除障碍，估计调整点的价值，为 SPI 倾入资助，管理目标阻力以适应变更，并为变更从总体上增加组织的生产能力。

7）更新组织级交流计划，包括消息、听众、媒体、顺序，并监督实现变更管理战略。

11.10　定义 SPI 总体目标

定义 SPI 总体目标的目的在于：软件过程改进是一项长期投资。明确定义可度量的目标对于指导 SPI 程序和辅助开发改进策略至关重要，因此需要对改进结果进行客观的度量。

要构建好的目标需要在不同管理组之间，在管理者和参与者之间进行大量而充分的双向交流。长期和短期的目标需要注重实际效果，基于这一点产生的目标在本质上是趋于通用的，直到收集到足够的信息，将其量化，并依据建立阶段的第 11 步（见第 13 章）将总体目标转换为特定的可度量目标。

定义 SPI 总体目标的目标包括：1）定义长期和短期的目标。2）确定对于客观目标的满意度的度量方法。

定义 SPI 总体目标的进入标准包括：1）SPI 策略与组织的愿景紧密联系。2）SPI 策略可以明确地联系到商业计划。3）明确定义关键业务驱动。4）识别过去工作的障碍点和调整点，定义避免障碍的策略。5）理解优先级，以及关键的近期和长期的业务问题。

定义 SPI 总体目标的退出标准为：已经定义 SPI 总体目标。

定义 SPI 总体目标的任务包括：

1）完成收集信息和数据，以明确组织能够实现的最佳成就。

2）以愿景、业务规划、关键业务问题和过去历史中改进的成就为依据，明确高层目标。

11.11　定义 SPI 程序指导原则

定义 SPI 程序指导原则的目的在于：SPI 程序应该具有一定的普适性，逐步形成一种能够适用于不同的过程和行为的模型的机制。一个典型的指导原则是使用 SPI 程序来尝试改进管理问题，如计划表、跟踪表等。由于组织级客户不确定性的因素，新方法可能在某个 SPI 任务中"失败"。在新的修订后的过程中如果存在一些常见的缺陷，将导致失败，并意味着新过程不能获得预期的效果。因此，需要制定相关的指导原则，并写成文档作为《SPI 战略执行计划》的"指导原则"章节。

定义 SPI 程序指导原则的目标是：定义 SPI 程序的指导原则。

定义 SPI 程序指导原则的进入标准是：识别过去工作中学习到的经验教训。

定义 SPI 程序指导原则的退出标准是：定义 SPI 程序的指导原则，并撰写《SPI 战略执行计划》文档的"指导原则"章节。

定义 SPI 程序指导原则的任务包括：

1）评审其他组织的 SPI 指导原则。

2）选择和定义 SPI 程序的指导原则。

3）撰写《SPI 战略执行计划》文档的"指导原则"章节。

11.12　启动程序

启动程序的目的在于进入 SPI 程序的主体部分，由此开始过程改进程序的持续循环。通常这个活动由"SEPG 启动"工作室发起，"SEPG 启动"工作室刷新 MSG 和 SEPG 成员的记录，包括有哪些过程改进活动、SEPG 和 MSG 在后续步骤中必须做哪些工作。

启动程序的目标是将初始化活动转化为正在进行的活动。

启动程序的进入标准包括：1）SPI 提案已经被批准。2）已经获得资助和完成组织交流战略和计划。3）已经定义与其他程序的接口和交互关系。4）已经根据特定的人、组织实体、角色和职责、接口明确基础设施。

启动程序的退出标准包括：1）SPI 程序和基础设施已经就绪，并正在运行。2）已经获得批准同意进入到下一步。

启动程序的任务包括：

1）学习选中的 SPI 技术和 SPI 过程（引导一个"SEPG 启动"工作室）。

2）评审 SPI 提案。

3）评审组织级的评估结果。

4）评审与其他程序和方案的交互计划。

5）获得高层管理者批准，进入到下一阶段，即诊断阶段。

11.13　构建 SPI 程序的组织机构

随着 SPI 程序的实施，需要建立一个负责为其提供指导意见的机构，这就是前面提到的"基础设施"。大多数情况下，这个机构都会包含以下三种部门：

1）软件工程过程组（Software Engineering Process Group, SEPG）。

2）管理层指导组（Management Steering Group, MSG）。

3）技术工作组（Technical Working Group, TWG）。

以上都是通用名称，可能各部门或企业间叫法有所不同。机构内部部门之间的关系大致由企业规模及其地理差异所决定。图 11-4 描述的就是一个典型 SPI 机构部门组成。

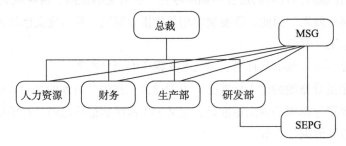

图 11-4　典型 SPI 机构部门组成

1. SEPG

SEPG 有时简称过程组，是 SPI 程序中最重要的部门，行使多种职能，主要包括以下几种：1）为 SPI 程序在变动的环境下提供支持；2）建立和加强资助关系；3）开展并维持相互独立的改进活动；4）确保这些活动在企业内部协调一致。

SEPG 经由管理层指导组认可，管理层和 SEPG 签署合同，简要说明 SEPG 所扮演的角色、履行的责任和享有的权利。必须强调的是：SEPG 并不是改进活动的执行部门，它的真正作用是润滑剂，用来引导过程改进活动。同时，SEPG 还为在过程改进中遇到难题的项目提供帮助和支持。

大多数情况下，从事 SEPG 工作的人员都是从企业现有的软件工程专业人员中遴选出来的。招募过程中，管理层的选才能力将直接影响整个 SEPG 成员的选拔质量。SEPG 的成员有全职的，也有兼职的。在 SEPG 活动多而活动又要求限时进行时，兼职人员可以暂时为 SEPG 工作一段时间，但要保证至少有一个 SEPG 人员进行全职工作并负责 SEPG 的领导工作。

SEPG 工作成员需要具备以下条件：1）具有实习经验。2）具有至少一个领域内的专业知识。3）具有良好的人际交往技能。4）在企业同行中有一定威望。

具备以上条件的，一般是企业里最优秀的人才，他们往往是某个项目的负责人。因此，怎样将这些合适的人选从他们现有的项目中争取过来是个难题，毕竟这个人有可能负责重要的项目。想要成为 SEPG 成员，还取决于管理层在招募人才时拥有的洞察力。如果优秀人才被抽走，可能导致其所在的项目小组遭受损失。

立足长远来看，企业必须竭尽所能来保证 SPI 程序的成功，同时又要兼顾个别项目的需求，从中寻求平衡点。SEPG 人选必须拥护 SPI 程序、满足 SPI 程序的技术要求，并且具有沉稳的工作作风。而作为 SEPG 领导者，必须是得到同事尊敬的人，有着毋庸置疑的能力。这位领导者应该具有"疑人不用，用人不疑"的品性、"能成大事"的潜质以及可以胜任高管的自信。

通常，企业会发布正式的书面说明文件，用以明确 SEPG 的职责。同时，企业采取公开竞聘、设立严格的面谈制度等手段，向员工传达 SEPG 部门的重要性以及企业对 SEPG 成员的重视程度。

2. MSG

SEPG 需要向 MSG 汇报自己的工作。MSG 有许多别名，例如质量管理董事会（quality management board）、过程改进指导委员会（process improvement steering committee）、管理指导小组（management steering team）等等。MSG 负责将 SPI 程序与组织的愿景和目标联系起来。它主要包括以下职责：1）针对 SPI 程序的资助进行全面论证。2）为改进活动分配资源。3）监督 SPI 程序的进展。4）对改进工作给予必要的指导和修正。

MSG 的成员通常由高层管理者组成，这个小组实际上就是一个常务委员会，定期举行会议发表与 SPI 程序有关的问题。通常，MSG 每月都有例会，但在 SPI 程序的早期，会议更加频繁，主要是商讨如何让 SPI 程序有个良好的开端。

3. TWG

第三个主要部门就是 TWG。它也有许多别名，例如过程执行小组（process action team）、过程改进小组（process improvement team）等等。这些工作组主要解决 SPI 程序中某些特定方面的问题，像配置管理 TWG 和项目计划 TWG，都是解决软件工程某个领域的特定问题。其实 TWG 不只解决一些有关改进的技术问题，像差旅报销、软件标准化甚至一些采购工作，都属于 TWG 的工作范畴。

TWG 成员主要由在某些方面有经验的工作人员构成，也包括一些受改进活动变化（主要由针对某方面的调查结果引起）所影响的工作人员。因此，TWG 的生命周期很有限，达成 TWG 既定目标后，小组就会解散，成员返回各自原来的岗位。

TWG 向 MSG 汇报工作。每月 MSG 的例会都有一项议程，就是听取各个 TWG 小组的工作简报。同时，TWG 也会不定期地向 SEPG 反映问题，这就使得 SEPG 能更好地管理当前实施的 SPI 程序，从而充分地履行充当中心枢纽的职责。同时也允许 SEPG 创建资产库，用以存储过程改进活动中生产或使用过的工作产品。该资产库通常也被称为过程数据库，存储着改进过程中收集和生成的数据记录，这也为度量 SPI 程序的运行结果提供现成的参考。但是，该数据库并不一定全部都是电子化的数据库文件，有可能只是一些归档的纸质文件，或者类似软盘等一系列可读的存储设备。

该活动的目的在于：1）建立合理的"基础设施"来指导和管理 SPI 程序。2）从组织部门的角度形成对 SPI 程序的意识。

该活动的进入标准是：拟定和通过《建立和实现 SPI 程序》的白皮书。

4. 其他部门

有时候，为"基础设施"这个机构增设额外的编制将大有裨益。通常，当企业已具有相当规模或者地理分散较为明显的时候，企业就会增设额外的部门。首先涉及的部门是执行委员会（Executive Council，EC）。EC 的成员由各部门的高层管理者组成，主要作用是：提供宏观的指导，对组织愿景及目标给出解读并与其他部门交流解读心得。在下属部门，由 MSG 统一负责，以确保各部门间的改进活动与 EC 传达的组织愿景和目标相一致。其次，另外一个部门类似于软件过程改进咨询委员会（SPIAC）。SPIAC 出现的时机是：多个 SEPG 引起了多个活动，在企业的不同部门中同时进行，共同起作用，这时需要一个部门从中协调。而当企业规模庞大，或者地域上较为分散的时候经常会设置多个 SEPG 部门。SPIAC 类似一个峰会，每个 SEPG 都会派代表出席，分享各自经验教训以及完成的改进活动进度，这对于整个 SPI 程序大有好处。各 SEPG 小组以峰会的形式交流信息，不仅可以大大避免出师不利的情况，也使得各小组不必重复做其他 SEPG 已经完成的工作，从而提高 SPI 程序运转的效率。

图 11-5 是大型企业的 SPI 典型组织结构。

构建 SPI 程序的组织机构活动的主要任务包括：

1）成立 MSG。

2）成立 SEPG。

3）为 SEPG 授权。

4）为改进活动寻求和论证资助商。

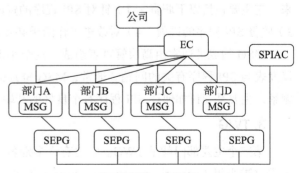

图 11-5 大型企业的 SPI 典型组织结构

5）拟定 TWG 的章程模板。

11.14　初始阶段与 CMMI 对应

IDEAL 模型之初始阶段的任务，在 CMMI 过程域的组织级过程焦点（Organizational Process Focus，OPF）中得到体现。本书只简单介绍特定目标的内容，关于某个特定目标（SG）所属的各个特定实践的技术细节，可以参考 SEI 颁布的 CMMI 的白皮书及专门介绍 CMMI 的书籍。

IDEAL 模型之执行阶段的任务，在 CMMI 过程域的组织级过程焦点中的特定目标 SG1 "确定过程改进机会（Determine Process Improvement Opportunities）"中得到体现。应定期并在必要时识别组织过程的优点、缺点以及改进的机会。可以通过与组织标准或模型的比较，如 CMMI 模型或国际标准组织（ISO）的标准，来确定组织过程的优点、缺点及改进机会，且过程改进应该与本组织的愿景和商业需求紧密联系。具体包括以下特定实践（SP）：1）SP 1.1 建立组织的过程需要；2）SP 1.2 评估组织的过程；3）SP 1.3 识别组织的过程改进。

SP 1.1　建立组织的过程需要（Establish Organizational Process Needs）

建立并维护有关组织过程需要和过程目标的描述。

必须了解组织过程运行的业务背景。组织的商业目标、需要与约束，决定了组织过程的需要与目标。通常情况下，与财务、技术、质量、人力资源及市场相关的问题，都是一些重要的过程考虑事项。

组织过程需要与目标所涉及的方面包括：

1）过程特性。

2）过程性能目标，如上市时间与交付质量。

3）过程有效性。

典型的工作产品

组织的过程需要与过程目标。

子实践

1）识别适用于组织过程的政策、方针、标准和商业目标。

2）检查相关的过程标准和模型，建立最佳实践。

3）确定组织的过程性能目标。可以采用定性或定量的术语描述过程性能目标，例如包括：周期时间；缺陷移除率；生产率。

4）定义组织过程的基本特征。确定组织过程的基本特征时，主要依据以下方面：组织当前使用的过程；组织实行的标准；组织的客户通常施加的标准。

过程的基本特征例如包括：描述过程的层次细节；使用的过程符号；过程的颗粒度。

5）将组织的过程需要和过程目标文档化。

6）必要时修订组织的过程需要和过程目标。

SP 1.2 评估组织的过程（Appraise the Organization's Processes）

定期并在必要时评估组织的过程，保持对过程优点与缺点的了解。

实施过程评估包括以下原因：

1）识别应改进的过程。

2）核实过程改进的进度和了解过程改进的收益。

3）满足客户与供应商关系的需要。

4）激发与促进对过程改进的投入。

评估过后，若没有接着执行以评估为基础的行动计划，评估过程中所获得的认同会被严重削弱。

典型的工作产品

1）组织过程评估计划。

2）说明组织过程强项与弱项的评估结果。

3）组织过程的改进建议。

子实践

1）取得高层管理者对过程评估的支持。高层管理者的支持包括承诺让组织的管理人员和员工参与过程评估，承诺提供资源和资金支持，并对评估发现的问题进行沟通和分析。

2）定义过程评估的范围。过程评估的范围可能是整个组织，也可能是组织的某一部分，例如单独一个项目或者一个商业领域。过程评估的范围主要强调以下内容：

- 定义纳入评估的组织范围（例如，涉及的范围或商业领域）。
- 确定能够代表组织参加评估的项目或支持功能。
- 将要评估的过程。

3）确定过程评估的方法与标准。过程评估有多种方式。过程评估应强调组织的需要和目标，而这些随着时间的推移可能会发生变化。举例来说：可能依据某个过程模型实施评估，例如 CMMI 模型；也可能依据某个国内或国际通用的标准实施评估，例如 ISO 9001；也可能依据某个与其他组织的比较基准来实施评估。评估方法可能按照花费的时间和工作量、评估团队的构成、调查的方法和深度等方面，提前假定出很多特征。

4）策划、安排并准备过程评估。

5）实施过程评估。

6）将评估活动与发现的问题文档化并交付。

SP 1.3 识别组织的过程改进（Identify the Organization's Process Improvements）

识别组织过程与过程资产需要哪些改进。

典型的工作产品

1）备选过程改进方案的分析。

2）组织过程改进方案的确定结果。

子实践

1）确定备选的过程改进方案。

确定备选的过程改进方案时，通常要进行以下操作：

- 度量过程并分析度量结果。
- 评审过程的有效性和适用性。
- 针对裁剪组织标准过程集所取得的经验教训进行评审。
- 针对过程执行中所取得的经验教训进行评审。
- 针对组织的管理人员、普通成员以及其他相关干系人提交的过程改进方案进行评审。
- 请求高层管理者和领导对过程改进给予投入。
- 针对过程评估的结果以及其他过程相关的评审结果进行检查。
- 针对其他一些主动的组织级过程改进的结果进行评审。

2）将备选的过程改进方案设置优先级排序。

排序的标准如下：

- 考虑执行过程改进的预期工作量和预期成本。
- 按照组织的改进目标，对预期的改进进行评估并排序。
- 确定过程改进中会有哪些障碍，并制定克服这些障碍的策略。

帮助确定有哪些潜在的改进机会以及排列优先级的技术，例如：

- 差距分析，将组织当前的状况与最理想的状况进行比较。
- 对潜在的改进进行分析，确定有哪些潜在的障碍，并制定克服障碍的策略。
- 因果分析，针对不同的改进有哪些潜在的影响，输入相关的信息后便可进行比较。

3）识别要实施的过程改进方案并将其文档化。

4）修改完成的过程改进清单并保持更新。

本章小结

本章介绍了 IDEAL 模型的概述以及初始阶段的各个任务，包括：1）准备开始。2）识别商业需求和改进的驱动力。3）撰写 SPI 提案。4）培训和构建支持。5）使 SPI 提案获得批准并初始化资源。6）构建 SPI 基础设施。7）评估 SPI 风气。8）定义 SPI 总体目标。9）定义 SPI 程序指导原则。10）启动程序。

思考题

1. 简述 IDEAL 模型的五个阶段及其含义。
2. 简述 IDEAL 模型的初始阶段的步骤。
3. 简述 IDEAL 模型的初始阶段的进入标准和退出标准。
4. 简述 IDEAL 模型的初始阶段的"构建 SPI 基础设施"的步骤。
5. 简述 IDEAL 模型的 MSG 在 SPI 程序中的作用。

6. 简述 IDEAL 模型的 SEPG 在 SPI 程序中的作用。

参考文献

[McFeeley, 1996]Bob McFeeley, IDEAL: A User's Guide for Software Process Improvement, Handbook, CMU/SEI-96-HB-001February 1996.

[Kinnula, 2001] Atte Kinnula, Software Process Engineering Systems: Models and Industry Cases, Department of Information Processing Science, University of Oulu, 2001.

## 第 12 章

IDEAL 模型之诊断阶段

12.1 诊断阶段概述

管理层指导组（MSG）必须理解组织当前的软件过程基线，以便能够制定一个能够指导在特定的组织级软件过程改进（SPI）目标中实现组织的商业目标的计划。在诊断阶段的基线活动将会为软件过程改进计划和过程的优化级次序提供决策依据。

SPI 战略执行计划非常重要，它在基线活动完成后被提出，为各种过程改进活动提供清晰的指导。这往往需要若干年。应该提供清晰的商业原因引导软件过程改进程序，同时与组织的商业计划和愿景紧密地联系起来，这种联系是可度量的、清晰的。

这些基线将会提供一些关于组织当前如何完成软件活动以及完成效果的相关信息。在改进中对优点和机遇的认识，对于识别和规划一个有效而高效的 SPI 程序并做目标优选，是一个极其重要的先决条件。

在这个阶段，主要有两个输出：最终发现物和建议报告，这些都是作为基线活动的产品和结果来提供的。建议报告可能是对组织愿景和商业计划的修订版，基线活动的建议报告的最小基线包括如下内容：

1）组织过程成熟度基线（参加附录 C）。

2）过程描述基线（初始化软件过程路线图）。

3）度量基线（商业的初始级别和针对度量进展的过程度量）。

对于每个基线，可以采用多种高效的收集信息方式。对于过程成熟度基线，获授权的主任评估师能够使用基于能力成熟度模型（CMM）的评价标准来评估内部过程的改进，或者一个组织的职员在通过培训之后也可以评估自己的过程成熟度。基于能力成熟度模型（CMM）的评估使用了一种共同的需求集合，详见 CMM v1.0 版本中的描述。

管理层指导组必须选择所使用的基线数量和类型来达到设定的最佳目标，以便能够获得发现物和建议报告。将组织当前状态的信息通过基线发现物和建议报告的方式展现给MSG。因为基线报告不能及时产生，信息传播有时也会不规律，当信息可用时，MSG 将这些信息与自己的改进计划进行整合。然而，改进战略必须基于商业目标和需要，基线活动能够有助于确定组织当前的状态，以便确立能够达到的目标。在执行阶段开发过程改进方案的时候，技术工作组（TWG）需要使用当前状态的信息。在基线活动和部署工作中，保持过程改进的势头是非常重要的。

基线过程通常是一个迭代的过程，基线提供了一个关于组织能力、过程和度量在某一时刻的快照。IDEAL 模型的后续循环将需要不断重复基线活动，以展示进展或者哪些变更已经在组织中固定下来。

软件成熟度基线应该每18个月至3年的时间就重复一次。度量基线的重复频率应该更高，这取决于组织的商业周期。（如果一个组织每两年就经历一个完整的周期，那么也许过于频繁的度量基线就不一定有益；另一方面，如果一个组织每3个月就经历一个产品周期，那么度量基线应该每年都可以重复。）

案例分析

在诊断阶段：诊断出的问题是目前市场趋势的变化：新产品（G3）是未来公司业务的增长点和发展方向，符合公司的商业愿景和商业规划，G3 的客户群在逐步增长，且呈现快速增长态势，旧产品（G2）的客户群在逐步减少，且有一部分旧产品的客户开始转向新产品，为了赢得竞争，公司迫切需要增加 G3 的研发投入，确保提高新产品的质量，并稳住原有的 G2 的客户向 G3 过渡，提出优惠政策，如提供以旧换新的商业补贴。充分分析和比较旧产品线与新产品线在组织级过程定义和组织级过程焦点之间的差异，以严谨的方式将旧产品线的一些人员调整到新产品线，以确保旧产品线的人员能够胜任新产品线的工作岗位。

诊断出的问题包括：

1）发现有若干功能点的需求特别容易变更，且变更的频率较高。

2）发现有若干模块的错误出现较多，修改调试多次都没有正确。

3）有些错误重复出现，发现有些开发小组的配置管理不正确，需要更正。

4）有若干模块是由新员工组成的开发小组承担的，低级错误较多。

针对问题 1：进一步统计这些需求易变的功能点的变化规律，发现原因是负责这些功能点的开发小组对于用户需求理解不充分，在前期与用户的交流和沟通不够，需要进一步加深与用户的交流和沟通。

针对问题 2：进一步统计发现，这些出错率较高的若干模块，是由于在开发 G2 产品的时候为了赶工期省略了对这些模块的设计评审，为此，需要对这些模块的设计方案进行重新评审，并确定更为合理正确的设计方案，然后重新实现这些模块。

针对问题 3：调查与这些重复出错模块相关的开发小组的配置管理，指导和规范这些开发小组的配置管理。

针对问题 4：对于新员工引起的低级错误问题，需要重新规范新员工的培训工作，包括技术培训和过程管理相关的培训，强制要求他们遵守技术规范和管理规范。

在汇总解决了上诉问题之后，G2 产品线的开发组将对各模块的更新进行重构，全面提高 G2 产品的质量，对现有的 G2 产品做全面改版。

下面，我们将详细介绍诊断阶段需要做的工作。

诊断阶段的目的包括：1）确定需要哪个基线。2）完成基线活动。3）产生发现物和建议报告。

这个阶段需要完成基线活动，获得组织目前的优缺点。从基线活动中得到的信息将会被用来初始化 SPI 战略执行计划的开发工作，这个计划会在未来的几年对 SPI 程序提供指导。

基线活动需要自我验证，基线的正确性取决于前期从组织中获得的真实而有意义的信息，并将这些信息以一种条理清晰的表格呈现给组织。

诊断阶段的目标包括：1）理解当前过程的工作和组织间的交互以及怎样才能对组织的商业价值有所贡献。2）为组织的改进收集当前的优缺点信息，寻找组织的改进机遇，并作为 SPI 战略执行计划过程的输入。3）明确参与度，上至高级管理层，下至普通参与者，对于过程改进任务来说，广泛参与会使得组织的工作更加有效。4）细化度量改进的开始点。

诊断阶段所需要的培训和技能如表 12-1 所示。

表 12-1　诊断阶段需要的培训和技能

培训 / 技能	MSG	SEPG	TWG	评估小组	实践者
面谈技能		√	√	√	
数据约简技能		√		√	
商业知识	√	√		√	
基线方法		√		√	
团队技能		√	√	√	
变更管理	√	√		√	

诊断阶段的承诺：高级管理者为诊断阶段做出的承诺包括时间、资源和所需的培训。组织的所有成员同时也要做出承诺，包括：基线活动应该遵守保密协议，能够容忍因工作需要而不是故意去查找任何信息来源的行为。

诊断阶段的交流：每一个基线活动都有它特殊的交流需要。另外，一个组织为基线活动做好准备将会需要大量的交流，在组织中的各个级别和区域中建立对话能够最大化提高基线团队的工作效率。关于基线活动结果的交流对软件过程改进项目有很多正面的作用。它体现在两个方面：首先，对于软件过程改进项目，成员彼此没有秘密；再次，它能清晰地告诉每个成员，组织对于改进过程中所面临的优点和机遇。

诊断阶段的进入标准包括：1）SPI 基础设施，尤其是 MSG 和 SEPG，已经就绪并准备运行。2）实施基线活动的资源已经到位。3）MSG 已经确定 SPI 战略执行计划需要更新。4）组织的愿景、商业计划和 SPI 目标应该是一致的。

诊断阶段的退出标准包括：1）向 MSG 递交基线发现物和建议报告并被接受。2）已经开始编写 SPI 战略执行计划。

诊断阶段的任务包括：

1）确定需要怎样的基线。

2）制定基线计划。

3）实施基线。

4）介绍发现物。

5）开发最终发现物和建议报告。

6）与组织交流发现物和建议。

图 12-1 描述了 IDEAL 模型诊断阶段的任务及其流程。

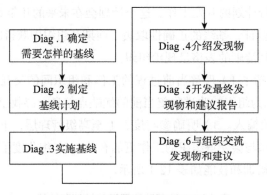

图 12-1　诊断阶段的流程图

12.2　确定需要怎样的基线

确定需要怎样的基线的目的在于：组织有令人信服的理由实施 SPI 程序，确定使用多少种和使用哪些类型的基线是保证 SPI 程序与组织商业需求紧密联系的关键。确定基线做什么以及如何做基线，需要依赖于组织的当前状态进行决策。很多软件组织都拥有某些专门的基线，例如软件工程研究所（SEI）提供的适用政府合同的软件能力评估（Software Capability Evaluations，SCE）、ISO 9000 认证、美国国家质量评估（Malcolm Baldridge evaluation），或者公司内部审计。甚至在外部基线方面，一个组织应该创建属于自己的基线活动，以便能够适应组织的商业和信息目标。

确定需要怎样的基线的目标包括：1）确定使用多少种基线。2）确定使用哪些类型的基线。

确定需要怎样的基线的进入标准包括：1）理解 SPI 的原动力。2）理解不同基线类型的目的。3）已经建立基础设施，并准备运行（例如 MSG 和 SEPG 准备就绪）。4）理解组织的结构和功能。

确定需要怎样的基线的退出标准包括：1）对各个类型的基线达成一致，并准备实施。2）对基线的数量达成一致，并准备实施。

确定需要怎样的基线的任务包括：

1）评审组织结构和组织各个组件的职责。

2）依据组织结构和 SPI 的商业驱动力评估基线信息。

12.3　制定基线计划

制定基线计划的目的在于：为了完成基线活动需要做大量协调工作，包括人、数据、设备、培训活动以及支持服务。

这个活动可能会重复初始阶段的某些工作，MSG 中的成员可能和建立 SPI 程序的那些人员不同，所以他们需要重复一遍初始阶段的一些主题以获取对 SPI 程序的理解和战略性认识。作为 IDEAL 模型的后续周期的一个结果，这个步骤一旦开始，这些主题需要进行评审。

制定基线计划的目标包括：1）保证已经全面考虑基线活动的各个方面，并列入计划。2）文档化所需的活动，从而完成整个基线工作。

制定基线计划的进入标准包括：1）基础设施已经就绪，并开始运行（例如 MSG 和 SEPG）。2）已经挑选了基线团队。3）已经识别将要实施的基线类型。

制定基线计划的退出标准为：1）已经创建实施基线的计划，并获得批准。2）各种角色和职责都已经定义，并且写入《SPI 战略执行计划》中的"组织"章节。

制定基线计划的任务包括：

1）评审关于基线化工作的活动。

2）评审关于基线化工作所需的资源。

3）招募基线团队。

4）使用评估的方式来培训基线团队。

12.4 实施基线

实施基线的目的在于：收集真实的信息用以支持 SPI 工作。收集来的信息将会展现一个组织的快照，反映组织与软件开发过程和软件开发管理实践的优缺点。

实施基线的目标是：收集实际信息，识别组织过程中的软件开发活动的优缺点。

实施基线的进入标准包括：1）对基线活动的进度规划达成一致。2）已经挑选基线团队，并完成培训。3）关于发现物的数据达成共识和理解。4）组织已经建立的政策、流程和指导方针在软件开发活动中是可行的。

实施基线的退出标准包括：1）基线团队利用得到的信息，分析发现物并撰写建议报告。2）已经准备好向基线参与者提供简报。

实施基线的任务包括：

1）与软件开发团队的成员面谈。

2）与软件开发团队的管理层面谈。

3）为软件开发活动评审和分析政策、流程和指导方针。

4）与参与者评审确认发现物的有效性。

12.5 介绍发现物

介绍发现物的目的在于：在基线数据收集活动的最后，基线团队要向参与者展示他们的发现。通过一个表格进行简要的描述，包括使用的方法、参与者、调查的范围以及已经发现的优缺点。

介绍发现物的目标包括：1）提供初始化的反馈给参与者，作为基线活动的结果。2）对于发现物的有效性，确定支持和达成共识。

介绍发现物的进入标准包括：1）完成基线数据的收集活动。2）基线团队已经对已发现的优缺点达成一致。

介绍发现物的退出标准为：已经向所有参与者简要介绍了发现物。

介绍发现物的任务包括：

1）使用的方法。

2）数据源。

3）优点。

4）缺点。

5）下面将要开展的步骤。

12.6 开发最终发现物和建议报告

开发最终发现物和建议报告的目的在于：文档化基线最终发现物和建议报告，并且展现组织的当前状态。基线团队会依据基线活动中的发现物，开发出一系列建议。

基线，尤其是过程成熟度基线，能够在达成广泛共识的基础上，识别一些代表性的议题并提供建议报告，这些议题和建议能提供一些指导，并作为设定执行优先级的依据。

基线的结果将并入《SPI 战略执行计划》，并与已经存在的或者计划中的改进工作协调一致，这会产生一个战略来处理所有软件过程改进行动，并影响同组人员的所有相关的改进工作。

开发最终发现物和建议报告的目标是：创建一系列建议，以陈述基线活动中的每个发现物。

开发最终发现物和建议报告的进入标准包括：1）已经有来自基线活动发现物简报。2）已经有在基线活动中产出的、评审过的产品。

开发最终发现物和建议报告的退出标准是：最终发现物和建议报告已经被同意和创建。

开发最终发现物和建议报告的任务包括：

1）在基线活动中，评审收集到的数据，并开发关于潜在解决方案的建议。

2）撰写最终发现物和建议报告。

12.7 与组织交流发现物和建议

与组织交流发现物和建议的目的在于：让人们知道所有在基线过程中发生的活动，要减轻开发过程可能出现的焦虑情绪，因此应该建议在整个组织中广泛交流基线活动的结果。

通过掌握一系列简报，让组织的所有成员都能获得相同的信息，以达到与组织交流发现物和建议的目的。这将为组织建立对 SPI 程序的资助和支持起到良好的促进作用。

与组织交流发现物和建议的目标包括：1）为 SPI 获得支持和资助。2）陈述 SPI 中涉及的领域，并达成一致。3）关于潜在的解决方案获得额外的输入。4）告诉组织下一步骤是什么。

与组织交流发现物和建议的进入标准包括：1）完成最终发现物和建议报告。2）已经有了来自基线活动的简报。

与组织交流发现物和建议的退出标准包括：1）组织的所有成员已经听到相同的信息并且知道下一步骤是什么。2）文档化发现物和建议，并且分发给员工。

与组织交流发现物和建议的任务是：为组织的所有成员准备一个简报，包括基线活动结果和下一步骤。

12.8　诊断阶段与 CMMI 对应

IDEAL 模型之诊断阶段的任务，在 CMMI 过程域的组织级过程焦点（Organizational Process Focus，OPF）中得到体现。本书只简单介绍特定目标的内容，关于某个特定目标所属的各个特定实践的技术细节，可以参考 SEI 颁布的 CMMI 的白皮书及相关的专门介绍 CMMI 的书籍。

组织级过程焦点的目的是建立和维护一个对组织的过程和过程资产的理解，并标识、计划及实现组织的过程改进活动。OPF（见图 12-2）使用两个特定目标来达到这个目的：一个是确定过程改进机会，另一个是计划和实现过程改进。在图 12-2 所示的语境图中，给出了映射到这些目标的特定实践。

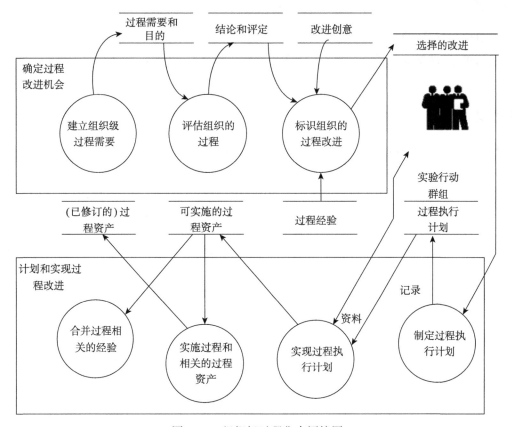

图 12-2　组织级过程焦点语境图

第一个目标是确定过程改进机会，组织要建立和维护它的过程需要和目的。这些信息在评估过程时被使用，评估产生的结论和评定与改进创意一起被用来标识组织需要的过程改进。然后，组织可以选择制定哪一种改进。

第二个目标是计划和实现过程改进，这通过四个特定实践来实现。组织使用所选的改进来制定过程执行计划，接下来实现计划、产生随后要被实施和合并到过程资产库中的过程资产。注意，图 12-2 的语境图（以及本章的其他图）显示了实践的典型工作产品如何被使用。这里，我们不打算在语境图中讨论一个典型工作产品每个特定实践或每个箭头指向的含义。要想得到更多的信息，请参考模型本身或参加正式的 CMMI 培训课程。这里我们的目的是简单地介绍在每个过程域中的一些细节。

本章小结

本章介绍了 IDEAL 模型的诊断阶段的各个任务，包括：1）确定需要怎样的基线。2）制定基线计划。3）实施基线。4）介绍发现物。5）开发最终发现物和建议报告。6）与组织交流发现物和建议。

思考题

1. 简述 IDEAL 模型的诊断阶段的步骤。
2. 简述 IDEAL 模型的诊断阶段的进入标准和退出标准。

参考文献

[McFeeley,1996]Bob McFeeley, IDEAL: A User's Guide for Software Process Improvement, Handbook, CMU/SEI-96-HB-001February 1996.

[Kinnula,2001] Atte Kinnula, Software Process Engineering Systems: Models and Industry Cases, Department of Information Processing Science, University of Oulu, 2001.

## 第 13 章

IDEAL 模型之建立阶段

13.1　建立阶段概述

为软件过程改进创建战略执行计划是 SPI 初始阶段最重要的工作。在 SPI 的初始阶段，管理团队需要在组织的愿景、商业计划、已经获得的改进成果以及从基线活动获得的发现物的基础上开发或者更新 SPI 战略执行计划。

这是一个需要不断重复的步骤，通常情况下，在 IDEAL 模型的第一次循环中，该步骤可能是为了撰写一个全新的 SPI 战略执行计划，而在 IDEAL 模型后续循环周期中，这个步骤可能因为需要更新先前的计划、目标或者方向而触发。

MSG 需要为 SPI 战略执行计划负责，在某种意义上，这是建立"管理"基线的过程，类似于在诊断阶段开发更加面向过程或者技术的基线。

这些工作可能由 SEPG 来代劳，然而经验表明，这不是最佳方法。一线经理必须花费大量时间，积极参与创建计划浮动，并为计划做出承诺。正如参与者和中层管理者开发自主的技术基线，并通过积极参与发现问题，高层管理者也应该开发自主的指导方针，并达成共识。

如果没有一个坚实的战略来指导 SPI 程序，那么在未来的工作中将迷失方向，会在很多问题上徘徊不前。MSG 在一开始时就需要确定遵循哪种战略来规划过程。大多数组织有其倾向的方法，但是不管使用哪种具体的方法，最重要的是要能得到一个坚实的计划。

然后，MSG 评审组织的愿景、商业计划、已经获得的改进成果和当前关键的商业问题，以此来确定什么样的 SPI 程序才是合适的。进而，考虑评估基线活动的结果并把这些结果融合到 SPI 战略执行计划中。同时，MSG 也需要把组织愿景和商业计划集成到战略执行计划中，必要的时候需要做一些修改和调整。

SPI 战略执行计划将基于 IDEAL 模型在诊断阶段获得基线活动的结果、组织的改进目标和可用资源制定。SPI 战略执行计划将为整个 SPI 程序提供指导，定义长远目标并且阐述这些目标如何实现。其中最重要的原则是，过程改进必须与组织的商业目标紧密联系，而不是为了改进而改进。

经验表明，如果没有经过很仔细的计划，工作最终将会被动摇、被牵制，无法满足高层管理者不成文的期望。做计划的原因并不仅是可以识别改进，而且可以通过在组织中建立这些改进计划来满足组织的商业目标。识别改进常常是最容易的部分，让组织中的成员都改变他们的做事方式是最困难的。

案例分析

在建立阶段：为新的战略计划培训 MSG 和 SEPG，评审已有的战略执行计划，评审 SPI 程序的计划需求，选择一个计划过程和方法，为进度规划和执行计划制定合约。

评审组织的愿景，以保证即将开展的 SPI 程序能够密切联系组织的愿景，基于组织的愿景，明确 SPI 程序的目标和动机。评审已经存在的商业计划，以保证即将开展的 SPI 程序能够密切联系组织的商业计划，明确商业计划所驱动的 SPI 程序目标。

明确 SPI 程序的优先级，例如：1）针对诊断问题 3，调查与这些重复出错模块相关的开发小组的配置管理，指导和规范这些开发小组的配置管理。2）针对诊断问题 4，对于新员工引起的低级错误问题，需要重新规范新员工的培训工作，包括技术培训和过程管理相关的培训，强制要求他们遵守技术规范和管理规范。3）针对诊断问题 1，对于需求易变的功能点，要求开发小组与用户进行更加充分的交流和沟通。4）针对诊断问题 2，挑选出错率较高的若干模块，对这些模块的设计方案进行重新评审，并确定更为合理正确的设计方案，然后重新实现这些模块。5）在汇总解决了上述问题之后，G2 产品线的开发组将对各模块的更新进行重构，全面提高 G2 产品的质量，对现有的 G2 产品做全面改版。

撰写《SPI 战略执行计划》的"动机"章节，撰写《SPI 战略执行计划》的"改进议程"章节，撰写《SPI 战略执行计划》的"组织"章节，评审基线活动的结果，以矩阵方式在建议报告中阐述基线活动的结果与其他已有的或是计划好的改进活动之间的关系，写入《SPI 战略执行计划》的"动机"章节。合并《SPI 战略执行计划》各个部分，编辑、解决不一致的地方等，为评审最终草案做准备。

下面，我们将详细介绍建立阶段需要做的工作。

建立阶段的目的为：开发或者精化 SPI 战略执行计划，为 SPI 程序的后续工作提供指导。SPI 战略执行计划之所以重要，就是因为它将在接下来的几年内为各种过程改进行动提供明确的指导。该计划要为执行 SPI 程序提供明确的商业理由，要同组织的愿景和商业目标清晰地、可量化地联系起来。该阶段首要的产出是 SPI 战略执行计划，其次可能是组织的愿景和商业目标的修改版。

建立阶段的目标包括：1）开发或更新一个长期的（3～5 年）SPI 战略执行计划，计划包括整个组织的软件过程改进活动，并且把这些活动和其他全面质量管理（TQM）中已经计划的或已经付诸实施的活动方案整合在一起。2）为组织的 SPI 程序开发或更新一个长期的（3～5 年）和短期的（1 年）可度量的目标。3）把基线活动的发现和建议集成到 SPI 战略执行计划中。4）把组织的商业计划、使命和愿景集成到 SPI 战略执行计划中。

建立阶段需要的培训和技能如表 13-1 所示。

表 13-1　建立阶段需要的培训和技能

培训 / 技能	MSG	SEPG	TWG	一线经理	实践者
战略执行计划	√	√			
团队技能	√	√	√		
愿景开发	√	√			
资助	√	√		√	
简易化	√	√	√		
商业计划	√	√		√	

建立阶段的承诺：这一阶段需要高层管理者给出一个具体的承诺，主要是承诺能够在开发 SPI 战略执行计划上安排足够的时间，高层管理者必须承诺领导该 SPI 程序，这些承诺将鼓舞 SPI 程序参与者的士气和信心，使大家齐心协力，展现可见的资助以便在关键时刻能够增进大家的信心。

关于建立阶段的交流：MSG 在制定目标时需要同其他相关的高层管理者沟通，需要将基线团队所提出的问题、结果和建议集成到 SPI 战略执行计划中。

建立阶段的进入标准包括：1）基础设施已经就绪，正在运行。2）MSG 已经决定需要更新 SPI 战略执行计划。3）已经完成基线活动。

建立阶段的退出标准包括：1）已经完成 SPI 战略执行计划，并获得批准。2）组织的愿景、商业计划和 SPI 战略执行计划是协调一致的。

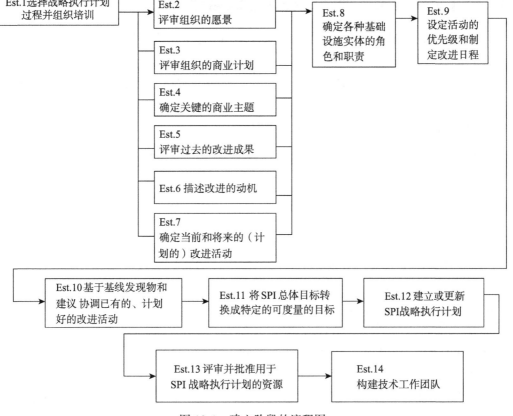

图 13-1　建立阶段的流程图

建立阶段的任务包括：

1）选择战略执行计划过程并组织培训。

2）评审组织的愿景。

3）评审组织的商业计划。

4）确定关键的商业主题。

5）评审过去的改进成果。

6）描述改进的动机。

7）确定当前和将来的（计划的）改进活动。

8）确定各种基础设施实体的角色和职责。

9）设定活动的优先级和制定改进日程。

10）基于基线发现物和建议协调已有的、计划好的改进活动。

11）将 SPI 总体目标转换成特定的可度量的目标。

12）建立或更新 SPI 战略执行计划。

13）评审并批准用于 SPI 战略执行计划的资源。

14）构建技术工作团队。

如图 13-1 所示，给出了建立阶段各个任务的流程。

13.2 选择战略执行计划过程并组织培训

该活动的目的是选择一个一致的方法来计划 SPI 程序并且开发出一些技能，为维持 SPI 程序构建坚实的计划基础。

该活动的目标包括：1）选择一个计划过程。2）在过程和方法方面培训 MSG 和 SEPG。

该活动的进入标准包括：1）SPI 的基础设施特别是 MSG 和 SEPG 已经就绪，并且正在工作。2）已经启动制定战略执行计划的工作。

该活动的退出标准：已经完成对 MSG 和 SEPG 关于过程方面的培训。

该活动的任务包括：

1）评审已有的战略执行计划。

2）评审 SPI 程序的计划需求。

3）选择一个计划过程和方法。

4）为进度规划和执行计划训练制定合约。

13.3 评审组织的愿景

该活动的目的是把 SPI 战略同组织的愿景和方向紧密联系起来，使得 SPI 程序的指导方针同组织中其他活动的指导方针保持一致。

这个活动可能会重复初始阶段的某些工作，MSG 中的成员可能和建立 SPI 程序的那些人员不同，所以他们需要重复一遍初始阶段的一些主题以获取对 SPI 程序的理解和战略性认识。

作为 IDEAL 模型的后续周期的一个结果，这个步骤一旦开始，这些主题需要进行评审。

该活动的目标包括：1）评审组织愿景，如果必要可以适当调整当前的愿景。2）如果还没有愿景或者当前愿景不适当，创建新的愿景。3）识别 SPI 程序的目标和动机。

该活动的进入标准是：MSG 和 SEPG 已经完成了战略执行计划过程的培训。

该活动的退出标准包括：1）明确愿景驱动的 SPI 目标。2）明确从愿景中获得的 SPI 程序的动机。3）组织愿景与 SPI 战略是协调一致的。

该活动的任务包括：

1）评审已存在的愿景，以保证愿景同 SPI 程序的充分联系。

2）如果当前愿景不充分，修改或者创建新的愿景。

3）基于组织愿景，明确 SPI 程序的目标。

4）基于组织愿景，明确 SPI 程序的动机。

13.4 评审组织的商业计划

该活动的目的是清楚地将 SPI 战略和组织的商业计划联系起来，使得 SPI 程序的指导方针能够与组织中的其他活动相一致。尽管不是所有的过程改进活动都可以轻松地与商业计划或者商业目标联系起来，但是并不意味着它们不需要。这些事情是必须做的，因为它们可以使得业务变得更好。

这个活动可能会重复初始阶段的某些工作，MSG 中的成员可能和建立 SPI 程序的那些人员不同，所以他们需要重复一遍初始阶段的一些主题以获取对 SPI 程序的理解和战略性认识。作为 IDEAL 模型的后续周期的一个结果，这个步骤一旦开始，这些主题需要进行评审。

该活动的目标包括：1）评审并尽可能地修改当前的商业计划。2）如果商业计划不存在，或者当前的商业计划不充分，则产生一个新的商业计划。3）识别出目标和其他（可能是竞争）的行动。

该活动的进入标准包括：1）MSG 和 SEPG 已经完成了战略执行计划过程中关于战略计划过程方面的培训。2）已经明确组织的愿景，并对此做了充分交流和讨论。

该活动的退出标准包括：1）已经明确由商业计划驱动的 SPI 目标。2）已经明确其他补充或者竞争 SPI 程序的改进活动。3）商业计划和 SPI 战略是协调一致的。

该活动的任务包括：

1）评审已经存在的商业计划，并将其与 SPI 程序充分联系。

2）如果商业计划不存在，或者当前的商业计划不充分，则修改或者产生一个新的商业计划。

3）明确商业计划所驱动的 SPI 程序目标。

4）初步明确其他可能支持或者同 SPI 程序竞争的活动以及它们的影响程度。

13.5　确定关键的商业主题

该活动的目的在于：SPI 程序是一个长期工作，必须明确以当前的商业需求作为驱动力，并达成一致认识，才能确保 SPI 程序在持久的工作中获得进展。在 SPI 程序的初期，向高层管理者清晰而明确地展示可以为组织实现的商业价值，通常是比较困难的。

关键的商业需求需要被清楚地定义、度量和可理解，才能达到对 SPI 的共同理解。改进的选择在一定程度上也需要基于它们满足这些商业需求的能力。正如先前所描述的那样，不是所有的过程改进活动都能很容易地同当前的商业主题联系在一起，但是，已经明确的商业主题应该用于设定 SPI 程序的优先级。

这个活动可能会重复初始阶段的某些工作，MSG 中的成员可能和建立 SPI 程序的那些人员不同，所以他们需要重复一遍初始阶段的一些主题以获取对 SPI 程序的理解和战略性认识。作为 IDEAL 模型的后续周期的一个结果，这个步骤一旦开始，这些主题需要进行评审。

该活动的目标为：确定关键的商业主题，使之成为驱动软件过程改进的需求。

该活动的进入标准包括：1）MSG 和 SEPG 已经完成在计划过程方面的培训。2）组织的愿景已经文档化。3）组织的商业计划是最新的。

该活动的退出标准包括：1）已经清晰地定义关键的商业需求作为驱动力。2）已经开发 SPI 程序优先级的标准。

该活动的任务包括：1）评审能影响 SPI 的短期和长期的商业主题。2）根据明确的商业主题，为选择和启动 SPI 程序开发优先级标准。

13.6　评审过去的改进成果

该活动的目的在于人们经常会重复过去的行为，包括成功的和失败的做法。组织必须保证过去那些导致错误的行为不会再次发生。评审和分析在初始阶段的第 7 步（评估 SPI 风气）中收集的信息，识别出过去变更或者改进的项目，评估它们是如何成功或者是如何失败的。

该活动的目标是：评审过去变更或者改进的活动，并且识别出成功的经验和失败的教训，使得成功可以延续，同样的失败可以避免。

该活动的进入标准包括：1）MSG 和 SEPG 已经完成在计划过程方面的培训。2）已经有了初始阶段的第 7 步（评估 SPI 风气）的评估数据。

该活动的退出标准为：已经识别过去工作中的障碍和调整点，在初始方案中明确排除这些障碍。

该活动的任务包括：

1）评审过去变更或者改进的活动，并且识别出成功的经验和失败的教训。

2）在《管理技术变更》中完成必要的评估（如果在初始阶段的第 7 步（评估 SPI 风气）中没有做这一步的话，在这里需要做）。

3）为处理组织级诊断以及分析趋势和障碍，明确相应的战略。

13.7　描述改进的动机

该活动的目的在于大家必须了解为什么组织在 SPI 程序上投入如此多的时间和精力。只有对此深入了解，才能获得更多、更持久的支持。大家需要明确参与活动的动机和意义。

动机中必须陈述如下几个要点：

1）为什么要变更？

2）现状有什么不对的地方？

3）我为什么要关心这个？

4）我什么时候（立刻或者未来某个时刻）会被影响？

通常，成功的动机不仅要解决眼前的问题，而且要着眼于考虑长远的战略问题。这些动机需要写入《SPI 战略执行计划》文档。另外，也需要更新交流计划，保证关于改进动机的交流能够覆盖整个组织。

该活动的目标为：明确 SPI 程序的动机。

该活动的进入标准是：从组织愿景或者类似材料中识别出动机。

该活动的退出标准为：已经将"动机"写入《SPI 战略执行计划》的"动机"章节。

该活动的任务包括：

1）从先前步骤确定的目标和问题中建立起一个动机列表。

2）从区分现状和期望状态的角度建立动机。

3）将"动机"写入《SPI 战略执行计划》的"动机"章节。

13.8　确定当前和将来的（计划的）改进活动

该活动的目的在于确定组织在软件过程改进中需要开展的活动，该活动需要已经完成评审组织的愿景、商业计划和过去的改进活动。

大多数的组织会有很多不同的改进活动，通常情况下，这些方案可能是不协调的，并且可能因为资源紧缺造成相互竞争资源的局面。如果一个组织想要使得在软件过程改进中的投入获得最大的收益，则必须评估已经开始的活动方案，确定在每一个活动方案上需要投入多少以及总共需要多少资源。

变更的阻力与所有单个变更需求的总量息息相关，一个组织想要最好的结果，那么改进活动的累积影响应该使任何人都能接受。基线活动中获得的结果将按照重要性划分优先级，并且需要同现有的、计划好的活动方案协调一致。

该活动的目标是：确定组织所有存在的或者是可预期的改进活动，不管这些活动是外部驱动的还是内部驱动的（例如公司的活动方案）。

该活动的进入标准是：从商业计划和相类似的材料中确定了活动方案。

该活动的退出标准是：其他的活动方案已被定义、优先化并且与 SPI 战略执行计划中文档化的结果协同一致。

该活动的任务包括：

1）确定组织所有存在的或者是可预期的改进活动，不管这些活动是外部驱动的还是内部驱动的（例如公司的活动方案）。

2）估计在每一项活动中投入的资源以及完成项目所需要的所有资源，包括把最后的改进内容部署到整个组织中。

3）估计组织在这些活动方案中能够提供以及愿意提供的所有资源。

4）根据资源的限制，对特定的活动方案设置优先级，确定哪些领域是组织愿意分配资源的，以及组织愿意分配多少资源。

5）将相关的活动方案写入《SPI 战略执行计划》的"改进议程"章节（详见附录 B）。

13.9　确定各种基础设施实体的角色和职责

该活动的目的在于初始化章程，包括定义基础设施的角色和职责，因为现在有些角色和职责可能已经过期。对首次使用 IDEAL 模型的人来说，现在应该对什么是 SPI、怎么使得它更成功有了更多的了解。现在评审给基础设施定义的角色和职责，并对它们做适当的改进是非常有益的。对在 IDEAL 后续循环中重新进入建立阶段的人来说，应该有经验致力于定义基础设施的角色和职责。

这个活动可能会重复初始阶段的某些工作，MSG 中的成员可能与建立 SPI 程序的那些人员不同，所以他们需要重复一遍初始阶段的一些主题以获取对 SPI 程序的理解和战略性认识。作为 IDEAL 模型的后续周期的一个结果，这个步骤一旦开始，这些主题需要进行评审。

该活动的目标包括：1）明确 SEPG、MSG 和其他 SPI 管理和协调组的角色和职责。2）依据报告的需求，定义 TWG 的典型角色、职责和权力。

该活动的进入标准包括：1）已经有基础设施章程。2）已经启动执行计划的活动。

该活动的退出标准为：已经将定义的"角色和职责"写入《SPI 战略执行计划》的"组织"章节。

该活动的任务包括：

1）为 MSG、SEPG、TWG 等定义角色和职责（或者从他们的章程中抽取出来）。

2）将"角色和职责"写入《SPI 战略执行计划》的"组织"章节。

13.10　设定活动的优先级和制定改进日程

该活动的目的在于基线，特别是成熟度基线，明确主题，基于比之前更广阔的共识提出建议，这些主题和建议是为了提供一些指导，以及活动的优先级。撰写公开的文档，列出一个目标方法来决定从众多竞争的 SPI 建议和活动中选择启动并资助的对象，这个方法依赖于组织的商业需求。

该活动的目标为：定义 SPI 项目的选择标准。

该活动的进入标准为：已经依据关键商业主题制定了优先级标准。

该活动的退出标准为：定义 SPI 项目的选择标准，并且写入《SPI 战略执行计划》的"改进日程"章节。

该活动的任务包括：

1）定义从动作列表中选择改进动作的标准并且启动之。

2）定义应用这些标准的流程。

3）定义增加新的改进动作到列表并且从列表中删除过期的改进动作的过程。

4）将标准写入《SPI 战略执行计划》的"改进日程"章节。

13.11　基于基线发现物和建议协调已有的、计划好的改进活动

该活动的目的在于基线活动的结果应该被合并到 SPI 战略执行计划中，并且同其他已有的或者是计划好的改进活动相协调，这会产生一个战略来处理所有软件过程改进行动，并影响同组人员的所有相关的改进工作。

该活动的目标包括：1）把基线活动的结果合并到 SPI 战略执行计划中。2）协调基线活动的结果和其他已有的或是计划好的改进活动。

该活动的进入标准包括：1）已经完成基线活动，已经有发现物和建议报告。2）已经定义好其他已有的或是计划好的改进活动。3）已经完成 SPI 战略执行计划的草稿。

该活动的退出标准包括：1）有一个包括了基线结果和其他改进活动的单一连贯的战略。2）以矩阵方式列举基线活动的结果与其他已有的或是计划好的改进活动之间的关系。3）计划是协调一致的。

该活动的任务包括：

1）评审基线活动的结果。

2）以矩阵方式在建议报告中阐述基线活动的结果与其他已有的或是计划好的改进活动之间的关系。

3）文档化改进的动机。

4）酌情评审和修改目标。

13.12　将 SPI 总体目标转换成特定的可度量的目标

该活动的目的在于：既然基线活动的结果已经是一致的，那么就有足够的数据来将初始阶段第 8 步（定义 SPI 总体目标）中开发出来的总体的长期和短期的目标具体化。这将通过两方面的工作完成：一方面，具体化这些目标的现状的度量；另一方面，以可度量的方式定义一个有挑战性的且可实现的改进。

该活动的目标为：把所有概要的目标转换成具体的可度量的目标。

该活动的进入标准包括：1）完成度量基线。2）已经有在初始阶段定义的高层目标。

该活动的退出标准是：完成了 SPI 战略执行计划中的可度量目标。

该活动的任务是：把目标转换成可度量的特定的改进目标。

13.13 建立或更新 SPI 战略执行计划

该活动的目的在于，既然 SPI 战略执行计划的所有部分已经准备好，计划也已经与基线的结果协调一致，目标也被转换成可度量的目标，那么现在需要将计划整合到一起并编辑定稿。

该活动的目标是：完成 SPI 战略执行计划。

该活动的进入标准是：已经完成 SPI 战略执行计划的所有章节，输入的数据都已经准备好。

该活动的退出标准是：完成 SPI 战略执行计划。

该活动的任务包括：

1）合并在先前步骤中开发出来的 SPI 战略执行计划的各个部分。

2）编辑、解决不一致的地方等。

3）为评审最终草案做准备。

13.14 评审并批准用于 SPI 战略执行计划的资源

该活动的目的在于，如果执行计划是在封闭环境下建立的，且团队中只有很少一部分人认可它，那么该计划将是无效的。如果想要计划达到预期的效果，那么计划必须被广泛认可，在团队中达成共识。

开发出来的计划需要在整个组织中交流，需要获得组织成员的支持使得计划能够实行，需要让大家知道计划是什么、计划的预期是什么。

该活动的目标包括：1）批准 SPI 战略执行计划。2）为该计划达成共识和承诺。

该活动的进入标准为：已经准备好完整的 SPI 战略执行计划草案。

该活动的退出标准为：完成 SPI 战略执行计划定稿并且获得批准。

该活动的任务包括：

1）在组织的每一个层面上呈现或评审计划。

2）收集评论和建议，解决有冲突的观点。

3）合并所有的变更，让所有的高层管理人员和组织的高层管理者签名通过该计划。

4）宣传该计划（给组织中的每一个人发送一个该计划的副本）。

13.15 构建技术工作团队

该活动的目的在于：改进活动通常需要花费一个人几天的时间，且可能影响到多个人，相对来说，团队的方法通常会执行得更好。这个团队应该由目标用户（最终会采用过程改进的人）中的对改进有热情的志愿者组成，这些成员可以在基线活动分配的时候就确定好。当确定了特定的解决方案的领域后，就可以联系相关人员参与到这个项目中。

该活动的目标是：从具有各种背景、与改进领域相关的人员中建立起一个小组。

该活动的进入标准包括：1）已经有 TWG 章程和来自 MSG/SEPG 的战术执行计划草案。2）在过程基线建立步骤中形成高层过程描述。3）在成熟度基线建立步骤中产生过程成熟度主题。4）在成熟度基线建立过程中形成相关建议和容易实现的目标。5）在度量基线建立步骤中确定关键过程度量。

该活动的退出标准是建立 TWG。

该活动的任务包括：

1）MSG 有一名成员负责为 TWG 的工作提供资助。TWG 需要一个 MSG 成员作为主要资助者和拥护者，这个成员通常都是 TWG 将要改进的某个特定领域的过程负责人。MSG 支持者的职责是把 TWG 的活动信息传递给其他 MSG 成员，并把 MSG 的反馈传达给 TWG。

2）把 SEPG 与 TWG 沟通联络的职责分配给一个 SEPG 成员。SEPG 的联络员的职责包括：扮演调解员的角色或者是作为 TWG 的"质量建议者"；把基线建立步骤中的数据带给 TWG 的其他成员；保证过程改进中各种成员和各种小组之间的信息传播流畅，例如在 TWG 和 MSG 或其他组织之间的信息流，在各个小组内部成员之间的信息流；当 TWG 开始工作时，SEPG 联络员扮演代理领导的角色，直到委派的或是达成统一的 TWG 领导能接管工作为止。

3）带领团队中有热情的人员开展工作。在建立阶段，人们会根据对改进领域的兴趣来设置优先级，但是并没有承诺。当明确了改进域，同样的人需要被再次联系，看他们是否仍然对此感兴趣。这时候，他们的管理者必须对此做出承诺，保证他们能在这个团队中工作。

4）计划和组织一个团队开局会议，该团队会议中有资助者参加。第一次团队会议需要所有的 TWG 成员、SEPG 联络员、MSG 资助者到席参加，正式开始 TWG。在会议之前要交换各种材料，这也是章程草案和战略执行计划草案从 MSG 到 TWG 的正式交接。对于第一次会议中要进行的其他事项，参见"团队手册"。

5）建立 TWG 的初始日程。TWG 需要创建一个工作会议的初始日程，安排接下来的 2 ～ 3 个步骤。

13.16　建立阶段与 CMMI 对应

IDEAL 模型之建立阶段的任务，在 CMMI 过程域的组织级过程定义（Organizational Process Definition，OPD）中得到体现。本书只简单介绍特定目标的内容，关于某个特定目标所属的各个特定实践的技术细节，可以参考 SEI 颁布的 CMMI 的白皮书及相关的专门介绍 CMMI 的书籍。

组织级过程定义的目的是建立和维护一个有用的组织级过程资产集。OPD（见图 13-2）有两个特定目标：创建组织级过程资产和使支持资产可用，前者为组织提供准则来创建过程及支持资产，而后者提供准则来标识和计划过程改进。

OPD 的第一个目标由 3 个特定实践来完成。第 1 个实践建立项目使用的生命周期模型的描述，这些模型也可作为第 2 个实践的基础。第 2 个实践是建立组织的标准过程。第 3 个实践提供标准过程的剪裁准则和标准，这些准则和标准在项目生命周期的计划阶段使用。

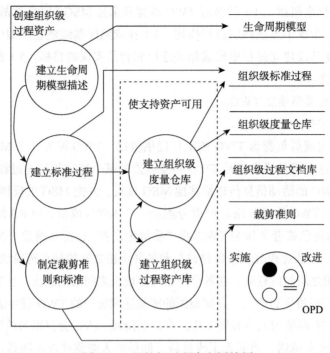

图 13-2　组织级过程定义语境图

OPD 的第二个目标包括一个用于建立组织级过程度量仓库的特定实践，以及一个用于建立被项目所用的组织级过程资产的特定实践。组织级度量仓库在组织的能力和成熟度改进时，支持过程性能和过程定量管理，同时在进行估计时应支持历史数据的使用。过程资产库支持项目通过剪裁和实现标准过程来计划它们的唯一过程，以便降低成本。这个库可能包括文档模板、实例计划、工作产品、政策和其他过程使能者（enabler）。

本章小结

本章介绍了 IDEAL 模型的建立阶段的各个任务，包括：1）选择战略执行计划过程并组织培训。2）评审组织的愿景。3）评审组织的商业计划。4）确定关键的商业主题。5）评审过去改进的成果。6）描述改进的动机。7）确定当前和将来的（计划的）改进活动。8）确定各种基础设施实体的角色和职责。9）设定活动的优先级和制定改进日程。10）基于基线发现物和建议协调已有的、计划好的改进活动。11）将 SPI 总体目标转换成特定的可度量的目标。12）建立或更新 SPI 战略执行计划。13）评审并批准用于 SPI 战略执行计划的资源。14）构建技术工作团队。

思考题

1. 简述 IDEAL 模型的建立阶段的步骤。
2. 简述 IDEAL 模型的建立阶段的进入标准和退出标准。

3. 简述 IDEAL 模型的《SPI 战略执行计划》的模板（提示：结合附录 B.5 节）包括哪些章节。

4. 简述 IDEAL 模型的 TWG 在 SPI 程序中的作用。

参考文献

[McFeeley, 1996]Bob McFeeley, IDEAL: A User's Guide for Software Process Improvement, Handbook, CMU/SEI-96-HB-001February 1996.

[Kinnula, 2001] Atte Kinnula, Software Process Engineering Systems: Models and Industry Cases, Department of Information Processing Science, University of Oulu, 2001.

第 14 章

IDEAL 模型之执行阶段

14.1 执行阶段概述

执行阶段用来开发改进，付诸实践，并在整个组织中部署。管理层指导组和软件工程过程组将管理和支持改进的开发、试验、部署。执行阶段将 SPI 程序的使命与改进过程联系起来，该阶段将开发组织的使命与生产产品联系起来，这是 SPI 工作的终极目标。

为了确定引入改进，必须研究和评估当前组织用于创造软件工作产品的实践，这样它们才能被完全理解和记录。识别特定区域变化的影响也很重要，这些影响应当尽可能早地被识别出来，以便它们能够被及时处理。

可以用建模和评估的方法来论证当前的实践和技术是可行的。执行阶段需要组织改变以前的工作方式，选择适合的方法以获得"将要"状态，对于整个执行阶段的成功是非常重要的。

这一步是 TWG 为特定过程开发特定改进的过程。在设计解决方案时，有两种基本方法：1）专注于解决特定问题（以问题为中心的方法）；2）增量地改进特别过程（以过程为中心的方法）。在第一种方法中，TWG 专注于特定的问题，开发一个解决方案，使用试验性项目验证和提炼该解决方案。在第二种方法中，TWG 围绕一个特别过程，增量地提炼过程，再使用试验性项目测试该提炼后的过程。也许有几个 TWG 同时运行，这个过程代表 TWG 典型的生命周期，用来产出过程改进，SEPG 和 MSG 与这一步并行运行。

案例分析

在执行阶段：撰写战术执行计划，开发解决方案。

Jeff 提议：针对目前的现状，对于在诊断阶段发现的 4 个问题，他认为问题 3 和问题 4 是研发部门需要紧急和优先处理的问题，因此在 IDEAL 模型的第一个循环周期，优先执行和解决问题 3 和问题 4，然后在第二个循环周期执行和解决问题 1 和问题 2，在第三个循环周期执行和解决全面重构和改版。

使用通用模板，为该特定解决方案创建首次展示计划，进一步细化 Jeff 的解决方案，为了吸引使用旧产品的客户能够更加主动地选择本公司的新产品，C 公司将研究以旧换新的商业补贴，并与 MSG、SEPG 一起评审首次展示的计划模板，以达成共识。

在实际执行过程中，问题 3 和问题 4 用了 2 周时间完成，问题 1 和问题 2 用了 6 周时间完成，最后用 4 周时间完成 G2 产品的全面重构和改版。

下面，我们将详细介绍执行阶段需要做的工作。

执行阶段的目的是开发软件过程改进的解决方案，用以处理在基线活动发现的问题。在诊断阶段发现的关键过程和问题，将在建立阶段被优先考虑和选择。执行阶段是开展实际工作的阶段，之前描述的过程是为改进提供关键过程或者修复那些出现问题。这项工作的结果将移交给 SEPG 和 MSG。对于项目开发团队来说，将最终合并到项目的执行中。

执行阶段的目标包括：1）当在执行计划中分配优先级时，开发或者提炼软件开发过程。2）在使用改进时，给一线组织带来提速效果。3）将过程改进与新的或已有的项目开发计划结合起来。4）当使用新的或者修改过的过程时，给一线组织提供监督和支持。

在执行阶段，TWG 将：

1）计划改进项目，包括：理解过程（包括客户需求）并提炼之（以过程为中心）；调查问题，开发解决方案（以问题为中心）。

2）试验解决方案，并验证和提炼之。

3）为应用解决方案开发首次展示的战略和制定模板。

4）评估使用中的解决方案。

5）在未来的改进中，重复迭代这个周期。

执行阶段需要的培训和技能如表 14-1 所示。

表 14-1 执行阶段需要的培训和技能

培训 / 技能	MSG	SEPG	TWG	一线经理	实践者
新的或者修改过的过程		√	√		√
变更管理	√	√	√	√	√
团队开发	√	√	√		
问题求解技术		√	√		

执行阶段的承诺：SEPG 必须与 MSG 和一线组织一起工作，以确保承诺已存在，且足够强大。MSG 必须确保开发组织的承诺是可靠的，并且将这个承诺向下连到一线组织。一线经理必须保证项目成员的承诺是可靠的，以实现变化和从 SEPG 得到承诺用以在过渡期提供支持。

TWG 从 MSG 接受章程后（假设已经有对 TWG 章程的全部承诺），还需附加资助，并针对特定变化和人员安排做更深的承诺，试验项目的承诺，建立组织接收 TWG 产品的能力。这些承诺应当来自几个不同的组：

1）高级管理层：TWG 必须周期性地通过进展报告刷新 MSG 的承诺，明晰主题和目标，参与组织范围的决策。

2）中级管理层：对自己的时间以及试验项目所需的时间，TWG 必须从中层管理者那里获得承诺，以开发解决方案。

3）一线经理和参与者：TWG 将需要建立承诺和一致意见，确定由谁来实现过程改进并作为产品开发项目的一部分。这需要尽早地获得反馈，以及继续获得输入和从多种多样的项目中获取关于过程改进内容的一致意见，即如何被启动的和被支持的。

执行阶段的交流：TWG 必须与 SEPG 和 MSG 一道，与项目成员、项目管理层、专门领域专家沟通。另外，TWG 将和解决方案提供者一起工作，以获取组织中最好的解决方案。

具体的沟通包括如下内容：

1）TWG 对 SEPG：主要是状态更新以及信息和帮助请求。

2）TWG 对 MSG：主要是状态更新以及资源级别的审批请求，偶尔有 TWG 和 SEPG 不能做的仲裁 / 决定请求，这将影响到组织。

3）TWG 对目标组：TWG 必须引出需求，从最终的目标组获得反馈，以保证最终的解决方案满足那些小组的需求。另外，TWG 将从受影响的目标群体请求感兴趣的试验参与者。

4）TWG 和试验者（pilot）：从 TWG 获取合适的反馈来提炼过程改进解决方案。重要的沟通是必需的，这样可以保证试验项目合理地执行。

SEPG 保证技术变更的技术转换到一线组织负责。MSG 和 SEPG 将首次展示战略和计划、特定过程变更传递给开发组织。SEPG 与一线组织一起将变更集成到一线组织的计划和活动中。

执行阶段的进入标准包括：1）从 MSG/SEPG 获取的 TWG 章程和战术执行计划模板。2）来自建立阶段的过程成熟度问题。3）来自基线步骤的相关建议和"可轻易实现的目标"（快速修复，快速返回改进项目）。4）来自过程基线步骤的高级过程描述。5）在建立阶段识别可度量的目标。6）从度量基线过程产生关键过程度量。

执行阶段的退出标准包括：1）首次展示战略和计划被完全执行，或正在执行。2）适当地整理打包解决方案，并移送至 SEPG。3）已安排长期支持。4）过程改进已经开始在一线组织中制度化。

执行阶段的任务包括：

1）为 TWG 完成战术计划。

2）开发解决方案。

3）试验潜在的解决方案。

4）选择解决方案提供者。

5）确定长期支持需求。

6）开发首次展示战略和计划模板。

7）整理打包改进并移交至 SEPG。

8）解散 TWG。

9）首次展示解决方案。

10）转变为长期支持。

执行阶段各个任务的流程关系如图 14-1 所示。

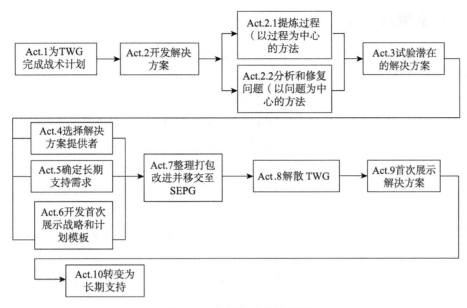

图 14-1 执行阶段的流程图

14.2 为 TWG 完成战术计划

该步骤的目的是根据一个模板完成战术计划，该模板通过 MSG 提供给 TWG。完成的计划需要得到 MSG 的同意，该小组最初的努力应该集中在缩小章程的范围，以形成具体的改进方案。

定义工作范围是一个非常重要的活动。一般来讲，确定 TWG 项目范围，可以以 6～9 个月能完成的范围为参考，或者更少，范围过大反而影响工作效果。改进小组需要在给组织展示早期结果和达到最好的解决方案之间寻求平衡。最好采取一种 2～3 个步骤的方法来开发改进，这样效果容易显现出来。

该步骤的目标包括：1）完成战术执行计划部分，可以不是 MSG 特别指定的，完成计划的其他部分。2）评审和缩小项目的范围，如果必要，限定在一个短的时间内（6～9 个月）。

该步骤的进入标准：从 MSG 处获得的战术计划模板。

该步骤的退出标准：战术计划模板被 MSG 批准。

该步骤的任务包括：

1）与 MSG 资助者和 SEPG 联络者一起评审战术计划草稿。

2）与 SEPG 联络者一起评审来自基线步骤的数据。

3）制定任务排序和选择的标准。

4）探索问题域（范围），得到小组的初步的工作方向。

5）为 TWG 创建工作分解结构（Work Breakdown Structure，WBS）。

6）根据里程碑和可交付的产品，将 WBS 任务组织到一个进度表中。

7）与 MSG 资助者和 SEPG 联络者一起评审和提炼战术计划。

14.3　开发解决方案

该步骤的目的：开发出针对诊断阶段所发现的过程问题的解决方案，针对问题或者是组织已经确定的过程创建解决方案，它必须满足组织的商业需求。解决方案的选择应当与组织的文化相符，以使得它更快被接受和更容易被制度化。

该步骤的目标包括：1）针对基线步骤发现的某些过程问题，调查多个可选的解决方案。2）选择解决方案，它应当最适合商业需求和企业文化。

该步骤的进入标准包括：1）已经完成基线活动。2）已经建立 TWG。3）已经培训 TWG。4）已有基线活动的最后简报。5）已有最终发现物和建议报告。6）已有政策、过程、指导方针等。

该步骤的退出标准包括：1）已选择解决方案，并写成文档。2）制定出试验解决方案的计划模板。

该步骤的子任务包括：1）提炼过程（以过程为中心的方法）。2）分析和修复问题（以问题为中心的方法）。

1. 提炼过程（以过程为中心的方法）

该步骤的目的在于，采用以过程为中心的方法处理、理解一个在基线步骤识别的特定的关键过程，并对这个过程进行增量式提炼（incremental refinement）。这种方法对于在过程中实现长期改进是有用的。然而，对于低级成熟度的组织，因其所具有的典型的不确定性，将很难在这样的组织中维持焦点（聚焦）。持续一个以过程为中心方法需要强有力的管理层的承诺和组织级动力和热情。即使有强有力的管理层承诺的需求，也建议在第一次过程改进计划中使用以问题为中心的方法。

该步骤的目标包括：1）理解已存在的过程。2）提炼已存在的过程以消除错误和减少变数。3）为过程启动一个持续的改进循环（周期）。

该步骤的进入标准包括：1）已经组建 TWG，并培训。2）已经有来自基线步骤的过程基线和成熟度问题的数据。3）已经有战术执行计划。

该步骤的退出标准为：明确了解决方案组件如过程描述、步骤、度量、方法和工具。

该步骤的任务包括：

1）识别过程的干系人，理解他们的需求。

2）决定当前过程的范围、边界、内容。

3）描述所希望的过程状态（"将要"）。

4）分析"现有"和"将要"的差距。

5）创建提炼过的过程。

6）确定过程模型的目标。

7）为新过程建模。

8）制定过程度量。

9）实现过程。

2. 分析和修复问题（以问题为中心的方法）

以问题为中心方法与以过程为中心方法的不同之处在于，它更容易识别问题，并且能够比以过程为中心方法更快地提供结果。当问题变得复杂或者解决方案过于庞大难以处理时，以问题为中心方法的结果经常被其他问题"压倒"，当早期问题被修复时突然发生。因为它可以增长士气，并使成员保持热情，以问题为中心方法对于启动 SPI 计划是十分有用的。

该步骤的目标是对特定的问题开发解决方案。

该步骤的进入标准包括：1）已经有了来自基线步骤的问题描述和问题数据。2）已经有了战术执行计划。

该任务的退出标准是：明确了解决方案的组件如过程描述、步骤、度量、方法和工具。

该步骤的任务包括：

1）陈述问题。

2）定义解决方案的目标。

3）识别约束。

4）分析问题。

5）生成和选择可选方案来解决问题。

6）定义解决方案的度量。

7）从可选方案中选择最佳的解决方案。

14.4　试验潜在的解决方案

该步骤的目的：在以过程为中心和以问题为中心的方法中，试验（试点）项目可以用来测试解决方案，并依据试验的效果以及需求对解决方案做一些修改和提炼，使其在组织中更加适合项目的实际需求，试验将帮助确定裁剪需求，并对组织其余部分提供指导方针。也可能一个解决方案需要进行多次试验运行，并且在开发解决方案和试验步骤之间将有几次迭代，使得解决方案在整个组织中部署准备就绪。

该步骤的目标包括：1）在组织的实际项目中验证解决方案。2）获取学到的经验教训，并依据试验结果提炼解决方案，以及安装解决方案。

该步骤的进入标准包括：1）已经有解决方案组件如过程描述、步骤、度量标准、方法、工具。2）识别和计划培训及安装需求。

该步骤的退出标准包括：1）完成试验。2）达到完成试验项目的标准。3）获取已经学到的经验教训和试验结果，并由 TWG 保存。

该步骤的任务包括：

1）制定试验选择和完成的标准。

2）识别潜在的试验项目。

3）选择试验项目团队。

4）培训试验项目团队。

5）在试验项目中安装解决方案。

6）执行和监控试验项目。

7）评估试验结果。

8）从试验项目中获取学到的经验教训。

14.5　选择解决方案提供者

该步骤的目的：也许有多个过程改进解决方案，一些有竞争力，一些互补。解决方案提供者可以是组织内的，也可以是组织外的，可以是 TWG 或者 TWG 的一些子集。由于组织变化的需求，TWG 必须确定最好的解决方案。在这一阶段，TWG 应当与 SEPG 紧密协作，选择已确立和已评审的解决方案提供者。

这一步可以和解决方案建立步骤同步进行。解决方案提供者可以部分界定该解决方案，或者在有些情况下选择提供者的标准并不明确，直到在试验中测试该解决方案才能确定。当多个工具竞争时，TWG 必须与多个卖方建立工作关系，为组织获取最好的解决方案。

该步骤的目标是调查多个解决方案的提供者和他们的跟踪记录，找出最符合组织需求的，无论是短期还是长期。

该步骤的进入标准是 TWG 已经为手头的过程问题选择或开发了一个解决方案。

该步骤的退出标准是为这个解决方案指定的解决方案提供者已经准备好实现和提供支持。

该步骤的任务包括：

1）与解决方案的潜在提供者获得联系（从 SEPG）。

2）联系提供者，安排简短的会谈。

3）基于组织的需求和提供者的可能性范围，制定选择标准。

4）将提供者的范围缩小到一至两个，他们是最符合需求并且准备好与组织一起工作的。

5）与解决方案提供者签署合约。

14.6　确定长期支持需求

该步骤的目的：解决方案需要长期的支持。解决方案在组织的其他部分实现，人员需要培训，可能出现意外的问题，所以附加的修改是必不可少的。就所需的知识和技能而言，该步骤为长期支持识别出需求，明确缺陷如何修复和安装，以及配置咨询等等。改进应该为持续几年而计划（可能作为更大改进的一部分）。为任何工具、方法、类别、原料等正在进行步骤提供支持，应当与解决方案开发步骤同步计划。

该步骤的目标包括：1）识别长期支持需求和潜在的支持源。2）规划内部长期支持机制。3）为长期支持确保资助。

该步骤的进入标准是：从 SEPG 处列出推荐的支持提供者。

该步骤的退出标准包括：1）已选择明确的支持提供者。2）草拟支持合约。

该步骤的任务包括：

1）与支持提供者一同工作，满足 TWG 和试验解决方案的需求。

2）提炼 TWG 和试验需求，以使其为整体组织提供最好的支持。

14.7　开发首次展示战略和计划模板

该步骤的目的：一旦解决方案被开发和试验，短期和长期支持的需求已经明确，必须向组织首次展示准备好的解决方案。TWG 将创建一个首次展示模板，这对于即将安装过程改进的开发项目来说具有指导意义。该计划包括：

1）他们所需的训练。

2）所需的工具和方法。

3）安装步骤。

4）如何获取信息等。

该计划将作为一个项目模板集成到整个组织战略计划中。

该步骤的目标是：为解决方案创建首次展示计划模板。这可以在解决方案首次展示期间根据项目定制。

该步骤的进入标准包括：1）成功完成改进试验。2）通用的首次展示计划模板。3）为制定首次展示计划，根据模板裁剪指导方针。4）指导制定、集成首次展示计划。

该步骤的退出标准是：评审首次展示计划模板，组织同意该解决方案。

该步骤的任务包括：

1）使用通用模板，为特定解决方案创建首次展示计划。

2）为获得批准，与 MSG、SEPG 一起评审首次展示计划模板。

14.8　整理打包改进并移交给 SEPG

该步骤的目的：在解决方案开发阶段，TWG 可能已经开发出几个中间产品和制品，这些必须打包移交给 SEPG，从而实现长期的维护和支持。（如果 TWG 一直在做这件事，这个任务将很会容易。）

该步骤的目标包括：1）收集和清空所有中间产品和制品（artifact）。2）将产品和制品打包，以便 SEPG 存档。

该步骤的进入标准包括：1）过程改进已经准备好，待发布。2）长期支持安排已经准备好，解决方案提供者准备好在整个组织实现解决方案。3）从 TWG 活动来的制品可用（会议记录、笔记、计划、模板、图、表）。4）组织培训和支持是可用的。

该步骤的退出标准包括：1）所有必需的制品都在一个地点收集，以便长期支持。2）SEPG 接收打包。

该步骤的任务包括：

1）识别小组生产的多种中间产品的制品。

2）收集每个产品或制品的完全拷贝。

3）为那些中间产品和制品写下描述材料，以便知道需要哪些。

4）组织和分类所有制品。

5）将产品的制品绑定到解决方案包中。

6）与 SEPG 一起评审解决方案包的内容。

7）与 SEPG 一起对该解决方案包进行存档，把过程改进信息加入到数据库，并通过解决方案包来开始维护过程。

14.9　解散 TWG

该步骤的目的：作为最后一个任务，TWG 应当提供一个关于学到的经验教训的最终报告，这将在开发解决方案期间使得 SEPG 和 MSG 能够改进过程，为运行和管理 TWG 提供帮助。至此，TWG 已经完成了它的工作任务。

基于所完成的工作，应当给予小组一些奖励，这将明确显示出 SPI 的资助者地位以及与组织其余部分的沟通联系。最后，小组应当庆祝他们已经完成的工作。

该步骤的目标包括：1）从这次成果中收集学到的经验教训。2）庆祝该组完成工作任务。

该步骤的进入标准是：将所有改进打包并移交 SEPG，从而进行长期的支持。

该步骤的退出标准包括：1）将学到的经验教训报告提交给 SEPG。2）所有团队成员的努力被认可并获得奖励。

该步骤的任务包括：

1）评审改进项目，从 TWG 处收集学到的经验教训，以改进 SPI 的过程。

2）完成庆祝活动。

3）解散团队。

14.10　首次展示解决方案

该步骤的目的：将经过验证的解决方案应用到整个组织。该解决方案已经通过试验项目的测试验证，现在该解决方案需要应用到整个组织。

该步骤的目标是：将解决方案应用到组织。

该步骤的进入标准包括：1）已经创建首次展示战略和计划并被 MSG 和开发组织的高级管理层所认可。2）已经准备好特定的过程改进材料给开发团队使用。3）为过程改进解决方案安排培训和持续的支持。

该步骤的退出标准是：解决方案已经应用到组织。

该步骤的子任务包括：1）向整个组织做简要报告。2）提炼首次展示战略和计划。3）对项目做摘要。4）调整项目首次展示战略和计划。5）培训项目。6）安装改进。7）评估部署。

1. 向整个组织做简要报告

该步骤的目的：SEPG 和 MSG 过程负责人向开发组织简要说明变更和实现变更的战术。开发组织应当在解决方案开发阶段不断告知工作团队的进度。该简报的目的是向组织通报正式采集的变更（或者变更集合），解释变更采集的理由，解释部署变更到组织的战术。MSG

过程负责人是变更的主要资助者，他将以简报来显示对变更的最大支持。

该步骤的目标包括：1）通知组织由于过程改进而产生的关于政策的各种变更。2）通知组织关于采用策略、变更的好处，以及与组织商业目标和需求的联系。

该步骤的进入标准包括：1）解决方案已经成功试验过。2）已完成简要的信息。3）已完成部署战术。

该步骤的退出标准包括：1）已完成组织简报。2）关于部署战略，已经有组织学到的经验教训。

该步骤的任务包括：

1）计划并安排简报。该简报在计划和安排是应当覆盖整个组织。

2）实施简报。

3）从听取简报参与者中收集反馈。

4）基于反馈修改将来的简报。

2. 提炼首次展示战略和计划

该步骤的目的：依据从个别项目和一线组织整体的反馈，SEPG 和 MSG 过程负责人修改首次展示战略和计划以更好地适应组织的需求。

该步骤的目标包括：1）阐明和提炼首次展示战略和计划，与组织沟通。2）从试验部署获取已经学到的经验教训。

该步骤的进入标准包括：1）已经从整个组织的战略简报获取反馈，并修改首次展示战略和计划。2）已完成首次展示战略和计划模板。

该步骤的退出标准包括：1）已经完全提炼首次展示战略和计划（这一阶段的提炼和其他任务并行）。2）已经完成改进的首次展示战略和计划。

该步骤的任务包括：

1）从这一部分的其他任务中收集反馈。

2）提取已经学到的经验教训以及从反馈得到的修改。

3）将已经学到的经验教训加入首次展示战略和计划。

4）基于新的首次展示战略和计划，实现下个任务（或者下个项目的相同任务）。

5）与整个组织沟通整体的变化。

3. 对项目做摘要

该步骤的目的：SEPG 和 MSG 过程负责人向单独的组织项目做关于具体变化的简报（它是什么，为什么需要它，在这个特定时刻为什么要做它，等等）。当预计将要采用变化时，提供关于过程改进的更详尽信息给组织项目（项目将很可能在不同的时间和进度采用）。

该步骤的目标是描述过程改进如何与项目相适应。

该步骤的进入标准包括：1）已经完成向整个组织的简报。2）已经完成首次展示战略和计划模板。

该步骤的退出标准是项目需要理解变化和变化的内容。

该步骤的任务包括：

1）计划和安排项目简报。

2）针对特定的项目和变化集合，修改简报。

3）实施简报。

4）根据简报收集反馈来完善部署。

4. 调整项目首次展示战略和计划

该步骤的目的在于：根据整个一线组织计划的背景，SEPG 和组织中的项目管理者针对将要集成的特定变化填写首次展示战略和计划模板。根据项目的环境和条件，修改过程改进。由于项目需要持续使用改进，所以将会有更多的修改。

该步骤的目标是裁剪过程改进计划，以使其适合项目。

该步骤的进入标准是已完成项目摘要。

该步骤的输入是首次展示战略和计划模板。

该步骤的退出标准是：1）已经获得裁剪后的首次展示战略和计划的项目协议。2）已经裁剪首次战略和展示计划。

该步骤的任务包括：

1）针对项目的安装，使用首次展示战略和计划模板，填写合适的日期、资源、花费、姓名等等。

2）评审项目的首次展示计划，对受影响的目标增加投入。

3）与 MSG 一起评审修改过的首次展示战略和计划。

5. 培训项目

该步骤的目的：解决方案开发将可能需要通过一线组织获得新的技能和知识。为了向一线组织成员提供最大的收益，培训和实践必须集成到项目计划中。SEPG 和一线组织管理者为一线组织成员的过程、方法、工具等方面安排培训和详细的简报。

子任务包括培训项目、安装改进和评估部署，它们经常是同时进行的，也许会有一些迭代。例如，为了培训可能必须安装一个工具，以便有效地支持培训工作。另外，也可能无法识别出确实需要的技能，只有当发现确实缺少时，才会真正意识到。尽管这些任务的次序代表一个理想的情形，实际的实现必须根据现有的情形和环境来决定。

该步骤的目标包括：1）计划项目培训。2）安排讲师和简报报告人。3）为项目建立支持关系。

该步骤的进入标准包括：1）达成首次展示战略和计划的项目协议。2）已安装项目的计划。3）已经有对项目可用的培训资源。

该步骤的退出标准包括：1）基于特定的过程变更，培训项目。2）项目对于安装和使用变更拥有持续的支持。3）已经完成培训计划。4）达成包含项目的支持协议。

该步骤的任务包括：

1）在变化的范围内评估项目的技能和知识。

2）计划全部培训课程来满足项目中人员的技能和培训的需求。

3）计划培训课程，并从项目中登记参加培训的人员。

4）实施课程。

5）必要时，再评估和再培训项目技能和知识。

6. 安装改进

该步骤的目的：在使用一个新工具、方法或者过程前，相关联的支持环境必须已安装。一线组织中的多种项目必须根据环境和需求来修改解决方案，安装在修改执行完成之后。对于低成熟度的组织来说，存在很多易变的因素，需要做更多的修改来适应个性化的需求。当组织上升到一个成熟阶段，只需要为组织范围内的改进进行较少的局部修改即可。

该步骤的目标是保证本地项目安装并能够成功使用过程改进。

该步骤的进入标准包括：1）已批准项目安装计划。2）项目已经包括支持合同。3）已经完成项目的安装计划和支持计划。4）就特定的过程改进培训项目。5）工具、制品和文档用来支持过程改进的实现。

该步骤的退出标准是项目已经为改进提供充足的支持。

该步骤的任务包括：

具体的安装任务根据变化的类型有很大的不同。该处所列举的任务十分通用，并不限于实际安装。

1）当不会影响关键的项目任务时，计划和安排安装、升级等。

2）执行安装、升级等，在给定的环境中核实正确的新操作。

3）在变更过的环境中，与受影响的人员一起完成新操作。清理所有与安装相关的问题。

4）以正常速度完成新操作。清理所有与安装相关的问题。

5）为最终的一致，与项目一起评审安装。

6）升级、安装软硬件文件副本。

7. 评估部署

该步骤的目的：一线组织就首次展示实施评估，以此获取关于项目新过程部署的课程学习，为了未来提炼安装和部署过程，将反馈送给 SEPG。通过提供反馈给 SEPG，在实现期间使用的方法和技术可以加入到下一轮的改进中。

该步骤的目标是：从部署改进收集课程学习，并应用于未来的部署。

该步骤的进入标准包括：1）组织已经完成部署改进，并已经使用了几个周期。2）已经完成项目安装计划。3）已经完成过程度量报告。4）已完成组织首次展示战略和计划。

该步骤的退出标准包括：1）捕获从首次展示解决方案中学到的经验教训。2）SEPG 已经修改通用的首次展示战略和计划以及模板。3）已经完成关于经验教训的学习报告。4）已经完成修改通用的首次展示战略和计划以及模板。

该步骤的任务包括：

1）计划和安排经验交流会。

2）调查组织以收集高层经验、问题和剩余的行动。

3）收集关于学到的经验教训和调查结果。

4）实施经验交流会，并澄清调查结果。

5）将已经学到的经验教训和调查结果打包，并与组织一起评审。

6）制定执行计划来解决突出问题和完成剩余的行动。

7）实施"执行计划"，并与组织一起评审结果。

14.11　转变为长期支持

该步骤的目的：过程改进不应当需要时刻保持警惕；如果是的话，那就没有达到改进的初衷（或者应该重新思考）。应该将过程改进的成果稳定下来，变成开发团队一贯坚持的准则。开发团队应当能够在不需要大量指导和支持的情况下继续过程改进，并在需要的时候找到经验。当一线组织表明它将重复执行新过程时，SEPG 的参与依赖于一个随叫随到的支持角色——长期支持团队。

该步骤的目标是将过程改进的成果变成一线组织正常使用的过程。

该步骤的进入标准包括：1）向组织内的所有项目首次展示变更带来的效果。2）准备好长期支持协议和资助。

该步骤的退出标准是新环境使得现在的合同过时。

该步骤的任务包括：

1）当遇到新问题、需要新培训、需要特定修改等情况时，一线组织请求长期支持提供者而不是 SEPG。

2）SEPG 监督长期支持提供者，以保证对一线组织的充分支持。

3）MSG 定期评审长期支持，以保证满足适当的资助和合同的承诺。

14.12　执行阶段与 CMMI 对应

IDEAL 模型之执行阶段的任务，在 CMMI 过程域的组织级过程焦点（Organizational Process Focus，OPF）中得到体现。本书只简单介绍特定目标的内容，关于某个特定目标所属的各个特定实践的技术细节，可以参考 SEI 颁布的 CMMI 的白皮书及相关的专门介绍 CMMI 的书籍。

IDEAL 模型之执行阶段的任务，在 CMMI 过程域的组织级过程焦点中的特定目标 SG2 "计划和实现过程改进（Plan and Implement Process Improvements）"和 SG3 "部署组织过程资产并将获得的经验教训纳入其中（Deploy Organizational Process Assets and Incorporate Lessons Learned）"中得到体现。具体包括如下特定实践（SP）：

SG2　计划和实现过程改进

计划和实现组织过程与过程资产的过程改进方案，成功地实施改进，需要过程负责人（实施过程与支持组织的人员）参与过程改进计划并执行。

SP 2.1 建立过程执行计划（Establish Process Action Plans）

建立并维护过程改进计划，实施组织过程与过程资产的改进。

建立并维护过程改进计划通常需要以下角色的参与：

1）管理指导委员会制定过程改进活动策略，并负责监督过程改进活动的执行。

2）过程组人员推动并管理过程改进活动。

3）过程实施小组定义并实施过程行动。

4）过程的拥有者管理过程的部署。

5）实践者负责执行过程。

这些人员介入过程改进将有助于得到对过程改进的支持和增大有效部署过程改进的可能性。

过程改进计划是详细的执行计划。这些计划与组织过程改进计划的不同之处在于，它们通常以处理评估中发现的缺点为目标，定义了特定的改进措施。

典型的工作产品

组织批准的过程改进计划。

子实践

1）确定策略、方法与改进方案，处理已经确定的过程改进措施。一些新的、未经验证的重大变更，纳入正常使用之前要先行试用。

2）建立过程改进团队，执行改进活动。实施过程改进的团队和人员被称为"过程改进团队"。过程改进团队通常包含过程的所有者，以及执行过程的具体人员。

3）制定过程改进计划。过程改进计划通常包含以下内容：

- 过程改进的基础架构；
- 过程改进的目标；
- 将要处理的过程改进事项；
- 策划与跟踪改进方案的程序；
- 试用与执行改进方案的策略；
- 执行改进方案的职责和授权；
- 执行改进方案的资源、日程安排、职责分派；
- 确认改进方案是否具有有效性的方法；
- 与过程改进计划相关的风险。

4）与相关干系人评审和协商过程改进计划。

5）必要时评审过程改进计划。

SP 2.2 实施过程执行计划 （Implement Process Action Plans）

实施过程改进计划。

典型的工作产品

1）各个过程实施小组的承诺。

2）执行过程改进计划的状况与结果。

3）试验计划。

子实践

1）使过程改进计划可供相关干系人使用。

2）各个过程实施小组协商并将承诺文档化，必要时修订过程改进计划。

3）根据过程改进计划跟踪进展与承诺情况。

4）与过程改进团队及相关干系人联合评审，监督过程改进的进展与结果。

5）必要时策划改进试验，对选定的过程改进活动进行检验。

6）评审过程改进小组的活动与工作产品。

7）识别、记录并跟踪过程改进计划执行中遇到的问题直到解决。

8）确保过程改进计划的执行结果能够满足组织的过程改进目标。

SG3　部署组织过程资产并将获得的经验教训纳入其中

在组织中部署组织过程资产，并将过程相关的经验教训纳入组织过程资产中。

该特定目标下的特定实践描述了持续进行的活动。从组织过程资产及其变更中获得效益的新机会，在项目的整个生命周期中都可能出现。标准过程及其他组织过程资产的部署，必须在组织中持续给予支持，特别在新项目刚启动时。

SP 3.1 部署组织过程资产（Deploy Organizational Process Assets）

在组织中部署组织过程资产。

组织过程资产的部署，或是组织过程资产变更的部署，应按一种有序的方法进行。某些组织过程资产或过程资产的变更，可能并不适用于组织中某些部门（例如，由于正在执行客户需求或当前的生命周期阶段）。因此，在必要时，那些正在执行或即将执行过程和其他组织功能的人员能参与部署是很重要的。

典型的工作产品

1）在组织中部署组织过程资产及其变更的计划。

2）部署组织过程资产及其变更的培训资料。

3）组织过程资产变更的记录文件。

4）部署组织过程资产及其变更的支持资料。

子实践

1）在组织中部署组织过程资产。部署活动通常包括以下几个方面：

- 确定执行过程的人员应该采用哪些组织过程资产；
- 确认如何才能保证组织过程资产可用（例如，通过网页方式）；
- 确定组织过程资产的变更问题如何沟通；
- 要想保证组织过程资产的正确使用，需要哪些资源（例如，方法和工具）；
- 策划如何部署；
- 为使用组织过程资产的人员提供帮助；
- 确保为使用组织过程资产的人员提供适当的培训。

2）将组织过程资产的变更文档化。将组织过程资产的变更文档化包含两个目的：

- 确保对变更进行充分的沟通和交流；
- 了解组织过程资产发生的变更与过程性能和结果发生的变更之间的相互关系。

3）在组织中部署组织过程资产的变更。变更活动的部署通常包括以下几个方面：

- 确定执行过程的人员应该采用哪些适当的变更；
- 策划如何部署；
- 适当安排一些必要的保障措施，确保变更的顺利进行。

4）就如何使用组织过程资产提供指南与咨询。

SP 3.2 部署标准过程 （Deploy Standard Processes）

在项目启动时部署组织标准过程，并在整个项目生命周期中对相关的变更进行适当的部署。新项目使用已证明且有效的过程来执行关键的早期活动是重要的（例如，项目策划、接受需求、获取资源）。当对组织标准过程的变更有益时，项目也应定期更新已定义过程，将最新的变更纳入其中。这种定期更新有助于确保所有的项目活动，获得其他项目经验教训的全部效益。

典型的工作产品

1）组织的项目清单，以及每个项目过程部署状况（也就是现有的及策划的项目）。

2）新项目组织标准过程的部署指南。

3）对已识别的项目，裁剪组织标准过程以及执行标准过程的记录。

子实践

1）识别组织内部将要启动的项目。

2）识别将从执行组织现有标准过程集获益的现有项目。

3）针对已识别的项目，建立执行组织现有标准过程的计划。

4）协助项目裁剪组织标准过程集以满足项目需要。

5）针对已识别的项目裁剪和实施过程，保留记录并进行维护。

6）确保从过程裁剪而来的已定义过程已被纳入过程符合性的审计计划中。过程符合性的审计计划主要强调根据项目的已定义过程，对项目的各项活动进行客观的评估。

7）当组织标准过程集更新时，确定哪些项目应进行相应的变更。

SP 3.3 监督实施 （Monitor Implementation）

针对所有项目，监督组织标准过程集的执行情况以及过程资产的使用情况。

通过监督执行，确保组织标准过程及其他过程资产在整个项目中得以部署。监督执行也有助于了解组织过程资产的使用，以及在组织中何处被使用。监督还有助于建立广泛的关系，以便解释与使用过程与产品度量、经验教训，以及从项目中获取的改进信息。

典型的工作产品

1）监督项目过程执行的结果。

2）过程符合性评估的状况与结果。

3）对过程裁剪与执行过程中所产生的已选定过程成果的评审结果。

子实践

1）监督项目如何使用组织过程资产，以及如何处理过程资产的变更。

2）针对每个项目生命周期所选定的过程成果进行评审。对每个项目生命周期所选定的成果进行评审，可以确保所有的项目都能够恰当地使用组织标准过程集。

3）对过程符合性评估的结果进行评审，从而明确组织标准过程的部署情况。

4）识别、记录并跟踪组织标准过程集执行中遇到的问题直到解决。

SP 3.4 将过程相关的经验纳入组织过程资产 （Incorporate Process-Related Experiences into the Organizational Process Assets）

将过程相关的工作产品、度量以及策划与执行过程的改进信息，纳入组织过程资产。

典型的工作产品

1）过程改进方案。

2）过程执行的经验教训。

3）组织过程资产的度量项。

4）组织过程资产的改进方案。

5）组织过程改进活动的记录。

6）组织过程资产及改进信息。

子实践

1）针对组织的商业目标，就组织标准过程集以及相关的组织过程资产定期评审它们的有效性与适用性。

2）收集有关使用组织过程资产的反馈意见。

3）取得来自定义、试用、执行与部署组织过程资产的经验教训。

4）适当时，使经验教训可供组织内部人员使用。确保经验教训能够被恰当运用的措施包括如下两个方面：

- 没有恰当运用经验教训的示例，包括：评估人员的绩效表现；判断过程性能或结果。
- 防止不恰当使用经验教训的方法，包括：控制访问的权限；针对如何正确使用提供培训。

5）分析组织的共性度量值。

6）评估组织使用的过程、方法和工具，并提出改进组织过程资产的建议。

评估通常包括：

- 确认哪些过程、方法、工具也潜在地应用于组织的其他部分；
- 评估组织过程资产的质量和有效性；
- 确定组织过程资产有哪些备选的改进方案；
- 确认组织标准过程集和裁剪指南是否具有一致性。

7）使组织中的人员适当地使用组织的过程、方法及工具。

8）管理过程改进方案。过程改进方案涉及过程改进和技术改进两个方面。

管理过程改进方案的活动通常包括：

- 寻求过程改进方案；
- 收集过程改进方案；
- 评审过程改进方案；
- 选择要执行的过程改进方案；

- 跟踪过程改进方案的执行情况。

适当时，将过程改进方案以过程变更请求或问题报告的方式文档化，有些过程改进方案可能没有纳入组织的过程改进计划中。

9）建立并维护组织过程改进活动的记录。

本章小结

本章介绍了 IDEAL 模型的执行阶段的各个任务，包括：1）为 TWG 完成战术计划。2）开发解决方案。3）试验潜在的解决方案。4）选择解决方案提供者。5）确定长期支持需求。6）开发首次展示战略和计划模板。7）整理打包改进并移交给 SEPG。8）解散 TWG。9）首次展示解决方案。10）转变为长期支持。

思考题

1. 简述 IDEAL 模型的执行阶段的步骤。

2. 简述 IDEAL 模型的执行阶段的进入标准和退出标准。

3. 简述 IDEAL 模型的《SPI 战术执行计划》的模板（提示：结合附录 B.6 节）包括哪些章节。

参考文献

[McFeeley,1996]Bob McFeeley, IDEAL: A User's Guide for Software Process Improvement, Handbook, CMU/SEI-96-HB-001February 1996.

[Kinnula,2001] Atte Kinnula, Software Process Engineering Systems: Models and Industry Cases, Department of Information Processing Science, University of Oulu, 2001.

第15章

IDEAL 模型之调整阶段

15.1　调整阶段概述

IDEAL 模型是一个循环往复的过程框架，组织完成了 IDEAL 模型的一个周期后，有必要评审在这一个周期中发生了什么，并且为下一个周期做准备。当完成 IDEAL 模型的一个周期之后，不是从初始阶段重新开始 IDEAL 模型，而是通过实施调整阶段的活动，从诊断阶段重新开始 IDEAL 模型。调整阶段为开始 IDEAL 模型的下一个周期提供准备工作，同时也有机会在重新开始前再一次调整软件过程改进的过程。

在 IDEAL 模型的初始阶段，很有可能存在一些错误、疏漏，以及一些常需要重复做的事情。利用在已有软件过程改进活动中获得的经验教训，不断调整软件过程改进，从而让软件过程改进活动在下一个 IDEAL 模型周期中开展得更好。

案例分析

在调整阶段：经过 12 周的调整和努力，C 公司成功解决了 G2 产品中诊断出的 4 个问题，并成功完成 G2 产品的全面重构和改版。经过评测，G2 具有更高的质量，G2 新版的发布为 C 公司重新赢得声誉和市场竞争力。然而，市场动向表明，产品升级的趋势越来越明显。目前 G2 产品的质量获得提升，G2 产品的维护工作量明显减轻，可以适当减少 G2 产品线的人力资源，抽调 180 人进入 G3 产品的研发，90 人留守 G2 产品，且随着 C 公司业绩的增长，现在有财力从就业市场扩增 90 名新员工加入 G2 产品的日常维护工作。对于 G3 产品，新组建的 210 人的研发团队将期望在 6 个月内推出新一代的 G3 产品，为了确保在 G3 产品的开发过程中不再出现 G2 产品中曾经出现的同类问题，有必要将 G2 产品中的软件过程改进的经验教训推广到 G3 产品的研发团队，使 C 公司的研发团队的软件过程改进进入良性循环。

下面，我们将详细介绍调整阶段需要做的工作。

调整阶段的目的在于：1）评审和分析前面各个阶段学到的经验教训。2）将改进融入

SPI 过程中。3）评审软件过程改进的动机。4）评审和评估目标。5）评估资助和承诺。6）提出一个计划，为 SPI 程序提供持续指导。

调整阶段的目标包括：1）将从前面各个阶段学习到的经验教训融入软件过程改进的方法中。2）获得显见的 SPI 价值。3）再次确认 SPI 的资助。4）为下一个周期建立、调整高层次的目标。5）如果必要，确定使用新的基线。6）在下一个周期中创建一个新的计划来指导组织。

调整阶段所需的培训和技能如表 15-1 所示。

表 15-1　调整阶段所需的培训和技能

培训 / 技能	MSG	SEPG	TWG	一线经理	实践者
团队开发	√	√			
软件 CMM	√	√		√	√
软件过程改进技能	√	√		√	
计划技能	√	√			

调整阶段的承诺：调整阶段的承诺与初始阶段的类似，管理层必须为持续开展 SPI 活动提供商业需求，同时必须愿意为 SPI 承诺必要的资源。

调整阶段的交流：调整阶段的各种交流非常类似于初始阶段，略有不同的是，由于已经完成了 IDEAL 模型的前一个周期，所以有大量的信息需要交流。应该与各个机构交流的事情有：

1）已经获得 IDEAL 模型前一个周期的结果。

2）已经有增强的商业目标。

3）基础设施可能发生的变更。

4）对 SPI 进行了更新或修订。

调整阶段的进入标准包括：1）通过前面各个阶段，已经完成 IDEAL 模型的一个周期。2）已经有每个阶段的经验教训。3）已经有实施 SPI 过程中产生的产品。

调整阶段的退出标准包括：1）分析已经获得的经验教训，并且将改进融入 SPI 过程。2）与高级管理者再次确认资助与承诺。3）为下一个周期建立了高层目标。

图 15-1 反映了 IDEAL 模型中调整阶段各个相关任务的关系。

调整阶段的任务包括：1）收集获得的经验教训。2）分析经验教训。3）重新修订组织方法。4）评审资助与承诺。5）建立高层次目标。6）开发新修订的软件过程改进提案。7）继续软件过程改进过程。

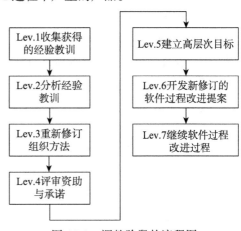

图 15-1　调整阶段的流程图

15.2　收集获得的经验教训

该步骤的目的是保证在开始 IDEAL 模型下一个周期前评审所有获得的经验教训。再次开始 IDEAL 模型周期的合理间隔时间为 18 ~ 24 个月。如果没有在每个阶段收集获得的经验教训的文档，那么要总结已有的经验教训指导后续的工作将是一件很困难的事。

因此需要特别强调，一定要在之前每个阶段收集软件过程改进活动中的经验教训，并将这些数据存在于组织过程数据库中。

该步骤的目标包括：1）评审在前面阶段进行的活动产生的所有经验教训。2）更新已经完成的 IDEAL 模型各个阶段中活动的记录。

该步骤的进入标准是：一些或大多数 TWG 已完成了执行阶段。

该步骤的退出标准是：已经有 IDEAL 模型前一周期获得的经验教训。

该步骤的任务包括：

1）从前面的 SPI 活动中收集获得的经验教训。

2）与 SPI 的参与者面谈，了解他们在前一周期的 SPI 活动中的收获，参与者包括：技术工作组的领导者、成员；试验项目的工作人员；基础设施管理层成员。

15.3 分析经验教训

该步骤的目的是保证正在使用的 SPI 是最好的过程。既然已经获得了 IDEAL 模型前一周期的所有信息和产品，现在应该反思曾经使用的过程或者没有使用的过程。这个活动的主要作用是更正前一个周期中犯下的错误或遗漏，并且修改之前的方法，避免重复这些错误。对于在上一改进周期中没有解决的遗留问题，思考和寻找新的改进方法，使得在后续的改进周期中工作做得更好。

该步骤的目标包括：1）分析前一个改进周期的实践和过程，目的是使得 IDEAL 模型下个周期的工作更加顺利。2）考虑删除和替换那些表现不佳的过程。3）考虑增加一些能够使得软件过程改进更加顺利的过程。

该步骤的进入标准包括：1）已经完成了 IDEAL 模型前一个周期的各个阶段。2）已经收集 IDEAL 模型前一个周期的经验教训、产品以及其他信息。3）已经收集 IDEAL 模型前一个周期中与软件过程改进参与者面谈的有关数据。

该步骤的退出标准包括：1）评审和分析在 IDEAL 模型前一个周期实施的各个活动。2）为已经确认的 SPI 方法制定调整计划。

该步骤的任务包括：

1）评审经验报告。

2）评审产生的产品。

3）评审软件过程改进中使用的所有方法。

4）评审交流活动。

5）评审与软件过程改进参与者讨论的关于前一个改进周期的结果。

6）评审软件过程改进基础设施的有效性。

7）采访所有级别的管理者，然后归纳他们的意见。

8）调查其他组织和一些文献，了解其他人在软件过程改进中是怎么做的。

15.4　重新修订组织方法

该步骤的目的在于：保证 SPI 过程在下一个周期中能够拥有更高的效率。任何对 SPI 过程的改进都会使得它更有效率，同时降低变化的阻力，允许软件过程改进以一个更快的速度发展。

该步骤的目标包括：1）开发更具效率的 SPI 过程。2）减少软件过程改进的阻力。3）保证软件过程改进获得有效的资助。

该步骤的进入标准包括：1）评审和分析经验教训。2）与参与者面谈。3）评审产业趋势。4）已经有来自前一个周期的软件过程改进周期的产品（计划、流程等）。5）已经与前一周期的 SPI 参与者面谈，并获得分析经验教训的数据，以及与参与者的面谈结果。

该步骤的退出标准包括：1）为进入 IDEAL 模型下一个周期修改 SPI 方法。2）重新修订已经文档化的 SPI 方法，并通过评审和分析已经获得的经验教训，反思在前一个周期中哪些方法是正确的，哪些方法带来了额外的新问题，以及还存在哪些没有解决的问题。

该步骤的任务包括：

1）重新修订以前的 SPI 方法。

2）文档化新的改进方法。

3）如果必要，变更基础设施。

15.5　评审资助与承诺

该步骤的目的在于：在前一个周期中，已经认识到资助和承诺对于软件过程改进的成功是非常重要的。像在初始阶段第一次所做的那样，保证有足够的资助和承诺来支持软件过程改进程序。

该步骤的目标包括：1）保证管理层对软件过程改进的承诺，同时会继续对这个项目提供必要的资助和承诺，保障项目能够成功实施。2）保障软件过程改进程序所需的资源。

该步骤的进入标准是：重新修订已经达成一致和文档化的软件过程改进方法。

该步骤的退出标准包括：1）管理层已经确认会继续对 SPI 程序进行资助和承诺。2）管理层已经承诺对 SPI 程序提供资源和监管。

该步骤的任务包括：

1）与高级管理者一起评审所需要级别的承诺和资助。

2）与高级管理者一起评审修订的 SPI 方法。

3）与高级管理者一起评审所需要的资源。

15.6　建立高层次目标

该步骤的目的在于：像在初始阶段一样，高层次的目标一般都需要建立起来。在建立阶段制定执行计划活动时，这些目标将被进一步细化和明确。必须建立指导方针，清晰地定义可度量的目标，并为改进提供帮助，也允许对改进结果进行目标度量。

该步骤的目标包括：1）重新定义长期目标。2）为客观地确定目标是否满足提炼度量和度量过程。3）将 SPI 程序与组织的愿景和商业需求紧密联系。

该步骤的进入标准包括：1）已经再次确认资助和承诺。2）更新已经文档化的 SPI 过程，并且就此达成一致。3）已经有来自前一个周期的 SPI 战略目标。4）在前一个周期中，已经有关于设定目标的经验教训。

该步骤的退出标准包括：1）评审、更新或定义 SPI 的总体目标。2）将 SPI 与组织的愿景和商业需求联系在一起。3）关于 IDEAL 模型下一个周期的高层目标，各方已经达成一致并且文档化。

该步骤的任务包括：

1）评审 IDEAL 模型中前一个周期的目标，查看这些目标是否仍然合适。

2）定义新的、合适的目标，并与组织的愿景、商业需求和战术相一致。

3）评审在前一个周期中针对设定目标开展的活动中得到的经验教训。

15.7　开发新修订的软件过程改进提案

该步骤的目的在于：在进入 IDEAL 模型的下一周期时，需要制定和更新战略执行计划，这将为下一周期的 SPI 程序提供初始化指导。这一步骤的目的就是为了创建下一周期的 SPI 程序。这些活动与在初始阶段创建 SPI 初始提案相类似。

该步骤的目标是：为 SPI 程序提供指导，直到完成任何需要的基线和创建一个新的执行计划。

该步骤的进入标准包括：1）再次确认资助和承诺。2）建立高层次目标。3）基础设施已经就绪且正在运行。

该步骤的退出标准是：能够为 SPI 程序提供指导的计划已经被文档化，并获得批准。

该步骤的任务是开发出一个计划，为下一周期的 SPI 程序提供初始化的指导。

15.8　继续软件过程改进过程

该步骤的目的是进入 SPI 程序的主要部分，然后继续开始过程改进的一个新的周期。

该步骤的目标是从调整阶段过渡到诊断阶段。

该步骤的进入标准包括：1）重新修订的软件过程改进程序已经被文档化，并获得批准。2）评审、更新软件过程改进目标。3）再次确认资助和承诺。4）基础设施已经就绪，正在运行。

该步骤的退出标准是一致同意继续开展 SPI 程序。

该步骤的任务是获得高层管理者批准，继续开展 SPI 程序。

15.9　调整阶段与 CMMI 对应

IDEAL 模型之调整阶段的任务，在 CMMI 过程域的组织级过程焦点（Organizational Process Focus，OPF）和组织级培训（Organizational Training，OT）中得到体现。关于与组织级过程焦点的对应，主要体现在 SG2 "计划和实现过程改进" 和 SG3 "部署组织过程资产并将获得的经验教训纳入其中" 两个方面，这些在第 14 章已经介绍，这里不再赘述。关于与组织级培训的对应，具体包括两个特定目标：SG1 "建立组织级培训能力" 和 SG2 "提供必要的培训"。本书只简单介绍特定目标的内容，关于某个特定目标所属的各个特定实践的技术细节，可以参考 SEI 颁布的 CMMI 的白皮书及相关的专门介绍 CMMI 的书籍。

组织级培训的目的是增强开发人员的技能和知识，使他们能有效地执行他们的任务。OT（见图 15-2）有两个特定目标：1）标识培训需要并使培训可获得。2）提供必要的培训。这个过程域不建立在任何其他过程管理过程域的能力等级上，相反，OT 集中于组织的策略和交叉项目的培训需要。

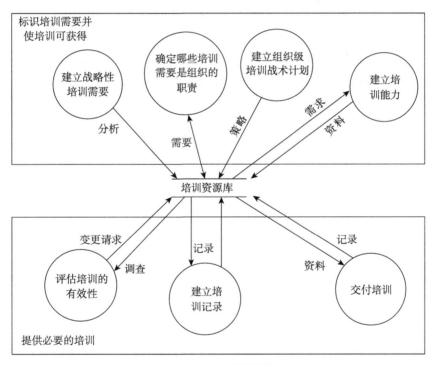

图 15-2　组织级培训语境图

第一个目标（标识培训需要并使培训可获得）包括四个特定实践：1）建立战略性培训需要指导整个组织级培训。2）对每个需要的职责，委派给组织或项目。3）建立战术性的计划来确保满足培训需要，这个计划应该解释如何达到每个组织的培训需要。4）致力于组织的培训能力的实际建立，如开发或获取培训资料等。

第二个目标（提供必要的培训）的特定实践集中于对目标听众的培训的交付、培训效果的度量和对雇员培训记录的创建。

本章小结

本章介绍了 IDEAL 模型的调整阶段的各个任务，包括：1）收集获得的经验教训。2）分析经验教训。3）重新修订组织方法。4）评审资助与承诺。5）建立高层次目标。6）开发新修订的软件过程改进提案。7）继续软件过程改进过程。

思考题

1. 简述 IDEAL 模型的调整阶段的步骤。
2. 简述 IDEAL 模型的调整阶段的进入标准和退出标准。

参考文献

[McFeeley, 1996] Bob McFeeley, IDEAL: A User's Guide for Software Process Improvement, Handbook, CMU/SEI-96-HB-001February 1996.

[Kinnula,2001] Atte Kinnula, Software Process Engineering Systems: Models and Industry Cases, Department of Information Processing Science, University of Oulu, 2001.

SPI 程序的基础设施

A.1 概述

    附录 A 简要介绍 SPI 基础设施的三个关键组件，可以通过这部分介绍理解各组件里的角色和职责。这里所提到的角色和职责只是一个初步框架，各企业可以根据自身的实际情况进行增加或者减少。

    在某些情况下，向 SPI 基础设施中增加组件对改进工作更加有益。一般来说，这些添加的组件是在整个公司的大环境里或者是由各个分散的小环境形成的。

    目的：公司主管将确定 SPI 程序的基础设施的大小、范围和职责，以便支持 SPI 程序。针对公司的大小、需求、政策和文化等因素，公司主管还需要确定组件的层数、权利、职责，以及在整个框架中的核心组件。

    创建基础设施后，需要从公司的各个部门遴选代表担任相关组件的成员，以保证 SPI 程序的实施。公司所有部门的参与，会在整个项目工作人员中提高他们的主人翁意识和参与度。

    图 A-1 中展示了基础设施的一个例子。三个组件中首先出现的是管理层指导组（MSG），它的成员直接由公司现有的管理者组成。MSG 下面是软件工程过程组（SEPG）。SEPG 的领导人作为无表决权的人员参与活动，有时也会充当 MSG 的助手，SEPG 的成员由公司中工作于该项目的人员组成。根据公司的大小，SEPG 成员的工作模式可以是全职式、兼职式，或是全职式和兼职式的结合。不过在任何一种情况下，都需要有一个全职的员工来领导 SEPG 的工作。在 MSG 下面，同时与 SEPG 有联系的组件是技术工作组（TWG）。TWG 会时常提出对过程改进的建议，这些建议将会对公司中的一些部门产生影响，而 TWG 的成员就是从这些部门中抽调出来的。

    组成 SPI 基础设施的每个组件都在 SPI 程序中扮演各自的角色。创建的基础设施必须根据 SPI 程序的需求来确定规模。需要注意的是，基础设施的大小和结构并不对 SPI 程序构成任何阻碍。每个组件的职责都有明确的界限划分。图 A-2 为 SPI 程序基础设施的一种扩展模式。

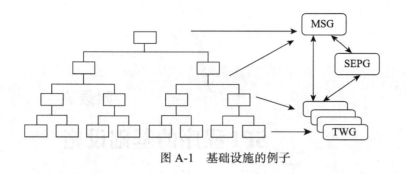

图 A-1 基础设施的例子

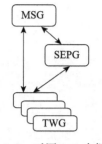

图 A-2 对图 A-1 中框架
的一种扩展

A.2 管理层指导组

目的：MSG 由公司最高层的管理团队组成，主要负责指导公司里 SPI 的各实现活动。MSG 会为 SPI 程序制定目标，同时制定 SPI 程序的工作方向和优先级。MSG 也需要将改进活动应用到现有的管理过程中。

MSG 同时需要为 SPI 程序提供必需的资源，主要包括如下内容：1）为特定的过程改进活动制定 TWG。2）开设各种训练，以支持 SPI 程序。3）决定用来评估项目的标准和项目成功标准。

在 SPI 程序实施过程中会出现一些 SEPG 和 TWG 不能解决的问题，这些问题都需要 MSG 来解决。MSG 移除 SPI 程序中遇到的阻碍，同时设定检查和奖励机制来确定完成过程改进工作人员的成果。

MSG 中由一位高层主管担任主席，其余成员则从该主管的管理团队中抽调。MSG 每月都需要开会，在 SPI 程序初期可能开会更频繁些，然后开会频率逐渐向每月一次过渡。让 SEPG 的领导人参与 MSG 的定期会议将会带来比较好的效果。MSG 的各成员必须参加每次会议，同时每次会议都必须按开会日程、开会时长严格执行，并记录商讨条目。会议结束后，MSG 向全公司公布商讨结果以证明对 SPI 程序的支持。

在 SPI 程序的持续时间内，MSG 是一直存在的。在公司发生变化或是成长的过程中，MSG 的成员可能会发生改变，不过 MSG 在 SPI 程序中的角色和职责是不会发生变化的。

MSG 的目标包括：1）将公司的愿景和使命与 SPI 程序相关联。2）合理分配资源和工作。3）关注项目实现结果，并在需要时提供修正活动。

MSG 需要负责的任务（活动）如下：

1）审核批准 SPI 战略执行计划。

2）建立技术工作组。

3）制定 TWG 章程。

4）制定战略执行计划。

5）每月定期举行会议（一般 2～4 小时）。

6）评审基线活动的结果。

7）分配资源。

8）监控工作小组进展。

9）根据试用活动的结果，审核批准改进活动是否推广应用。

10）向执行委员会（Executive Council，EC）汇报进度。

11）推动 EC 会议。

A.3 软件工程过程组

目的：SEPG 是公司内 SPI 程序的枢纽，主要负责并推动与 SPI 有关的活动，如执行计划、过程改进、技术改进和其他活动。SEPG 还负责将本公司的 SPI 程序与国内其他 SEPG 的 SPI 程序进行信息交流。SEPG 对公司内所有的 SPI 程序进行计划和协调，同时也领导整个公司的改进活动。

SEPG 使得整个公司了解 SPI 程序的整体进度，同时作为推进者保证改进活动的成功完成。作为 SPI 程序的推进者，SEPG 面临的一个较大的挑战就是，如何让公司各个层次的员工保持对过程改进活动的动力和激情。

在公司范围内推进 SPI 活动：意味着 SEPG 需要为各个层次和各个功能的活动争取并维护管理层的支持，这个将由 SEPG 在 MSG 的帮助下完成，同时向公司的管理者兑现诺言。

SEPG 将推进软件过程评估，同时和公司管理者一起开发 SPI 战略执行计划来指导 SPI 活动。SEPG 同时将推进基线确定活动来为现有的过程定义和评估活动提供定义。

提供过程会诊：SEPG 在需要的时候向一线经理和项目开发活动提供过程咨询。当新的改进变化发生时，SEPG 也与一线经理紧密合作来提供指导和支持，帮助生产线评估新技术，并帮助制定计划来介绍、引入新技术。

跟踪并汇报 SPI 进度：SEPG 的另外一个活动是监督公司里的所有 SPI 活动，将向 MSG 汇报所有正在进行的各种改进活动的状态。SEPG 需要建立并维护一个过程数据库来存储改进活动中产生的各种结果。定期汇报 SPI 活动状态将使 MSG 做出正确的决定，这些决定可以提高 SPI 程序的成功率。

作为公司学习的枢纽：SEPG 同样需要作为公司 SPI 活动的枢纽，它需要安排过程改进中的一些培训和其他与 SPI 程序相关知识的教育活动。通过使用过程数据库，SEPG 可以维护 SPI 程序中的结果，并将这些结果以讲座形式传播给公司其他的员工。

规模：SEPG 的全职人员的规模约相当于整个公司开发人员总数的 1% ~ 3%。在一些规模较小的公司（少于 100 人），至少应有一个人（即 SEPG 的领导人）需要全天处理 SEPG 的任务。随着时间的推移，SEPG 需要更多的资源来支持更有效地运作。

这些资源可以从一线组织借用兼职员工，在一到两年的时间里，这些员工需要定期地向 SEPG 提交报告，其中一位员工回到了原来的岗位，他在 SPI 程序中的位置则由另一位员工代替。

成员组成：SEPG 的组成人员包括有经验的软件开发工作者和他们在一线组织里的同伴，这些有经验的专家需要深入了解一个或多个领域。

SEPG 的成员们必须支持 SPI 程序，并将项目推广到公司的剩余部分。当新的改进后的过程和技术被引入时，SEPG 的成员也必须有能力充当代理工作，高效地解决一系列的问题。

SEPG 成员对于 SPI 程序的成功有着决定性的影响。一个很有效的方法是，MSG 为 SEPG 的成员设立面谈或会谈活动。这样可以使得 SEPG 的各成员对自己的工作背景有很多了解，获得更多的工作经验和工作激情。

在大多数公司里，SEPG 的成员组成都是暂时的，通常一到两年后就会发生变化。不管怎样，SEPG 仍然会继续运行。

SEPG 的目标包括：1）在整个公司范围内推动 SPI 程序。2）跟踪并报告 SPI 程序的状态。3）作为公司学习的枢纽。

SEPG 需要负责的任务如下：

1）每周定期召开会议。

2）识别改进活动并向 MSG 报告。

3）跟踪并向 MSG 报告过程改进活动。

4）确定改进活动的效率。

5）开发并维护过程数据库。

6）制定培训计划并安排培训日程。

7）为项目提供咨询。

8）推动 CBA IPI（CMM-Based Appraisal for Internal Process Improvement，基于 CMM 的内部过程改进评估）。

9）推动参与 MSG 会议。

A.4 技术工作组

目的：TWG 是 SPI 程序中制定解决方案的人。改进过程中的每一个特定的区域都需要一个 TWG，他们的职责就是解决这个领域里的每一个问题，根据章程、资源和权力去完成工作。

TWG 的目的是改进在章程中列举的需要评估和改进的过程。TWG 由 MSG 组建，用以解决某个特定领域的问题。为了顺利完成工作，TWG 需要获得 MSG 的指导，这些都在给 TWG 的章程中表明了，包括：一个明确的任务，需要达到的目标，并委托了完成任务所需要的权力。在这个章程中还提供了必需的资源和管理层对这个工作的支持。

TWG 能解决公司内各个层次的过程活动。TWG 可能由管理者或工作人员组成。其中管理者负责解决管理层过程、高级层次过程、跨部门的过程活动；工作人员负责解决低层次的单个部门的过程活动。确定 TWG 的成员主要遵循以下原则：1）对被评估的过程非常了解的人。2）以这个过程工作的人。3）受过程改进的变更影响的人。

TWG 的领导人必须是被评估过程的负责人。例如，要成立一个 TWG 用以评估和改进测试过程，那么就应给选择测试经理担任这个 TWG 的领导。TWG 的其他成员则必须为这个过程提供其他方面的学习经验。选择这个过程的用户或者提供者作为 TWG 的成员也是非常有利的。如果有可能，TWG 的成员应该是自愿的而不是指定的，这会保证 TWG 成员对这个活动的兴趣。TWG 的工作也将增加对 SPI 程序的支持，同时增加认可度。

TWG 会议的频率并不是固定的，有些组在每个星期的固定时间开会 1 个小时，有些组则每两个星期在星期二开会 4 个小时。无论怎样的会议频率，这些会议全组每个人都必须参加，开会的重点必须很明确，且会议流程必须快捷。每次会议都遵循一个规定好的日程，在会议结束时预留对本次会议进行评估的时间。一般需要几次会议后组员们才能互相了解并适应，这样他们才能高效地进行配合来完成工作。如果可能，可以用第一次或前两次会议来说明团队的信念和会议的用意。

TWG 的目标包括：1）文档记录当前过程。2）评估当前过程。3）改进当前过程。4）为改进过的过程制定使用计划。5）使用新改进的过程。

TWG 需要负责的任务如下：

1）研究问题并思考解决方案。

2）提出解决方案。

3）修订战术执行计划以适应选定的解决方案。

4）向 MSG 提交所有可能的解决方案并标明建议方案。

5）选出初始的原型组。

6）启动原型。

7）评估原型的结果。

8）根据原型的经验修订战术执行计划。

A.5 SPI 建议委员会

目的：SPI 建议委员会（SPI Advisory Committee，SPIAC）的目的是支持公司的长期过程改进活动，主要是推进各个公司的 SEPG 之间的交流、信息共享和提供 SEPG 解决普通问题的机制。

对于有多个 SEPG 的公司来说，SPIAC 将是一个非常有价值的资源。多个 SEPG 可能在同一个地理位置，也可能在不同的地理位置，SPIAC 能在公司的不同 SPI 程序之间提供信息共享的途径。SPIAC 的各个结点都会提供成功的改进经验和报告，这对公司的 SEPG 会有很大的帮助，他们可以交换很多有价值的信息，比如改进活动用到的技术、技术评估、销售经验等。

SPIAC 的目的就是为了促进交流。每个参与结点随着过程的推进都会学到一些有价值的经验，在公司里建立一个论坛来共享这些成功改进活动的经验对整个公司大有裨益。SPIAC 的成员结点都必须能够查询到其他结点的已完成工作的信息。

SPIAC 的成员每季度都需要会面。在 SPI 程序的初始阶段，SPIAC 成员需频繁地会面，这更有利于解决项目开始阶段的一些问题，开始的议题包括章程的制定、工作人员的选择、确定工作时间等。由于有很多的问题需要解决，会议经常需要持续一整天，甚至可能延长至两天。

SPIAC 的成员需要包括公司所有 SEPG 的成员，一般由每个 SEPG 选举一名代表。SPIAC 会议可以轮流在各个 SEPG 举行，因此，主办会议的 SEPG 和其他临近的 SEPG 可以派遣不只一名代表参加会议，远一点的 SEPG 也应当尽可能多地派出成员来参加会议，至少应有一名，最好 SEPG 的领导人能够参加。

SPIAC 的主席必须每一到两年选举一次。主席必须安排好 SPIAC 的议事日程，并协调会议活动、时间、地点等。主办方一般负责细节安排、会议日程和其他的会议必需的活动。

目标：考虑到 SPI 的各活动是在公司的各个不同部门进行，SPIAC 的主要目的就是在整个公司内提供一个共享信息的论坛。此外，SPIAC 还有如下责任：1）对 SPI 的管理事务提出建议。2）为关键 SPI 事务建立共同的出发点。3）识别实现 SPI 的益处。4）识别 SPI 实现的需求。5）维护过程数据库中对所有实现活动都适合的条目。6）使得公司内的 SPI 资源共享最大化。7）与外部组织和 SPI 网络组织（SPIN）协作，完成 SPI 程序。

SPIAC 需要负责的任务（活动）如下：

1）定期举行会议（一般一季度一次）。

2）与其他 SEPG 共享学到的经验教训。

3）与其他 SEPG 共享解决方案。

4）为关键的 SPI 事务提供共同的出发点。

5）对全局的 SPI 管理事务提出建议。

6）识别实现 SPI 的益处。

7）在公司里最大化地利用 SPI 资源。

A.6　执行委员会

目的：执行委员会（Executive Council，EC）主要考虑如何将整个改进过程与公司自己设定的愿景和目标联系起来。一般来说，EC 依据公司未来方向和战略对 SPI 和其他过程改进工作进行评审，用以指导 SPI 程序支持公司制定的愿景。

EC 需要确定所有的改进活动。为了保证这些活动的发展方向，委员会选择将部分改进战略与基础设施的指挥系统进行交流，以指导改进活动。这些基于战略机会的指导在向 SPI 基础设施开发的过程中变得越来越核心。各个商业单元可以根据各自的产品和商业机会向 EC 的指导中添加焦点。

EC 的组成成员很少，一般 3 ~ 5 人，且通常是公司的最高层管理者。EC 每半年就要举行一次会议。会议上，EC 成员评审并讨论 SPI 程序的过程。会议上所做出的方向或重心调整必须与 MSG、SEPG、TWG 等进行交流。

EC 的目标包括：1）向各地理上分散的 SPI 活动提供全局的管理视图。2）监控 SPI 活动。3）评估 SPI 活动。4）在必要时对 SPI 程序采取正确的行动。

EC 需要负责的任务（活动）如下：

1）在必要时举行会议（一般半年一次）。

2）根据规定的标准对 SPI 活动的过程进行评估。

3）根据商业需求评审 SPI 活动。

4）在必要时做出正确的行动。

SPI 程序的模板

B.1 章程和模板

章程是软件过程改进的重要文档，可将它视为双方之间的协议或合同。一方面，章程明确定义了特许单位的职责和权限，并且规定了范围和任务。另一方面，章程说明了承诺方和特许实体隐含的支持。

B.2 ~ B.4 节以通用电子集团研发和工程中心（GRC-EG）软件工程部为例，分别给出其管理层指导组章程、软件工程组章程和咨询委员会章程。

B.5 ~ B.7 节介绍了可以在计划活动中使用的模板，包括组织在计划 SPI 活动中使用的战略执行计划模板、TWG 中使用的战术执行计划模板、实施过程改进中使用的安装计划模板。

谨记这些只是一些例子和建议。组织相互之间自身的条件和环境各不相同，实际工作中需根据组织自身的情况对这些指导意见适当裁剪。

B.2 管理层指导组章程

1. 目的

编写这个章程的目的是：

1）为软件过程改进建立 GRC-EG 软件工程部（SED）的管理层指导组（MSG）。

2）定义 MSG 的任务、职责、人员和活动。

2. 范围

这个章程应用于所有的组织和人员，包括该电子集团的分属人员。

3. 授权人

软件工程主管。

4. 目标

在 SED 中支持软件工程过程组的运行，同时协助软件过程改进中已审核的实际计划的执行。利用软件工程研究所（SEI）的基于 CMM 的内部过程改进评估（CBA IPI）和软件过程评估（SPA）方法学，SED 的目标是为过程改进定义关键域并且在软件过程改进中提出一个与 SED 相符合的改进框架。此外还包括监督支持全面质量管理（TQM）的措施。

5. 任务

1）批准建立技术工作组（TWG）。

2）批准和支持 TWG 的人员。

3）为正在运行中的 TWG 提供指导意见。

4）批准 TWG 的倡议和推荐。

5）酌情终止 TWG 的工作。

6. 成员

GRC-SED 主管、GRC-SED 副主管、系统支持主管、工程和运营主管、应用开发经理、网络开发经理、客户支持中心经理、质量保证经理、系统软件开发经理、文档开发经理。

7. 相关人员

经理，SEPG。

8. 活动

1）管理层指导组每 2 个月通知要求与 MSG 主席会面。

2）至少在会议前 3 天会有正式的日程分布，并且所有的会议必须文档记录。

9. 终止

不适用。

Daniel A. Gibson

软件工程主管

B.3　软件工程过程组章程

1. 目的

编写这个章程的目的是授权和批准：

1）软件工程过程组的成立。

2）确定人员。

3）确定活动。

2. 范围

这个章程应用于所有的组织和人员，包括该电子集团的分属人员。

3. 授权人

软件工程主管。

4. 目标

1）管理电子集团过程改进计划。

2）组织和启动审核过的电子集团执行计划中的优先活动。

3）促进和监督过程改进的开发和实现。

4）为加快改进创造氛围。

5. 任务

1）监督过程改进活动并且报告进度。

2）作为电子集团的变更的推动者。

3）领导电子集团的软件过程评估。

4）促进执行计划。

5）监督电子集团的 TQM 计划。

6）促进技术工作组计划并提供建议。

7）提供必要的培训，以促进 TQM 和过程改进活动，并且保持一个能够接受变更的气氛。

8）作为电子集团软件改进活动与 SEI、公司总部和分包商组织协调的枢纽。

9）监督所有电子集团 SEPG 的活动。

6. 成员

软件工程过程组的成员包括核心人员、评审人员，人员关系将在电子集团软件过程评估时的计划阶段重新建立。软件工程过程组的人员身份和职责如下：

1）除了休假和行政事务，核心人员必须参与到活动中。核心人员的主要工作是对过程改进的计划实现进行监督。核心人员包括：SEPG 经理 David Rimson，SEPG 人员 John Sibling、Renee Doyle 和 Barbara Cott，以及 SEPG 行政人员 Janet Dempsey。

2）评审人员在活动中需要花费其 10% 的时间。他们是管理者的代表，能够按照需要提供内在的、额外的数据，并且能够在实施计划的实现上达成一致。评审人员在确定组织中某些问题的专家上也有着重要的作用。评审人员包括：系统支持人员 C. Royce、应用开发人员 T. Royce 和 J. Hasek、客户支持人员 R. Davidson、系统软件人员 P. Thomas、运营 & 工程人员 R. Fichter 和 D. Jockel、网络开发人员 T. Dzik、质量保障人员 J. Potoczniak、文档发布人员 M. Burkitt。

7. 活动

1）SEPG 需向副主管、软件工程部和电子集团报告并接受他们的指导。

2）SEPG 将按需开展例会。

3）SEPG 通过向副主管定期报告，随时让部门主管、副主管、部门经理、分部经理了解进展。

4）SEPG 需促使 TWG 会议。

5）SEPG 需向 MSG 提交定期评审和目前现状的简报。

6）SEPG 主席须是 MSG 的准成员。

8. 预期成果

1）在实施部门软件过程中产生的文档化的过程和程序。

2）向 MSG 做综述简报。

3）TWG 的状态报告。

4）提供软件工程简报。

5）更新每月邮件的简报。

6）汇报部门员工的过程改进情况。

7）过程改进的宣传资料。

8）过程改进的度量报告。

9. 里程碑计划

在 MSG 的第一次会议上讨论和批准。

10. 终止

SEPG 将无限期运行。

Daniel A. Gibson

软件工程主管

B.4 咨询委员会章程

1. 目的

CAS（公司会计服务）咨询委员会的目的是促进 CAS SEPG 间的交流，进而促进信息共享，并为 SEPG 提供解决共同问题的途径，支持长期的过程改进活动。

2. 范围

本章程适用于 SPICA 成员和由 CAS 成立的个人 SEPG 联合活动的成员。本章程的范围有：

1）描述 SPIAC 的任务。

2）定义行动概念。

3）定义人员。

3. 目标

1）在 CAS SEPG 中提供一个分享过程改进问题、信息、成功实践和经验教训的论坛。

2）向 CAS 管理者提供过程改进问题的咨询。

3）在关键的软件工程过程改进问题上制定连接点。

4）识别利益和整个 SEPG 过程改进的执行要求。

5）维护软件工程过程定义、改进方法学、改进工具和过程改进度量（这些度量适合中心及各结点实现）。

6）最大限度地共享 CAS SEPG 现有的和其他过程改进的资源，包括在过程改进上的协调和培训工作。

7）参与跨政府组织、产业界、学术界、SPIN 过程改进的成果。

4. 任务

1）SPIAC 将在一个非归属气氛中开展活动。

2）将为运行 SPIAC 建立以下几个角色：促进者、成员、记录员、速记员、计时员、主持人和技术顾问。这些角色的具体职责将由 SPIAC 商定。

3）SPIAC 会每季度举行例会，如果有可能将与每年的 SEPG 全国会议和软件工程研讨会相一致，如果有必要 SPIAC 将配合 CAS 董事会。

4）每次会议的地点和日程需由 SPIAC 人员共同决定。

5）SPIAC 将执行在会议期间决定的任务。

6）SPIAC 可以为软件过程改进推荐增补的 PAT、工作组。

7）报告、推荐表和会议记录需提交给 CAS 主管。

8）欢迎 SEPG 人员参加会议。SEPG 人员代表各自的立场，每个参会者都有平等的发言和讨论权利。

5. 成员

1）公认的 CAS SEPG 地点有：CAS 西部，圣地亚哥；CAS 东部，费城。

2）来自这些地方的成员资格是开放的。

3）软件工程研究所应邀作为技术顾问出席 SPIAC 会议。

6. 修订

本章程将由 SPIAC 和资助单位评审和按需修改。

7. 终止

SPIAC 将一直运行直到已经不再需要它为止。

8. 资助人

CAS 西部主管 David F. Wilson，CAS 东部主管 James W. Davison。

B.5 SPI 战略执行计划

1. 目的

该计划介绍 SPI 计划，简述组织怎样实现目标环境和背景。包括：1）提供基于基线发现物的建议报告。2）针对基线发现物描述 SPI 解决方案的动机和方向。3）定义长期目标和短期目标。

2. 内容

第 1 章　概述

提供组织怎么达到这一点的背景和环境。

第2章 行动纲要

解释执行计划在这个中心怎样整合所有的软件过程改进活动。

1）解释当前改进成果如何与评估建议相联系，以及如何让当前成果与将来成果协调，并联系组织的愿景。

2）这一战略执行计划将提供下列问题的答案：（a）实施 SPI 计划的目的是什么？（b）改进的动机是什么？（c）做了什么假设？（d）谁是参与者？（e）怎样度量成功？（f）将怎样持续改进？（注：检查这些问题，如果它们不适合该组织，改变它们。确保计划能够解决每一个问题。）

第3章 过程改进目标

1）为改进计划确定短期（1年或产品周期）和长期（3～5年）目标。

2）列举战略目标，这些被认为是评估结果（例如，生产率、质量、风险、执行计划材料中的到期目标）。

3）列举从愿景和其他资源得到的战略目标（注：保持目标数量，以及简洁性、清晰度和可度量性）。

第4章 目标

首先，描述为什么 SPI 计划是重要的，并且为什么任何人希望做任何事：

1）列出驱动 SPI 计划的重要动机（例如，增加竞争力，避免兼并和倒闭）。

2）陈述目的（例如，改进组织产品、服务和资源的质量以及生产率）和保持现状。

其次，确定为实现 SPI 计划的目标和目的而需要遵循的指导原则（例如，使用 SPI 计划模拟更加成熟的行为，观察下一个成熟等级，确定在 SPI 计划如何应用关键过程）。

第5章 假设和风险

1）列出关键假设（例如，资助、工作负载、可用资源）并且描述它们怎样影响计划。

2）讨论这些假设隐含的风险。

3）确定障碍，包括非技术障碍，改进计划方案和提出减少障碍的战术（注：如果使用管理技术变更实施计划，附在此处）。

第6章 过程改进组织

1）定义和描述正在使用或将被创建的支持改进程序的基础设施。

2）根据它们的构成、角色、职责和接口，描述支持过程改进的组织实体（例如 MSG、SEPG 等等），参考这些组的章程并将这些章程附加到第9章"改进议程"。

3）确定资助以及现有资源的承诺。

第7章 责任矩阵

1）描述哪一组负责整个 SPI 程序。

2）列举 SEPG 与 MSG 和 TWG 间的协调配合的活动。

第8章 成功的标准

1）描述第3章"过程改进目标"怎么度量以及组织怎样实现这些目标。

2）描述改进活动如何在组织和项目层次进行度量和评估。

第 9 章 改进议程

本章提供了执行计划，确定了所需的资源以及在各个主要活动间的关系，以便读者能够看清这些不同的活动是如何集成起来的。

1）根据当前的工作对所有现有的改进活动做高层次的描述，哪些资源正投入到活动中，哪些资源是完成活动所欠缺的。

2）根据评估，描述如何将现有的活动映射到建议报告，找出当前活动与建议报告的任何差距和偏差。

3）提供一个额外改进活动的高层描述，这些活动用来完全实现参考建议和达到活动计划的目标和目的，这些描述应论述将完成哪些活动、需要什么资源。

4）描述活动的优先级，以及优先级的选择标准是什么。

5）描述在 SPI 程序中如何选择改进项目。

B.6 SPI 战术执行计划

1. 目的

本计划定义 TWG 的各项活动、计划和成果，讨论了资源需求、接口以及和其他组的依赖，还讨论了假设、风险和风险减少方法以及计划和里程碑。

1）制定章程和规定 TWG 工作的范围。

2）引导 TWG 的工作。

2. 内容

第 1 章 概述

1）定义本计划支持的建议报告。

2）提供需要完成的工作的概况。

第 2 章 目标与目的

1）定义工作组的目标和宗旨（注：如果这些信息已有章程形式的描述，则这些章程将添加在执行计划后面）。

2）描述工作组工作的范围。

第 3 章 详细描述

1）提供准确和简明的任务描述。

2）包括任务的定义和相关联的主要活动和成果的列表。

第 4 章 资源

描述任务所需的资源，包括人员、资金、计算机资源等，并包含谁负责任务。

第 5 章 接口依赖

每个工作组与其他组都有一个接口。在相应章节中描述并文档化这些接口。

第 6 章 工作分解结构

将整个任务分成可管理的小块，从而用来作为制定计划的依据，以及确定里程碑、报告和控制。

第7章   安排

1）描述在 WBS 中描述的每个任务何时完成，使用甘特图和 PERT 图。

2）关键成果应做成里程碑，并跟踪之，与初始的估算对照。

第8章   风险

提供风险管理和应急规划的基础。

第9章   状态／监控

1）描述怎样报告状态（注：完成的状态报告应添加到战术执行计划，以维护所有活动的历史）。

2）讨论如何监控进展（注：对比实际进展和拟订的计划）。

3）讨论如何处理重大计划偏差和变更。

B.7   安装计划

1. 目的

该计划确定将改进安装到组织各部门所需的步骤，将包括改进的目的和目标、活动的工作分解结构、日程安排、所需资源和成功的标准。

2. 内容

第1章   概述

1）确定该计划支持的以及将被使用的技术。

2）提供必须实现的概观。

第2章   目标与目的

描述将实现什么，为什么需要它，以及它将应用在什么领域。

第3章   技术概述

1）提供一个精确简明的技术描述。

2）包含技术的定义以及使用这项技术相关的活动和工件列表。

第4章   裁剪

1）提供何时以及怎样裁剪技术和安装计划。

2）定义强制要求和可选组件或要求。

3）根据项目类别，应用领域种类等提供可选项。

第5章   教育与培训

1）确定在安装和使用技术时什么样的培训（正式或非正式）和教育是需要的和适合的。

2）确定何时何地开展这些教育与培训，以及花费，提前预定培训地点、时间、接受培训需要遵循的步骤，以及需要哪些人。

第6章   评估程序

描述怎样评价工程或功能区的安装和使用，以及怎样知道做对了。

第 7 章　工作分解结构

将任务分解成可管理的小块，这样可用来作为计划、报告和控制的基础。定义每个任务的入口条件和输入、任务描述、验证标准、出口条件和输出。

第 8 章　安排

1）描述在 WBS 中描述的每个任务何时完成，使用甘特图和 PERT 图。

2）关键成果应做成里程碑，并跟踪初始估计。

第 9 章　资源

描述任务所需资源，包括人员、资金、计算机资源等，同时说明由谁负责这些资源。

第 10 章　接口依赖

每个工作组与其他组都有一个接口。在相应章节中描述并文档化这些接口。

第 11 章　风险

提供风险管理和应急计划的基础。

第 12 章　状态 / 监控

1）描述如何报告状态（注：完成的状态报告应添加到战术执行计划，以维护所有活动的历史）。

2）讨论如何监控进展（注：对比实际进展和初始的计划）。

3）讨论如何处理重大计划偏差和变更。

附录 C

SPI 程序的基线

C.1 建立组织过程成熟度基线

目的：建立一个组织的过程成熟度的基线有许多不同的方法。组织在过去可能使用了很多种方法，而且正在不断出现新的变化。多种方式的基线是必需的，因为各组织之间在大小、以前基线活动和可用资金等方面存在差异。附录 C 不只是描述一种方法，同时描述了一系列基于 SEI 的能力成熟度模型（CMM）的内部过程改进方法的评估活动。其目的是帮助理解基线活动的类型。软件工程过程组（SEPG）应确定它的基线类型并进行培训。

评估是基于 CMM 的通用需求，这些需求在 CMM 评估框架版本 1.0 中所描述。该文档可以用来培训、评估团队人员，开发基于 CMM 的评估方法，由评估资助者确定一个特定的评估方法能否满足他们的需求。

组织的过程成熟度基线确立了组织的软件过程成熟度，并且确定了过程改进的关键域。SEPG 负责制定计划，并组织和引导组织的评估。在基线活动之后，SEPG 在总结报告中正式记录基线的结果。基线团队的成员通常包括 SEPG 和其他组的成员，或者来自评估部门。

基于 CMM 的软件过程改进（SPI）计划的重要一步是确定组织在 5 级成熟度模型中的哪一层。这些活动确定一系列的关键问题，并且如果存在问题，带领组织走上改进之路。如果满足以下两个条件，基线活动可认为是成功的：

1）针对所有人确定合理的问题，提出建议，使组织走上改进之路。

2）组织开始积极进行各个层次的调整，从最底层的员工到高级管理层。这些活动包含了 SEPG 的一些关键内容，在其内部关系到高级管理人员。这就好比一个"熔炉"，既能够将 SEPG 打造成一个高性能团队，也可以破坏这个团队。后者如果发生的话，通常会导致软件过程改进的失败。

目标：1）为进行基线活动，准备团队和组织。2）收集组织的软件过程成熟度信息，识别关键过程中面临的问题，并开始为组织开发一套标注了优先级的改进建议。3）生成一个详细描述基线活动结果的报告，包括在现场介绍最终发现物时陈述的发现物（问题）以及解决这些发现物（问题）的建议。4）在整个组织中增加参与度和承诺。5）在组织中识别障碍的改变。6）继续为 SEPG 进行团队建设。

进入标准：1）已经选择软件过程成熟度评估的基线方法。2）团队已建立并且资源已提交到 CBA IPI。3）参见图 C-1 表示的任务，确立一种成熟度基线。

图 C-1 建立组织过程成熟度的基线任务

该任务包括三个子任务：1）准备基线工作。2）执行基线工作。3）开发基线发现物和建议报告。

C.2 准备基线工作

目的：该活动的目的是为顺利进行基线活动打下基础。关键的初始活动是通过确定组织将要进行基线的部分和识别基线的深度、层次来确立基线的范围。通常的做法是选择一个团队来代表组织将要进行基线的部分，然后用选定的基线方法来训练团队。必须商定关键的基线活动日期，比如：1）收集初始的数据和分析的日期。2）详细面谈和讨论的日期。3）开发建议报告的日期。4）交付最终报告的日期。

然后是向参与者，尤其是项目和职能部门的代表，简要介绍他们的角色和活动。组织的基线活动的剩余部分需要了解将发生什么，以及与 SPI 计划有什么关系。通常这些信息采用一系列的简报方式进行传递。对基线活动之前、基线活动、基线活动之后的工作制定详细计划。

目标：1）选择某种基线方法，并培训一个团队。2）确定基线的范围，选择项目和职能部门的代表参与基线活动。3）让组织的其余人员知道基线活动是什么，它是如何适合 SPI 计划的，以及根据这些行动能发生什么，在基线活动期间能有什么产出。4）确定基线活动的关键事件的日期以及制定所有活动的计划和时间安排。5）准备必需的后勤保障和材料、文件、模板、简报等等，并确保工具、设备和材料准备就绪。

进入标准：团队已建立，并且资源已提交用来执行基线活动。

教育/培训：该阶段有针对基线活动的团队培训，目的是保证团队能够掌握特有的技能和满足选定基线方法的所需技术，同时提供必需的背景信息。

交流：该阶段主要由管理层指导组和软件工程过程组负责交流活动。

MSG 需要公开发起和支持基线活动，该发起活动最好是在个人成员会议或者小组汇报会上。SEPG 将以一个整体的形式向组织传达基线是什么，它与 SPI 计划的关系是什么，以及它将发生什么。这通常通过组织部门的简报完成，通过参会的部门经理传达给尽可能多的人员。SEPG 也需要简述被选的参与者的角色、职责、详细日程安排和整个基线活动过程。

退出标准：1）已经完成评估活动的所有准备工作。2）邀请已发出，职能部门的代表和项目领导者已简要介绍，每件事都已经安排妥当并已准备就绪，并且已经顺利结束一个完整的排练。

该活动的任务包括：

1）确定基线的范围。

2）以基线方法选择培训团队。

3）设置期望。

4）确定基线的参与者。

5）确定基线时间和日程安排。

6）为基线活动做好后勤准备工作。

7）进行基线过程的排练或团队演习。

8）为基线活动的最终报告和建议制定开发计划。

C.3 执行基线工作

该活动的目的是执行基线。选中的参与者将填写一个调查问卷，然后基线团队将分析这些问卷的结果。基线团队将确定详细面谈，为进一步探讨准备问题，并且决定使用哪种支持材料做测试。

目标：1）收集组织的软件过程成熟度信息，识别关键过程中面临的问题，并开始确定改进中的优先级。2）确保与组织的一致性，并创造一个积极热情的氛围来做出必要的改变。3）对组织的公开报告以及行动的能力。

进入标准：1）基线的所有准备工作已完成。2）邀请已发出，职能领域代表和项目领导已简要介绍，每件事都已经安排妥当并已就绪。

交流：该阶段的交流工作主要涉及5个组，即高级管理层、中级管理层、基线团队、项目领导和职能部门的代表。

1）高级管理层应公开支持基线的建立过程并且确保部门经理也支持这个过程，且需要为参与者分配时间，高级管理层还要强调开放和坦诚的工作作风，能够接受和承认基线发现物。

2）中级管理层应支持这个过程并确保每一个参加基线过程的人员能够按时完成他们所分配的工作。

3）基线团队应在过程中向参与人员准备信息和详细的日程安排。除此之外，他们需要为参与者提供反馈信息以及向组织反馈基线活动的结果。

4）职能部门的代表应提供他们履行工作的观点，并明确自身的优点，就基线发现物的完整性和准确性向基线团队提供反馈。

退出标准：现场阶段的活动成功完成。

该活动的任务包括：

1）简要介绍基线参与者。

2）进行问卷调查和收集反馈。

3）分析和确定在面谈阶段提出的问题并进行更深层次的发掘。

4）确定计划和后勤。

5）完成面谈阶段的支持材料的准备工作。

6）进行详细面谈以及与参与者举行集中小组讨论。

7）确定问题并对其排序。

8）收集问题的反馈意见，并在必要时进行改进。

9）准备一个简要报告并向管理团队和组织陈述，包括发现的问题和后果。

C.4 开发基线发现物和建议报告

目的：更详细地记录发现的情况，并给出建议来解决这些问题，而不仅仅是在基线活动结束时呈现出来。

通常这些建议是通过一系列头脑风暴和从由参与者、中高级经理参加的焦点会议中得来。通过头脑风暴法，参与者被要求在分会讨论中就每种基线发现物提出建议，然后要求他们找出能够在短时间内简单且易于实现的建议，志愿者们被要求开始参与到简单的改进活动中去。

基线团队随后合并来自基线的所有会议的建议，并最终创建类别和建议的说明。发现物和建议合并成一个报告，该报告通过基线团队、MSG、SEPG 和其他选定的核心干系人分发。修订后的发现物和建议将成为最终的发现物和建议报告，然后这份报告将与简报一起提交给高级管理层。

目标：1）在撰写建议报告的时候，通过高级管理层、中级管理层和参与者讨论，增加来自组织不同层级的承诺。2）为组织在基线阶段解决发现的问题，撰写建议报告。3）确定简单而廉价的改进方法，并且可以立即行动，投入精力，开始跟踪。4）提交一个基线团队关于发现物的报告和简报，向高级管理层递交组织的综合建议报告。5）确保高级管理层的承诺，继续下一阶段的执行计划。

进入标准：基线活动已经圆满完成。

交流：该阶段的交流工作主要涉及 4 个组，即 MSG、中级管理层、SEPG、参与者。

1）MSG 应公开支持建议过程，并通过分配给参与者的时间确保下级管理者也支持这一过程，高级管理层还应在头脑风暴会议上提供建议。最后，高级管理人员将提供有关报告的评审和反馈意见。

2）中级管理层应支持这一过程，并确保参与活动的人员能够按时、不中断地完成所分配的任务。同样他们也需要在头脑风暴会议上提供适当的建议。

3）基线团队综合建议信息，就基线发现物和后果撰写详细报告，为头脑风暴会议提供准备和促进工作，并综合总结、分发和简述该报告。

4）参与者应该提供他们对于建议报告的想法。

退出标准：基线报告和建议已提交到高级管理层，继续建立阶段的承诺已收到。

该活动的任务包括：

1）产生结果的第一个片段。

2）以头脑风暴方式或由参与者和中高层管理人员参与的集中小组会议，开展建议报告的工作。

3）聚类、分类、合并建议。

4）产生建议的第一个片段。

5）评审和更新建议报告初稿，并向 MSG 和其他选中的干系人分发。

6）撰写简报。

7）分发、评审和更新最终报告和简报。

8）分发报告和简要建议。

附录 D

管理软件过程改进程序

D.1 SPI 程序管理

对于软件企业而言，软件过程改进是重中之重。协调 SPI 程序中出现的各种活动，则需要一个有效运作的基础设施为此提供支持。基础设施是管理 SPI 程序的一个机构，它能够针对 SPI 程序的要求及时做出反应。在 SPI 程序启动之初，这个机构就开始运作，管理着企业所要进行的各种与 SPI 程序有关的活动。尤其当取得一些初步成就，例如建立支持、获得资助、完成基线工作和执行计划之后，这个机构的性能将会大大提升。

有关机构性能的疑问一开始就摆上了台面：1）该机构能否有效地将 SPI 程序和企业的目标和愿景联系起来？2）该机构能否有效地获得和分配资源以确保及时完成工作？3）该机构能否有效地监督 SPI 程序，并及时给予必要的指导和修正？

在最初的基线工作阶段完毕，即将进入 SPI 程序的改进阶段时，拥有一个强有力的、及时响应和提供有效支持的基础设施是至关重要的。

SPI 中的各种改进活动既不是相互孤立，也不是顺次地进行。一旦 SPI 程序运行，多种改进活动将会在企业不同部门间交错进行。例如，企业内部将会有许多技术工作组进行配置管理、需求管理、项目规划的工作，以及同行评审。同时，基础设施则对其全程跟踪，并提供所需的监督和指导。基础设施在提供技术支持的同时，必须考虑到这样的情况，即 TWG 有可能采取并行运作的方式，这就要求这个机构随时解决以下问题：1）为当前正在引进的技术提供支持。2）协调培训资源。3）持续建立和提供资助。4）为所有规划提供技术鉴定。5）评估企业影响力。6）总结经验教训。

总而言之，随着 SPI 程序逐步取得进展，基础设施必将在企业中行使各种管理职能。软件过程改进程序主要包括：1）SPI 准备工作。2）SPI 程序的部门结构（已经在 11.13 节论述）。3）SPI 程序的计划。4）SPI 程序的人事调度。5）SPI 程序的监督。6）SPI 程序的指导。

D.2　SPI 准备工作

一旦 SPI 程序启动，管理人员将面临巨大挑战，他们将在整个过程中承担主要责任。这些挑战主要来自企业人员对频繁变动的抵触、成本问题、进度的要求以及不可避免的缓慢进展等等，它们都影响着改进的力度。因此，管理层必须保证 SPI 程序不能偏离组织的愿景和目标。

要确保 SPI 程序走向正轨而不会有所背离，扮演管理者的基础设施应运而生。这个机构主要致力于处理不断变动的工作重心，并对其裁决出处理的先后顺序（前面提到，SPI 活动是并发的，因此必须对众多事务按照轻重缓急进行处理）。导致这些变动的原因很多，既有内因也有外因。举例来说，市场变化、资源短缺、核心技术及新科技的实用性，甚至任何主观因素都有可能导致工作重心发生转变。

管理层面临的最大挑战是企业组织本身。任何企业都有自己的企业文化，SPI 程序有可能要求改变企业文化，而引导企业改变其文化氛围实在费时费力。管理部门是重中之重，管理部门必须认识到自己是企业文化的重要一环，要随着企业的变动做出相应调整。因此，管理者必须脱离文化偏见和成见，认识到企业本来就是由不同文化背景的工作组组成。这些组只要有机地整合到 SPI 程序中，便可以达成共识，为 SPI 程序提供必要的支持。

上面也提到过，随着 SPI 程序在企业中一点点取得进展，任何新技术、新科技的引入都会对改进工作造成影响，问题也将随之而来。事实上，新技术的引入难点在于它要求企业做出相应变动。问题就在于"变更"二字。当技术被引入到 SPI 程序中时，必然有相当一部分工作人员被迫更换工作环境，接手新的工作和任务，这就意味着他们将离开已经适应的氛围去重新适应未知的工作环境。这种情况很常见，所以工作组成员难免有抵触情绪。因此，基础设施就需要对抵触改进和变更的情况做好充分预计和准备。评判一系列 SPI 程序成功与否，关键在于能否准确识别这种抵触情绪以及能否及时地给予有效处理。

抵触的表现形式不尽相同，主要取决于人员所处的企业文化，但大体上分为两类：公开的和隐性的。对于管理层来说，公开的抵触比较容易察觉，因此相对来说更容易处理，而隐性的抵触往往较难察觉。总之，如何使得 SPI 程序顺风顺水仍然是个普遍主题。

该活动的目标包括：1）为 SPI 程序建立优先级。2）商议并批准 SPI 战略执行计划。3）分配资源。4）依照计划监控改进的进展情况。5）建立奖励制度。6）提供源源不断的资助。

该活动的进入标准包括：1）为建立和实现 SPI 程序做出承诺。2）使 SPI 程序提案获得批准。3）使 SPI 程序所需的资源经过授权。4）已经明确商业需求。

该活动的任务包括：

1）评审并选择所需的基线活动。

2）评审并确定 SPI 程序的资源需求。

3）调整适合企业的指导性活动。

4）进行寻求资助的活动。

5）引进技术变更管理和技术过渡管理等概念。

6）培训如何识别和处理 SPI 程序中由于变动引发的抵触情绪。

D.3　SPI 程序的计划

制定合理的计划将更有效地指导和支持 SPI 程序的顺利进行。战略性的计划由管理层负责；TWG 负责解决特定改进活动的战术性计划。另外，试验采纳后的活动需要安装计划；大规模的推广和设置优化后的过程活动也需要相应的计划；制定交流计划，可以确保有关 SPI 程序的事务沟通顺畅。这些计划都有自己的执行时间表，既可以用来作为评估特定目标是否完成的指标，又可供管理层对劳动力进行必要的监督。

制定改进活动的战略性计划，需要参考基线活动的成果，这些成果为 SPI 战略执行计划提供立足点，它们结合组织的愿景、目标以及商业需求，决定了 SPI 程序的活动内容、优先级和先后次序。

改进程序的持续性活动之一是建立和维持资助关系。实现这一目标，将有益于查找和修复一些快速处理、快速回报的改进过程（可轻易实现的目标）。执行这些快速处理的改进活动有很多好处。通过展示这些看得见的好处，可以帮助企业向资助商证明急需资助的项目的商业价值，同时也可以提高员工从事该项目的积极性。

SEPG 的工作范围包括了战术性层面和战略性层面的 SPI 程序，但主要还是集中在战术层，解决 SPI 进行时许多计划的制定、修改、丢弃以及不断完善。SEPG 负责的 SPI 执行计划是参照基线活动制定而成的战略性计划，主要是为了全程指导 SPI 程序的顺利实施。

其他一些次要的计划包括：1）在 SPI 执行计划的建立阶段，针对执行计划应着重在哪些方面对 SPI 程序进行指导而制定的计划。2）关于基础设施如何工作的计划。3）为使 TWG 在所属的问题域内进行调查并提供解决方案而制定的一系列计划和授权。4）为引进新技术或变更的科技制定试验计划。5）为试验大规模的变动制定如何适应变动的计划。6）关于如何采纳经过验证的改进成果，并使之制度化的计划。

该活动的目标包括：1）明确 SPI 程序的目标。2）为 SPI 活动确定工作中心和方向。3）确定 SPI 程序所需的资源。4）颁布 SPI 程序的白皮书。

该活动的进入标准包括：1）建立了 MSG。2）建立了 SEPG。3）制定了企业的战略性商业计划。

该活动的主要任务包括：

1）评审现有的基线大纲，确定是否新建额外的基线。

2）为所选的基线和战略性计划的活动制定计划，确定培训所需的时间表。

3）为 SPI 程序制定组织计划。

4）基于基线活动的结果，制定 SPI 执行计划。

5）基于基线活动结果的优先级，制定战术性计划。

6）为基线和战略性计划制定详细的时间表。

7）审阅并通过前面制定的计划（由 MSG 负责完成）。

D.4 SPI 程序的人事调度

大多数企业都是对现有的员工进行 SPI 程序的人事调整。这些人一部分用于完成改进活动本身，另一部分被分配到"基础设施"部门从事改进过程的管理工作。除了管理层成员，新增的人员被分配到不同部门。

一部分人员成为全职的 SEPG 成员，这部分人来自企业开发部门，他们的素质将直接关系到 SEPG 的成功和 SPI 程序的执行效率。SEPG 人数有限，一般是企业实习员工的 1% ~ 3%。此外，必要时企业会给 SEPG 分派一些临时的工作人员来从事某一特定工作。一般他们的工作时间不会太长，往往都是完成 SEPG 的工作后就返回原来的岗位继续工作。

另一部分人组成 TWG，解决特定的改进事务，他们一般仅占有全职工作时间的一部分来进行 TWG 工作的处理。例如办公室里常常听到这样的谈话："John，我们希望接下来的 8 周你能花 20% 的时间到 TWG 来解决需求管理的问题。"同样地，这部分人也只工作有限时间，具体时间通常在 TWG 的授权文件上说明。TWG 由 MSG 组建并授权和设定工作目标。TWG 完成工作后一般立即解散，但有时也会继续工作一段时间，处理一些占用时间更少、范围更广的事务。由于 TWG 不占有员工的全部时间，因此它采用成员轮休的工作方式，这样就使得项目里不断以新的愿景去看待相同的工作。

前面提到，最后一个基本部门是 MSG。派到 MSG 中的往往是来自企业内部其他管理部门的成员，至少就目前而言还没有从其他社会团体招募 MSG 成员的先例。MSG 里至少有一位来自管理部门的代表，他们的上司由级别更高的执行官来决定。注意，MSG 成员也包括 SEPG 的代表，同样由 SEPG 的领导担任，但 SEPG 没有投票表决权。

该活动的目标包括：1）为 MSG 分配来自各管理部门的成员。2）为 SEPG 遴选合适的成员。3）为各个 TWG 招募合适的人选。

该活动的进入条件包括：1）成立了 MSG 工作组。2）成立了 SEPG 工作组。

该活动的主要任务包括：

1）给 MSG 分配管理部门代表。

2）描述 SEPG 成员的工作性质。

3）招募 SEPG 成员。

4）制定 TWG 组员的指导方针。

5）招募 TWG 成员。

6）评审每个基线的人员需求和各自备选的成员，评审人员调度是否合理。

D.5 SPI 程序的监督

背景

随着 SPI 程序的实施，MSG 会定期评审 SPI 程序的进展，了解是否与 SPI 战略执行计划文档中涉及的目标和里程碑相悖。SPI 程序的进度评审，按常规一般定在每月的例会上进行。MSG 事先确定评审的格式，并在 TWG 章程里进行相应记录。评审的格式必须前后保持一致。对于评审中最核心部分的格式，可能需要多轮会议进行商讨。

评估活动围绕 SPI 程序的方方面面展开。大致问题如下：1）是否准确地实施 SPI 程序？2）SPI 程序是否正确？3）是否实现了预期的利益？4）改进活动是否按时进行？

为了监控 SPI 程序，需要建立一套度量系统来评估其进度，评估的关键在于一系列度量单位的选取以及将这些指标整合到一起的难度。度量几乎涵盖企业的各个层次，下到度量检查和测试中发现的代码错误数，上至超速的运行速率和过度占用空间引起的警报数。所有这些数据应该保存起来，作为一段历史供后人借鉴。

总的来讲，评估 SPI 程序的方式有两种：微观方式和宏观方式。

1）微观评估，它的参数是基线大纲和计划里定义好的活动。它主要处理诸如项目日程表、里程碑、过程性能和质量以及其他的数据上的度量。

2）宏观评估，主要处理一些宽泛的、更加定性的主题，例如：商业主题、商业价值、竞争因素、市场条件等。

该活动的目标包括：1）确保改进活动与企业的目标相一致。2）确保 SPI 程序的各个计划得到实施。3）确保 SPI 程序进展顺利。

该活动的进入标准包括：1）TWG 已经组成且随时可以启用。2）制定并表决通过了工作组的各项计划。

进行微观评估，即是对 SPI 程序各项指标进行量化。度量包括现有的过程数和技术种类，以及那些已经被采纳但还没来得及应用的过程数和技术。

过程的性能也属于度量的范畴。评估以前和现在的过程的效率可以很容易地获知当前过程是否对整个企业起着积极作用。通过度量，能够比较现有的过程与改进后的过程性能的优劣，启用新的过程后，继续进行度量和比较，从而不断改进过程。

质量是一个衡量过程性能的指标。在基线过程和制定计划的阶段，确定和实施度量元和期望值，可以核实改进过程带来的收益。随着改进活动的实施，将会连续不断地比较期望值与计划值。

针对过程的质量和效率的监控、评估和报告主要由软件质量保证小组负责，SEPG 从旁协助。不只 SEPG，项目成员提供一些关于过去用过的值得注意的过程的质量和效率方面的参数。

工作组得出新过程的期望值，以便与当前过程监控得来的数据进行性能上的比对。微观评估涉及 SEPG 成员、质量保障人员、TWG 和工程人员，他们共同参与过程性能的评估工作，商讨并提出实现预期目标的控制机制。

SPI 程序的宏观评估倾向于定性评估，由 MSG 负责。在新过程的设计阶段，管理层就需要考虑对其进行定性的评估。管理者进行评估需要参考的信息包括市场信息、竞争信息、愿景和目标的解释说明等这些由资源部门提供的信息，此外还包括一些关于整体商业环境的信息。

监控 SPI 程序并给出相应的控制流程，既可以确保方案的目标与最终结果相符，又可以保证改进方案与企业的经营策略相一致。因此，基础设施的每个部门必须定期地评审本部门及其下属部门的进展。MSG 例会上的评估工作在进度表中已经有所定义和说明。

定期地评审改进方案可以尽早察觉一些征兆，从而避免 SPI 程序脱离正轨。评审方案的时候常常涉及以下两个问题：1）方案是否已经到达里程碑？2）当前方案的执行是否与企业的战略指南相一致。

同样，宏观评估的形式也是由 MSG 事先制定好的，必须采取统一的方式进行评审。指导改进活动的计划包括里程碑的识别、按时召开评审会议、确定可交付使用的产品等。将执行时的进度表与预先计划的时间表相比对，这样 MSG 可以提前意识到 SPI 程序执行时将会遇到的困难，并及时给出修正。当评估可用的方法并甄选出相应的解决方案时，必须将所选的解决方案形成正式的方法，其中包括寻求资助、执行计划、风险评估以及向进行试验的用户出售技术等等。对某项技术进行试验，并对试验结果进行评估。评估主要针对以下方面给予回答：1）新科技是否改进了需要改进的过程？2）是不是还有一些造成影响的因素没有写在计划之内？3）从试验中获得什么经验可以使得方案执行时造成的影响最小？

借鉴试验中获得的经验，使执行方案可以大规模地使用，尤其适用于跨企业大规模地引进所需的技术。为此，需要建立一个支持如此大规模的活动的机制。此时，应该记录和分析在技术方法的采纳和制度化过程中学到的经验，并最终存入过程数据库中，以供未来借鉴。

随着商机的出现、组织人事变动、出现新事务或是其他原因，不时地进行 SPI 程序的变动和修正是必要的。通过定期准时地进行 SPI 程序的评审，使得 MSG 在问题出现时能够及时给予必要的指导，并及时引起各部门注意。

该活动的主要任务包括：

1）定义 SPI 状态 / 进度的评审流程。

2）制定 SPI 评审报告会议的时间表。

3）评审 SPI 战略执行计划的进度。

4）评审各计划的过程性能。

5）评审战略指南。

D.6　SPI 程序的指导

SPI 程序在战略和战术两个层面需要 MSG 的指导。战略性指导可以确保组织的最终目标得以实现；战术性指导可以保证特定的改进活动与战略目标相一致。在战略层面，MSG 主要致力于确保达成组织的愿景和目标；在战术层面，MSG 处理大量的影响 SPI 程序的事务。另外 MSG 业务还涉及市场机遇、组织结构、技术优势和可利用的资源等范畴。MSG 的指导责任包括以下两个方面：1）评审企业存在的政策，并将其联系起来。2）评估现有的政策是否有助于 SPI 程序，以及这些政策是怎样与组织的愿景和目标相结合的。

MSG 将这些基线活动得出的发现物和建议整合起来，这是决定 SPI 活动优先级的重要步骤。战术性指导主要致力于完成经过论证的改进活动，同时促使这些活动形成正式的体系。MSG 必须克服一切障碍对现有的组织政策和流程进行评估，撰写 TWG 章程以处理先前被 MSG 商定并划分了优先级的特定的改进活动。

同时，需要拟定 TWG 能够理解并执行的开发章程，其中包含时间表、标志性事件以及可用资源等。另外，应定义和确定 TWG 进度报告的要求。

SPI 的指导活动并不像看上去那么简单，必须考虑到任何变动都会给整个系统带来的任何影响。当然，只要确保选派合适代表到 TWG（成员包括使用过程的用户、开发过程的供应者和成品的接收者），并且所有变动在组织中启用之前进行过试验，这种情况可尽可能避免。虽然问题本身没有得到解决，但可以大大减少其发生的几率。

该活动的目标是确保 SPI 程序的指导与组织的愿景和目标相一致。

该活动的进入标准包括：1）已经定义和描述了组织的愿景和目标；2）存在一套指导软件开发活动的政策；3）确保战略性计划可行，并为改进活动划分优先级。

该活动的主要任务包括：

1）评审当前的政策和流程。

2）评估当前政策和流程，依照优先级建立各个 TWG。

3）按要求授权并初始化各个 TWG。

4）度量优先级划分标准，并通知各部门所属的优先级，同时按优先级给予必要的指导。

附录 E

软件过程方法学的思考

敏捷过程与规范（即计划驱动）过程各有自己的特点，在本质上和在实际项目中，敏捷与规范是可以平衡的，Boehm 等人在《Balancing Agility and Discipline：A Guide for the Perplexed》一书中详细总结了敏捷与规范两种方法各自的擅长领域，并给出了基于风险分析平衡敏捷与规范的策略，而平衡的策略可以综合两种方法的优点。Boehm 给出了影响敏捷与规范方法选择的五个维度的关键要素（动态性、危险性、规模、人员和文化），如图 E-1 和表 E-1 所示。

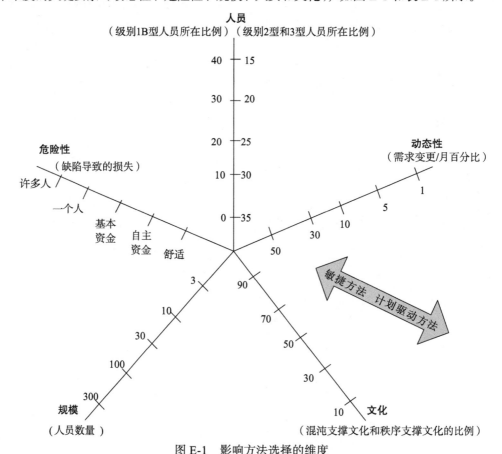

图 E-1　影响方法选择的维度

表 E-1 影响方法选择的维度

要素	敏捷性的鉴别	计划驱动性的鉴别
规模	非常适合小型产品和团队，对隐式知识的依赖限制了其可升级性	适合大型产品和团队，很难针对小型项目进行裁剪
危险性	没有经受过安全关键性产品的考验，简单设计和缺乏文档具有一些潜在的问题	适合应对高安全性的产品，很难针对低安全性的产品进行裁剪
动态性	简单设计和持续重构非常适用于高度动态的环境，但对于高度稳定的环境，会导致潜在的代价昂贵的返工	详细的计划和庞大的预先设计非常适合于高度稳定的环境，但是由于高度动态的环境会导致代价昂贵的返工
人员	一直需要一定数量的 Cockburn 级别 2 或者 3 型稀有专家，使用非敏捷的级别 1B 型的人员会带来风险	在项目定义期间需要一定数量的 Cockburn 级别 2 和 3 型稀有专家，但在项目后期需要的人员会少一些——除非环境是高度变更的。通常可以采用一些级别 1B 型人员
文化	更多的自由度会使人们感到舒适、有权力（靠混沌发展）	通过清晰的政策和规程定义了人们的角色，从而使人们感到舒适、有权力（靠秩序发展）

1）使用 5 个步骤过程开发一个基于风险的策略。Boehm 的策略使用风险分析和一个统一的过程框架把基于风险的过程裁剪成一个总的开发策略，表 E-2 定义了该方法，图 E-2 对该策略进行了概括。该策略非常依赖于开发团队中关键成员对环境和组织能力的理解力，以及对项目干系人的识别和他们合作的能力。

2）使用风险分析在过多和过少之间进行平衡。Boehm 使用风险分析来定义和解决风险，特别是与敏捷方法和计划驱动方法相关的风险，也用它来回答在进行"做太少"和"做太多"的风险平衡时提出的各种"多少才够"的问题，例如"多少原型才够"和"多少测试才够"，该平衡策略对该方法进行了扩充，把问题"多少计划和架构工作才算够"当作平衡敏捷和规范的关键。

3）基于螺旋模型锚点里程碑。该过程框架建立在 Boehm 和 USC 软件工程中心所提出的基于风险的螺旋模型锚点的基础上。所谓锚点，实际上也就是在开发过程的特定时间干系人进行约定时所需的一组全面的决策标准，它已经被 Rational 统一过程和基于模型（系统）的架构和软件工程（MBASE）过程采用。

4）环境、敏捷和计划驱动方面的候选风险。正如表 E-2 和图 E-2 所示，步骤 1 对敏捷方法和计划驱动方法的相关特定风险域进行风险分析，识别出了三种特定的风险及其关联的候选风险：

- 环境风险，即项目基本环境造成的风险。关联风险包括：技术的不确定性；许多不同的干系人需要协调；复杂的超系统。
- 敏捷风险，即使用敏捷方法的特定风险。关联风险包括：可伸缩性和危险性；简单设计或者 YAGNI $^\ominus$ 的使用；人员调整或者变动；熟练掌握敏捷方法的人员不足。

计划驱动的风险，即使用计划驱动方法的特定风险。关联风险包括：快速变更；需要迅速看到结果；突然出现的需求；熟练掌握计划驱动方法的人员不足。

⊖ YAGNI是极限编程方法的一个原则，即设计系统时，把精力放在最需要的地方，而忽略一些无关紧要的细节。

表 E-2 平衡敏捷方法和计划驱动方法

步骤名称	活动内容
步骤 1	评估项目的环境风险、敏捷风险和计划驱动风险。如果评估中具有不确定因素，就通过原型、数据收集和分析来获取所需的信息
步骤 2a	如果敏捷风险高于计划驱动风险，就启用基于风险的计划驱动方法
步骤 2b	如果计划驱动风险高于敏捷风险，就启用基于风险的敏捷方法
步骤 3	如果应用的一部分满足 2a，其他部分满足 2b，就通过架构把敏捷部分封装起来，在敏捷部分启用基于风险的敏捷方法，在其他地方启用基于风险的计划驱动方法
步骤 4	通过集成单独的降低风险计划建立项目的总体策略
步骤 5	对进度和风险 / 机遇进行监控，在合适时重新调整和平衡过程

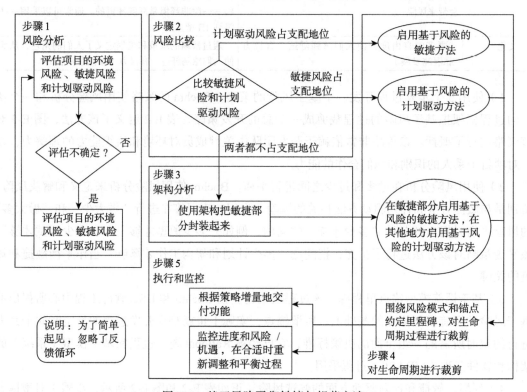

图 E-2 基于风险平衡敏捷与规范方法

步骤 1 不是一项简单的任务，它为制定过程后续的开发策略提供了基础。如果某些风险类别具有过多的不确定性，那么明智的做法是花一些资源来获取相关的信息，了解造成这些不确定性的因素。这里所描述的候选风险仅仅作为考虑因素，理解这一点很重要。它们既不完整也不总是适用，但是可以作为指导来激发你的思考。在该分析中使用的一个工具是风险暴露曲线图。

步骤 2 对风险分析的结果进行评估，以确定手边的项目是否适合纯粹的敏捷方法或者计划驱动方法。项目特征正好落入两种方法之一所擅长的领域时，就是这种情况。

步骤 3 用于混合风险。项目没有明确地符合敏捷方法或者计划驱动方法的擅长领域，或者项目的某些部分具有不同的风险，它们落入不同的擅长领域，这种情况下适合实施步骤 3。可以开发一个架构来支持敏捷方法的使用，使它们的强项得以淋漓尽致地发挥，而风险则被减至最小；剩余的工作可以用计划驱动方法完成。如果无法创建合适的框架，那么可以考虑缺省使用计划驱动方法。注意：该分析可能会暴露出需要回退到前面步骤的新的风险或者机遇。为了简单起见，图 E-2 没有显示这种情况。

步骤 4 的中心任务是提出一个解决已识别风险的总的项目策略。这需要确定每个风险的解决策略并把它们集成起来。该过程的具体做法主要取决于开发者组织在一般应用领域的能力和经验。成功且经验丰富的开发者组织会让能力强的人去定义、设计、开发和部署应用，这样的开发者在建立策略时也会利用可重用的过程资源库和产品模式。为了确保成功，经验欠缺的内部或者外部开发者必须经历额外的学习曲线和资源库构建活动。Boehm 提倡使用生命周期架构锚点里程碑标准作为步骤 4 的退出标准。

步骤 5 考虑策略调整。任何决策都不可能是完美的、永远适用的，管理团队必须持续地监控并评估所选过程的工作情况，并且还要密切关注环境。这个步骤和敏捷实践中的"反省"相似。如果过程正在产生一些"坏味道"，就必须回退、重新验证，也许还要调整最初设立的敏捷方法或者计划驱动方法的级别。调整工作应该在"坏味道"出现时立即进行。从更为积极的角度来讲，监控还能够识别出一些机遇为客户增加价值，缩短交付时间并改善干系人的参与。

附录 F

IDEAL 模型全程图

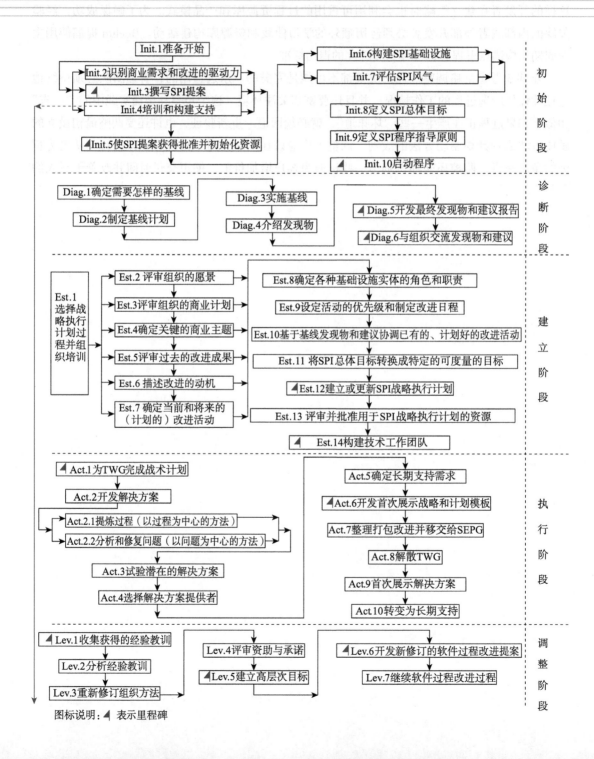

图标说明：◤ 表示里程碑

推荐阅读

软件工程：实践者的研究方法（原书第9版）

作者：[美] 罗杰 S. 普莱斯曼 布鲁斯 R. 马克西姆 译者：王林章 崔展齐 潘敏学 王海青 贲可荣 等

中文版 ISBN：978-7-111-68394-0 定价：149.00元

本科教学版 ISBN：978-7-111-69070-2 定价：89.00元

本书自出版四十年来，在蕴含、积累、沉淀软件工程基本原理和核心思想的同时，不断融入软件工程理论、方法与技术的新进展，已修订再版9次，堪称是软件工程教科书中的经典。当今人类社会正在进入软件定义一切的时代，软件的需求空间被进一步拓展，软件工程专业人才需求持续增长，教育已经成为软件工程真正的"银弹"。该书是软件工程专业本科生和研究生、软件企业技术人员的一本重要教材和参考书，其中文版的出版将在我国软件工程专业教育领域发挥重要作用。

—— 李宣东

南京大学教授，南京大学软件学院院长，国务院学位委员会软件工程学科评议组成员

中国计算机学会软件工程专业委员会主任

本书是软件工程领域的经典著作，自第1版出版至今，近40年来在软件工程界产生了巨大而深远的影响。第9版在继承之前版本风格与优势的基础上，不仅更新了全书内容，而且优化了篇章结构。本书共五个部分，涵盖软件过程、建模、质量与安全、软件项目管理等主题，对概念、原则、方法和工具的介绍细致、清晰且实用。

软件工程（原书第10版）

作者：[英] 伊恩·萨默维尔 译者：彭鑫 赵文耘 等 ISBN：978-7-111-58910-5 定价：89.00元

本书是系统介绍软件工程理论的经典教材，自1982年初版以来，随着软件工程学科的发展不断更新，影响了一代又一代软件工程人才，对学科本身也产生了积极影响。全书共四个部分，完整讨论了软件工程各个阶段的内容，是软件工程和系统工程专业本科和研究生的优秀教材，也是软件工程师必备的参考书籍。

推荐阅读

软件工程：架构驱动的软件开发

作者：[美] Richard F. Schmidt 书号：978-7-111-53314-6 定价：69.00元

软件工程概论（第3版）

作者：郑人杰 马素霞 等编著 书号：978-7-111-64257-2 定价：59.00元

软件工程导论（原书第4版）

作者：[美] Frank Tsui 等 ISBN：978-7-111-60723-6 定价：69.00元